邓国富　主编

中国优异作物种质资源开发与利用图鉴

广西卷

科学出版社

北京

内 容 简 介

本书依托"第三次全国农作物种质资源普查与收集行动"和"广西农作物种质资源收集鉴定与保存"的项目成果,在前期出版"广西农作物种质资源"丛书的基础上,收录了经鉴定和评价遴选的广西农作物优异特色种质资源。全书共9章,列述了水稻、玉米、甘蔗等广西主要农作物优异种质资源446份,图文并茂,系统展示了广西主要农作物优异种质资源,详细描述了它们的学名、采集地(或来源)、主要特征特性、优良特性、适宜地区、利用价值、濒危状况及保护措施建议等。

本书既可为农业生物种质资源、作物育种、生物多样性等相关专业院校师生、科研院所工作者提供学术参考,也可作为植物爱好者的科普读物。

图书在版编目(CIP)数据

中国优异作物种质资源开发与利用图鉴. 广西卷 / 邓国富主编. —— 北京:科学出版社,2024. 6. —— ISBN 978-7-03-078770-5

Ⅰ. S590.24-64

中国国家版本馆 CIP 数据核字第 2024A24X16 号

责任编辑:陈 新 郝晨扬 / 责任校对:周思梦
责任印制:肖 兴 / 封面设计:无极书装

科学出版社 出版

北京东黄城根北街16号
邮政编码:100717
http://www.sciencep.com

北京中科印刷有限公司印刷
科学出版社发行 各地新华书店经销

*

2024年6月第 一 版 开本:787×1092 1/16
2024年6月第一次印刷 印张:29 1/4
字数:690 000

定价:498.00 元
(如有印装质量问题,我社负责调换)

编委会

主 编
邓国富

副主编
李丹婷　刘开强　王益奎

编 委
（以姓名汉语拼音为序）

卜朝阳	车江旅	陈东奎	陈海生	陈豪军	陈华文	陈家献
陈 琴	陈 涛	陈天渊	陈文杰	陈雪凤	陈燕华	陈远权
陈振东	程伟东	戴高兴	邓杰玲	董文斌	段维兴	樊吴静
甘秀芹	高爱农	高轶静	关世凯	郭小强	郭元元	韩柱强
何铁光	何 毅	侯文焕	胡小荣	滑金锋	黄国弟	黄 鹂
黄若琪	黄寿辉	黄咏梅	黄 羽	黄玉新	黄展文	黄珍玲
江禹奉	蒋慧萍	赖 容	兰 秀	李博胤	李春牛	李果果
李慧峰	李经成	李秀玲	李彦青	李忠义	梁云涛	刘可丹
柳唐镜	陆柳英	罗世杏	蒙 平	蒙炎成	宁 琳	农保选
农 媛	庞新华	彭宏祥	彭靖茹	祁广军	祁亮亮	覃初贤
覃兰秋	覃斯华	覃欣广	尚小红	施平丽	石 前	石云平
苏 群	唐红琴	王文林	王晓国	望飞勇	韦彩会	韦锦坚
韦媛荣	温东强	温立香	吴长英	吴圣进	夏秀忠	谢和霞
谢小东	邢钇浩	徐志健	严华兵	阎 勇	杨翠芳	杨海霞
杨 柳	尧金燕	叶建强	叶小滢	庾韦花	曾维英	曾艳华
曾 宇	张保青	张 芬	张 力	张向军	张宗琼	赵艳红
赵曾菁	钟瑞春	周海兰	周锦业	周灵芝	周 珊	

审 校
邓国富　刘开强　王益奎

目　录

（或来源）、主要特征特性、优良特性、适宜地区、利用价值、濒危状况及保护措施建议等。全书由邓国富、李丹婷、刘开强、王益奎设计提纲、组织撰稿和统稿，具体撰稿分工如下（以姓名汉语拼音为序）。

第一章撰稿人：程伟东，江禹奉，李丹婷，梁云涛，农保选，时成俏，覃初贤，覃兰秋，覃欣广，谭贤杰，望飞勇，温东强，夏秀忠，谢和霞，谢小东，邢钇浩，徐志健，杨行海，曾艳华，曾宇，张宗琼，周海宇，周锦国。

第二章撰稿人：陈琴，陈燕华，陈振东，董伟清，甘桂云，高美萍，郭元元，何芳练，何毅，黄皓，黄如葵，江文，蒋慧萍，康德贤，黎炎，李经成，李韦柳，李洋，刘文君，柳唐镜，罗高玲，覃斯华，史卫东，王萌，张力，赵坤，赵曾菁，周生茂。

第三章撰稿人：蔡昭艳，陈东奎，陈格，陈豪军，邓彪，董龙，何铣扬，贺鹏，黄国弟，黄羽，姜新，李果果，李一伟，陆贵锋，罗瑞鸿，罗世杏，宁琳，潘贞珍，庞新华，秦献泉，覃振师，任惠，施平丽，汤秀华，王茜，王文林，王小媚，韦媛荣，韦哲君，杨柳，尧金燕，叶小滢，张涛，郑树芳。

第四章撰稿人：曹升，陈东亮，陈海生，陈怀珠，陈家献，陈涛，陈天渊，陈文杰，陈远权，樊吴静，甘秀芹，韩柱强，贺梁琼，侯文焕，滑金锋，黄寿辉，黄咏梅，黄志鹏，李慧峰，李彦青，陆柳英，庞新华，彭靖茹，覃夏燕，尚小红，韦锦坚，温立香，严华兵，曾维英，曾文丹，张芬，赵艳红，钟瑞春，周海兰，周灵芝。

第五章撰稿人：邓宇驰，段维兴，高轶静，黄玉新，刘俊仙，刘丽敏，罗霆，丘立杭，谭芳，韦金菊，吴建明，吴凯朝，贤武，杨翠芳，张保青，张革民，周珊，周忠凤。

第六章撰稿人：董文斌，何铁光，李忠义，蒙炎成，唐红琴，韦彩会。

第七章撰稿人：黄珍玲，兰秀，李婷，蒙平，石前，石云平，许娟，杨海霞，庾韦花，张尚文，张向军。

第八章撰稿人：陈雪凤，祁亮亮，王晓国，吴圣进，阎勇，叶建强。

第九章撰稿人：卜朝阳，崔学强，邓杰玲，范继征，关世凯，黄昌艳，黄展文，李春牛，李秀玲，刘可丹，苏群，王虹妍，闫海霞，曾艳华，张自斌，周锦业。

本书得到了"第三次全国农作物种质资源普查与收集行动"、广西创新驱动发展专项资金项目"广西农作物种质资源收集鉴定与保存"，以及广西壮族自治区农业科学院（后简称广西农业科学院）科技发展基金和基本科研业务费项目的支持。在农作物种质资源收集、保存和图书编撰过程中，得到了农业农村部（特别是中国农业科学院）、广西壮族自治区农业农村厅等单位的大力支持。在此，一并致以衷心的感谢。

广西农业科学院党组书记、院长 邓国富

2024年3月

前　言

《中国优异作物种质资源开发与利用图鉴·广西卷》

　　广西壮族自治区（后简称广西）地处祖国南疆，北回归线横贯中部，南临热带海洋，北接南岭山地，西延云贵高原，属于亚热带季风气候区，气候温暖，雨水丰沛，光照充足，是全国唯一具有沿海、沿边、沿江优势的少数民族自治区。广西自然资源条件优越，是多民族聚居的自治区，有壮、汉、瑶、苗、侗、仫佬、毛南、回、京、彝、水、仡佬等12个世居民族和满、蒙古、朝鲜、白、藏等44个其他民族，各民族独具特色的传统农耕文化造就了丰富多彩的生物遗传资源，生物多样性水平居全国前列，生物资源数量多、分布广、特异性突出，是我国水稻、玉米、甘蔗、大豆、果树、蔬菜、食用菌、花卉等作物种质资源的重要分布地和区域优势特色资源富集区。

　　为全面、系统地保护优异农作物种质资源，2015年农业部（现农业农村部）组织开展了"第三次全国农作物种质资源普查与收集行动"，广西是首批启动"第三次全国农作物种质资源普查与收集行动"的4个省（自治区、直辖市）之一，圆满完成了22个县（市、区）农作物种质资源的系统调查、抢救性收集和75个县（市、区）主要农作物种质资源的普查征集。2017年，广西壮族自治区人民政府启动实施了广西创新驱动发展专项资金项目"广西农作物种质资源收集鉴定与保存"，完成了广西全区64个县、7个县级市、40个城区共111个县级行政区主要农作物种质资源的全面调查。通过"第三次全国农作物种质资源普查与收集行动"和广西创新驱动发展专项资金项目"广西农作物种质资源收集鉴定与保存"的实施，收集水稻、玉米、甘蔗、大豆、果树、蔬菜、食用菌、花卉等22科51属80种农作物种质资源共2万多份，鉴定、评价并发掘一批具有优异性状的宝贵材料，首次实现了广西农作物种质资源收集区域、收集种类、生态类型的三大全覆盖，是广西目前最全面、最系统、最深入的农作物种质资源收集与保护行动。

　　为进一步总结"第三次全国农作物种质资源普查与收集行动"和"广西农作物种质资源收集鉴定与保存"的项目成果，在前期组织出版"广西农作物种质资源"丛书12卷的基础上，对优异种质资源进行系统梳理，结合鉴定评价和创新利用成果，进一步遴选一批优异特色种质资源，并组织编写《中国优异作物种质资源开发与利用图鉴·广西卷》。本书共9章，收录水稻、玉米、甘蔗、龙眼、荔枝、杧果等广西主要农作物优异种质资源446份，图文并茂，详细描述了这些优异种质资源的学名、采集地

第一章

粮食作物优异种质资源

在"第三次全国农作物种质资源普查与收集行动"和广西创新驱动发展专项资金项目"广西农作物种质资源收集鉴定与保存"等项目实施中发现，广西还有一批具有明显地方特色和优异性状的地方品种，在生产上有一定的种植面积，在粮食作物多样性、推动乡村振兴中发挥着重要作用。例如，糯性好、香味浓、稻米营养品质优的水稻品种上思香糯；抗病、产量高、加工玉米头出米率高的玉米品种大粒珍珠糯玉米等。这些品种既可继续直接推广应用，亦可作为优异资源深入挖掘创新再利用。结合发展保健品、生态旅游和科普宣传，这些地方品种也是上好的资源。

第一节　水稻优异种质资源

一、栽培稻优异种质资源

001　象州红米

【学　名】Poaceae（禾本科）*Oryza*（稻属）*Oryza sativa*（亚洲栽培稻）。

【采集地】广西来宾市象州县。

【主要特征特性】属于粳型粘稻，具有感光性，株高163.3cm[①]，有效穗数7个，穗长29.3cm，穗粒数168粒，结实率85.6%，千粒重31.9g，谷粒长8.0mm、宽3.5mm，谷粒椭圆形，无芒，颖尖黄色，谷壳黄色，种皮红色。

【农户认知】米质好，米饭黏性适度，稍硬，植株散，易倒伏。

【优良特性】稻米营养品质优。维生素含量14.2～15.0mg/100g，总黄酮含量118～125mg/100g，β-胡萝卜素含量0.50～0.55mg/100g，原花青素含量16.5～17.0mg/100g。

【适宜地区】广西来宾市象州县及类似生态区。

【利用价值】获得中国农产品地理标志登记，是广西特色农作物地方品种。属于特色稻米，可进行产业开发，也可用作水稻育种亲本。

【濒危状况及保护措施建议】象州红米种植历史悠久，目前仍有较大种植面积。建议异位保存，结合产业开发，扩大种植面积，提高知名度。

【收集人】夏秀忠（广西农业科学院水稻研究所）。

【照片拍摄者】夏秀忠（广西农业科学院水稻研究所）。

---

①【主要特征特性】和【优良特性】中所列株高、维生素含量等性状指标值，单个数据代表性状指标的平均值。全书同。

002 靖西大香糯

【学　名】Poaceae（禾本科）*Oryza*（稻属）*Oryza sativa*（亚洲栽培稻）。

【采集地】广西百色市靖西市。

【主要特征特性】又称大香糯，是靖西大糯的一种类型，属于粳型糯稻，具有感光性。株高171.1cm，有效穗数6个，穗长29.5cm，穗粒数167粒，结实率88.8%，千粒重32.3g，谷粒长9.2mm、宽3.6mm，谷粒椭圆形，褐色短芒，颖尖褐色，谷壳黄色，种皮白色。

【农户认知】茎秆高，易倒伏，抗病，米质优，米饭黏性好，饭香。

【优良特性】稻米营养品质优。胶稠度56～117mm，阴糯率0.6%～0.8%，直链淀粉含量0.9%～1.5%，支链淀粉含量82.4%～86.5%，蛋白质含量6.82%～7.54%，氨基酸总含量4.61%～6.58%，香味浓。

【适宜地区】广西百色市靖西市及类似生态区。

【利用价值】获得中国农产品地理标志登记，是广西特色农作物地方品种。属于特色稻米，可进行产业开发，也可用作水稻育种亲本。主要做糯米饭食用，也用于酿酒或制作粽子、年糕、汤圆、五色香糯米饭、糍粑、糯米鸡、月饼等，还可用于酿制甜酒，味甘香醇，有滋补健身和治病的功效。

【濒危状况及保护措施建议】已有800多年的种植历史，目前仍有较大种植面积。建议异位妥善保存的同时，结合发展保健品和生态旅游，扩大种植面积。

【收集人】夏秀忠（广西农业科学院水稻研究所）。

【照片拍摄者】夏秀忠（广西农业科学院水稻研究所）。

003 上思香糯

【学　名】Poaceae（禾本科）*Oryza*（稻属）*Oryza sativa*（亚洲栽培稻）。

【采集地】广西防城港市上思县。

【主要特征特性】属于粳型糯稻，具有感光性，株高157.6cm，有效穗数7个，穗长26.6cm，穗粒数207粒，结实率83.5%，千粒重22.4g，谷粒长7.1mm、宽3.7mm，米粒长5.03mm、宽3.04mm，米粒长宽比约1.65：1，谷粒阔卵形，无芒，谷壳带褐色花斑，颖尖褐色，颖尖附近茸毛多，米粒饱满圆润，有乳白色的光泽。

【农户认知】软糯，糯香四溢，但易倒伏，易感稻瘟病。

【优良特性】糯性好，香味浓，稻米营养品质优。胶稠度72～110mm，直链淀粉含量0.30%～2.00%，支链淀粉含量58.5%～82.69%，蛋白质含量8.50～9.65g/100g，氨基酸总含量6.55～8.96g/100g。

【适宜地区】广西防城港市上思县明江谷地（冲积小平原）和丘陵小盆地。

【利用价值】获得中国农产品地理标志登记，是广西特色农作物地方品种。属于特色稻米，可进行产业开发，也可用作水稻育种亲本。主要用于制作粽粑、年糕、米花、汤圆、糍粑、糯米饭等，糯米饭油光闪亮、香甜可口，是糯米饭中的上乘之品。

【濒危状况及保护措施建议】种植历史悠久，目前仍有较大种植面积。建议异位妥善保存的同时，结合发展保健品和生态旅游，扩大种植面积。

【收集人】李丹婷（广西农业科学院水稻研究所）。

【照片拍摄者】夏秀忠（广西农业科学院水稻研究所）。

004 东兰墨米

【学　名】Poaceae（禾本科）*Oryza*（稻属）*Oryza sativa*（亚洲栽培稻）。

【采集地】广西河池市东兰县。

【主要特征特性】属于粳型糯稻，具有感光性，播始历期75天，株高143.1cm，有效穗数6个，穗长27.8cm，穗粒数208粒，结实率82.6%，千粒重29.7g，谷粒长8.1mm、宽4.2mm，谷粒阔卵形，颖壳紫黑色；米粒表面短圆形，紫黑色，花青素易溶于水、溶液呈紫红色，米心白色，腹部或近胚部大多有深红色。

【农户认知】高产，优质，抗病虫，耐热，米品质极优，糯性强。

【优良特性】米饭紫黑色，软硬适中，富有弹性，气味芳香浓郁，稻米营养品质优。维生素B$_1$含量170～210μg/100g，维生素B$_2$含量35～36μg/100g，花青素含量850～1100mg/100g，氨基酸含量6%～8%，直链淀粉含量2%～7%，蛋白质含量在9%以上。

【适宜地区】广西河池市东兰县及类似生态区。

【利用价值】获得中国农产品地理标志登记，是广西特色农作物地方品种。属于特色稻米，可进行产业开发，也可用作水稻育种亲本。主要用于制作壮乡墨米酒、墨米速食粉、墨米粥、墨米饮料等。当地中医常用墨米治疗跌打损伤、风湿痹症、早期白发以及神经衰弱等病症，故有"药米"之美称。

【濒危状况及保护措施建议】已有400多年的种植历史，目前仍有较大种植面积。建议异位保存，结合产业开发和生态旅游，提高知名度，扩大种植面积。

【收集人】杨行海（广西农业科学院水稻研究所）。

【照片拍摄者】夏秀忠（广西农业科学院水稻研究所）。

005 环江香糯

【学　名】Poaceae（禾本科）*Oryza*（稻属）*Oryza sativa*（亚洲栽培稻）。

【采集地】广西河池市环江毛南族自治县。

【主要特征特性】属于粳型糯稻，具有感光性，播始历期74天，株高142.7cm，有效穗数8个，穗长27.4cm，穗粒数208粒，结实率87.3%，千粒重26.8g，谷粒长7.8mm、宽3.7mm，谷粒阔卵形，黄色中芒，颖尖黄色，谷壳黄色，种皮白色。

【农户认知】茎秆高，植株散，易倒伏，米质优。

【优良特性】米粒洁白，米饭有香味，稻米营养品质优。碱消值≥6级，直链淀粉含量≤1.5%。

【适宜地区】广西河池市环江毛南族自治县及类似生态区。

【利用价值】获得中国农产品地理标志登记，是广西特色农作物地方品种。属于特色稻米，可进行产业开发，也可用作水稻育种亲本。在当地主要蒸煮食用，饭香浓，饭粒油亮，口感软滑，糯而不腻。

【濒危状况及保护措施建议】已有400多年的种植历史，仍有较大种植面积。建议异位保存，结合产业开发，提高知名度，扩大种植面积。

【收集人】农保选（广西农业科学院水稻研究所）。

【照片拍摄者】夏秀忠（广西农业科学院水稻研究所）。

006 龙胜红糯

【学　名】Poaceae（禾本科）*Oryza*（稻属）*Oryza sativa*（亚洲栽培稻）。

【采集地】广西桂林市龙胜各族自治县。

【主要特征特性】属于粳型糯稻，具有感光性，播始历期73天，株高147.8cm，有效穗数7个，穗长26.1cm，穗粒数175粒，结实率94.0%，千粒重30.8g，谷粒长8.2mm、宽3.6mm，谷粒椭圆形，无芒，颖尖黄色，谷壳褐色，种皮红色。

【农户认知】米质优，易感稻瘟病，不耐肥。

【优良特性】稻米营养品质优，碱消值≥6级，胶稠度≥90mm，直链淀粉含量≤2.0%。

【适宜地区】广西桂林市龙胜各族自治县及类似生态区。

【利用价值】获得中国农产品地理标志登记，是广西特色农作物地方品种。属于特色稻米，可进行产业开发，也可用作水稻育种亲本。在当地主要蒸煮食用，蒸熟后的糯米饭细腻、油亮且色泽红润，溢香四座，口感弹软滑嫩。

【濒危状况及保护措施建议】目前直接应用于生产，在当地有上千年种植历史，稻米销售价格高。建议异位保存，结合产业开发，扩大种植面积，提高知名度。

【收集人】农保选（广西农业科学院水稻研究所）。

【照片拍摄者】夏秀忠（广西农业科学院水稻研究所）。

007 凤山粳

【学　名】Poaceae（禾本科）*Oryza*（稻属）*Oryza sativa*（亚洲栽培稻）。

【采集地】广西河池市凤山县。

【主要特征特性】属于粳型糯稻，具有感光性，播始历期77天，株高158.5cm，有效穗数6个，穗长29.6cm，穗粒数179粒，结实率82.0%，千粒重34.7g，谷粒阔卵形，褐色长芒，颖尖褐色，谷壳黄色，种皮白色。

【农户认知】茎秆高，易倒伏，优质，耐寒，耐贫瘠。

【优良特性】稻米营养品质优，碱消值≥6级，胶稠度≥60mm，直链淀粉含量13%～18%，米饭油亮爽滑，软而不糯。

【适宜地区】广西河池市凤山县及类似生态区。

【利用价值】获得中国农产品地理标志登记，是广西特色农作物地方品种。属于特色稻米，可进行产业开发和生态旅游，也可用作水稻育种亲本。在当地主要蒸煮食用。

【濒危状况及保护措施建议】少数农户零星种植，种植面积逐年减少，建议异位保存，结合产业开发，提高知名度，扩大种植面积。

【收集人】农保选（广西农业科学院水稻研究所）。

【照片拍摄者】夏秀忠（广西农业科学院水稻研究所）。

008 侧岭米

【学　名】Poaceae（禾本科）*Oryza*（稻属）*Oryza sativa*（亚洲栽培稻）。

【采集地】广西河池市金城江区。

【主要特征特性】属于籼型粘稻，米粒长6.5～6.9mm，长宽比约3∶1。米粒细长，无芒，颖尖黄色，谷壳黄色，种皮白色。

【农户认知】产量高，不易倒伏，米质优。

【优良特性】米饭软，有光泽，硬度适中，饭味浓。碱消值≥5级，胶稠度≥80mm，直链淀粉含量13%～20%，垩白度≤3%。米粒细长，洁白透明。

【适宜地区】广西河池市金城江区及类似生态区。

【利用价值】获得中国农产品地理标志登记，是广西特色农作物地方品种。属于特色稻米，可进行产业开发，也可用作水稻育种亲本。目前直接应用于生产，在当地主要蒸煮食用。

【濒危状况及保护措施建议】目前仍有较大种植面积，建议异位保存，结合产业开发，提高知名度，扩大种植面积。

【收集人】夏秀忠（广西农业科学院水稻研究所）。

【照片拍摄者】夏秀忠（广西农业科学院水稻研究所）。

009 钦州赤禾

【学　名】Poaceae（禾本科）*Oryza*（稻属）*Oryza sativa*（亚洲栽培稻）。

【采集地】广西钦州市钦南区。

【主要特征特性】属于籼型粘稻，具有感光性，株高220cm，穗长22.3cm，谷壳黄色，谷粒长5.7mm、宽2.5mm，谷粒椭圆形，颖尖黄色，有黄色长芒，种皮红色。

【农户认知】耐淹，耐盐，植株高，易倒伏，米质偏硬。

【优良特性】稻米营养品质优，铁含量14.8mg/kg，锌含量25.5mg/kg，硒含量0.116mg/kg。

【适宜地区】广西沿海滩涂地。

【利用价值】获得中国农产品地理标志登记，是广西特色农作物地方品种。属于特色稻米，可进行产业开发和生态旅游，也可用作水稻育种亲本。在当地主要蒸煮食用，可加工成海红米包子、海红米馒头、海红米养生粥、精海红米饭、海红米海鲜粥、海红米海鲜汤等产品。

【濒危状况及保护措施建议】种植历史悠久，仍有较大种植面积，建议异位保存，结合产业开发，提高知名度，扩大种植面积。

【收集人】李丹婷（广西农业科学院水稻研究所）。

【照片拍摄者】夏秀忠（广西农业科学院水稻研究所）。

010 环江香粳

【学　名】Poaceae（禾本科）*Oryza*（稻属）*Oryza sativa*（亚洲栽培稻）。

【采集地】广西河池市环江毛南族自治县。

【主要特征特性】属于粳型粘稻，具有感光性，播始历期76天，株高144.0cm，有效穗数7个，穗长24.2cm，穗粒数226粒，结实率86.1%，千粒重29.6g，谷粒长7.6mm、宽3.9mm，谷粒阔卵形，黄色短芒，颖尖紫色，谷壳黄色，种皮白色。

【农户认知】米质优，易倒伏，耐旱。

【优良特性】米质优，出糙率77.3%～78.9%，整精米率65.4%～67.2%，垩白粒米率1.5%～3.8%，垩白度0.2%～0.7%，直链淀粉含量16.23%～17.16%，胶稠度74.3～79.1mm。

【适宜地区】广西河池市环江毛南族自治县及类似生态区。

【利用价值】获得中国农产品地理标志登记，是广西特色农作物地方品种。属于特色稻米，可进行产业开发和生态旅游，也可用作水稻育种亲本。在当地主要蒸煮食用。

【濒危状况及保护措施建议】已有400多年的种植历史，仍有较大种植面积。建议异位保存，结合产业开发和生态旅游，提高知名度，扩大种植面积。

【收集人】李丹婷（广西农业科学院水稻研究所）。

【照片拍摄者】夏秀忠（广西农业科学院水稻研究所）。

011 南丹巴平米

【学　名】Poaceae（禾本科）*Oryza*（稻属）*Oryza sativa*（亚洲栽培稻）。

【采集地】广西河池市南丹县。

【主要特征特性】属于籼型粘稻，播始历期80天，株高129.0cm，有效穗数9个，穗长24.4cm，穗粒数228粒，结实率84.1%，千粒重21.4g，谷粒长7.5mm、宽3.1mm，谷粒椭圆形，无芒，颖尖黄色，谷壳黄色，种皮白色。

【农户认知】抗病，米质好，食味佳。

【优良特性】米粒洁白透明，米饭香味较浓，饭粒油亮有光泽，有弹性，稻米营养品质整体优良。胶稠度≥60mm，直链淀粉含量13%～17%。

【适宜地区】广西河池市南丹县及类似生态区。

【利用价值】获得中国农产品地理标志登记，是广西特色农作物地方品种。属于特色稻米，可进行产业开发和生态旅游，也可用作水稻育种亲本。目前主要蒸煮食用。

【濒危状况及保护措施建议】目前种植面积较大，建议异位保存，结合产业开发和生态旅游，提高知名度，扩大种植面积。

【收集人】夏秀忠（广西农业科学院水稻研究所）。

【照片拍摄者】夏秀忠（广西农业科学院水稻研究所）。

012 冷水麻

【学　名】Poaceae（禾本科）*Oryza*（稻属）*Oryza sativa*（亚洲栽培稻）。

【采集地】广西桂林市资源县。

【主要特征特性】属于籼型粘稻，播始历期63天，株高132.6cm，有效穗数13个，穗长25.2cm，穗粒数154粒，结实率85.6%，千粒重23.2g，谷粒长8.2mm、宽2.9mm，谷粒椭圆形，无芒，颖尖黄色，谷壳褐色，种皮红色。

【农户认知】抗性好，耐冷，耐旱，耐贫瘠。

【优良特性】适宜山地种植，耐冷，耐旱，外观品质好，稻米营养品质整体优良。

【适宜地区】广西桂林市资源县及类似生态区。

【利用价值】属于特色稻米，可用于加工保健品，也可用作水稻育种亲本。主要用于酿制红米酒和蒸煮食用。

【濒危状况及保护措施建议】当地已种植约80年，分布窄，仅有少数农户种植。建议异位保存，扩大种植面积。

【收集人】张宗琼（广西农业科学院水稻研究所）。

【照片拍摄者】夏秀忠（广西农业科学院水稻研究所）。

013 兰木粳米

【学　名】Poaceae（禾本科）*Oryza*（稻属）*Oryza sativa*（亚洲栽培稻）。

【采集地】广西河池市东兰县。

【主要特征特性】属于粳型粘稻，具有感光性，播始历期76天，株高172.0cm，有效穗数8个，穗长34.1cm，穗粒数240粒，结实率84.8%，千粒重27.2g，谷粒长7.6mm、宽3.5mm，谷粒阔卵形，黄色长芒，颖尖黄色，谷壳黄色，种皮白色。

【农户认知】优质，耐热，耐旱。

【优良特性】颗粒饱满，米饭晶莹油亮，有香味。稻米营养品质整体优良。

【适宜地区】广西河池市东兰县及类似生态区。

【利用价值】硒含量1.52mg/kg，广西特色农作物地方品种。属于特色稻米，可进行产业开发，也可用作水稻育种亲本。

【濒危状况及保护措施建议】建议异位保存，结合产业开发和生态旅游，提高知名度，扩大种植面积。

【收集人】夏秀忠（广西农业科学院水稻研究所）。

【照片拍摄者】夏秀忠（广西农业科学院水稻研究所）。

014 钩钩谷

【学　名】Poaceae（禾本科）*Oryza*（稻属）*Oryza sativa*（亚洲栽培稻）。

【采集地】广西桂林市临桂区。

【主要特征特性】属于籼型粘稻，感温型品种，播始历期74天，株高113.2cm，有效穗数9个，穗长28.6cm，穗粒数251粒，结实率81.1%，千粒重18.3g，谷粒长11.0mm、宽2.4mm，谷粒细长形，无芒，颖尖黄色，谷壳黄色，种皮白色。

【农户认知】米质优，蒸煮品质好，市场售价高。

【优良特性】稻米外观品质好、营养品质整体优良。

【适宜地区】广西桂林市临桂区及类似生态区。

【利用价值】属于特色稻米，可进行产业开发，也可用作水稻育种亲本。

【濒危状况及保护措施建议】目前种植区域分布窄，零星种植。建议异位保存，结合产业开发，扩大种植面积。

【收集人】夏秀忠（广西农业科学院水稻研究所）。

【照片拍摄者】夏秀忠（广西农业科学院水稻研究所）。

015 融水紫黑香糯

【学　名】Poaceae（禾本科）*Oryza*（稻属）*Oryza sativa*（亚洲栽培稻）。

【采集地】广西柳州市融水苗族自治县。

【主要特征特性】属于粳型糯稻，感温型品种，播始历期76天，株高165.2cm，有效穗数4个，穗长28.6cm，穗粒数157粒，结实率76.9%，千粒重25.1g，谷粒长7.4mm、宽3.7mm，谷粒阔卵形，无芒，颖尖黑色，谷壳紫黑色，种皮黑色。

【农户认知】植株高，易倒伏，抗病。

【优良特性】直链淀粉含量≤2%，矢车菊素-3-*O*-葡萄糖苷含量≥600mg/kg。米饭紫黑晶莹，浓郁芳香，口感软糯有弹性。稻米营养品质整体优良。

【适宜地区】广西柳州市融水苗族自治县及类似生态区。

【利用价值】广西特色农作物地方品种。属于特色稻米，可用于加工保健品和开发生态旅游。主要用于酿制黑糯米酒，制作黑糯米粽和糯米团等。

【濒危状况及保护措施建议】种植区域分布窄，建议异位保存，结合产业开发，提高知名度，扩大种植面积。

【收集人】农保选（广西农业科学院水稻研究所）。

【照片拍摄者】夏秀忠（广西农业科学院水稻研究所）。

二、野生稻优异种质资源

001 普通野生稻5629

【学　名】Poaceae（禾本科）*Oryza*（稻属）*Oryza rufipogon*（普通野生稻）。

【采集地】广西百色市。

【主要特征特性】在南宁市种植，为倾斜型，分蘖力特强（＞30个），始穗期9月18日，开花期芒红色、柱头紫色、无地下茎、花药长5.3cm，成熟时谷壳褐色，种皮浅红色，谷粒长8.2mm、宽2.2mm，百粒重1.5g。

【农户认知】滥生，耐旱，耐贫瘠。

【优良特性】广适性好，分蘖力强，抗病、抗虫，耐贫瘠，耐旱。

【适宜地区】我国温带、亚热带及热带地区。

【利用价值】可用作多穗型、特色水稻品种选育的亲本。利用野生稻与栽培稻杂交选育出测25、测253、测781、测258、测1012等恢复系。

【濒危状况及保护措施建议】目前只有野外零星分布，濒危，建议通过建立原生境保护区与种质库、种质圃等进行原/异生境长期保存。

【收集人】梁世春（广西农业科学院水稻研究所）。

【照片拍摄者】梁世春（广西农业科学院水稻研究所）。

002 普通野生稻5645

【学 名】Poaceae（禾本科）*Oryza*（稻属）*Oryza rufipogon*（普通野生稻）。

【采集地】广西百色市。

【主要特征特性】在南宁市种植，为倾斜型，分蘖力特强（＞30个），始穗期9月16日、开花期芒红色、柱头紫色、无地下茎、花药长5.5cm、成熟时谷壳褐色，种皮红色，谷粒长8.6mm、宽2.2mm，百粒重1.6g。

【农户认知】滥生，耐旱，耐贫瘠。

【优良特性】广适性好，分蘖力强，抗病、抗虫，耐贫瘠，耐旱。

【适宜地区】我国温带、亚热带及热带地区。

【利用价值】可用作多穗型、特色水稻品种选育的亲本。利用野生稻与栽培稻杂交选育出测25、测253、测781、测258、测1012等恢复系。

【濒危状况及保护措施建议】目前只有零星分布，濒危，建议通过建立原生境保护区与种质库、种质圃等进行原/异生境长期保存。

【收集人】梁世春（广西农业科学院水稻研究所）。

【照片拍摄者】梁世春（广西农业科学院水稻研究所）。

003 普通野生稻5700

【学　名】Poaceae（禾本科）*Oryza*（稻属）*Oryza rufipogon*（普通野生稻）。

【采集地】广西玉林市。

【主要特征特性】在南宁市种植，为倾斜型，分蘖力特强（＞30个），始穗期9月5日，开花期芒红色、柱头紫色、无地下茎、花药长5.8cm，成熟时谷壳褐色，种皮红色，谷粒长8.7mm、宽2.4mm，百粒重1.4g。

【农户认知】滥生，耐旱，耐贫瘠。

【优良特性】广适性好，分蘖力强，抗病、抗虫，耐贫瘠，耐旱。

【适宜地区】我国温带、亚热带及热带地区。

【利用价值】可用作多穗型、高产型及抗病虫型特色水稻品种选育的亲本。

【濒危状况及保护措施建议】目前只有零星分布，收集困难，建议通过建立原生境保护区与种质库、种质圃等进行原/异生境长期保存。

【收集人】梁世春（广西农业科学院水稻研究所）。

【照片拍摄者】梁世春（广西农业科学院水稻研究所）。

004 普通野生稻5727

【学　名】Poaceae（禾本科）*Oryza*（稻属）*Oryza rufipogon*（普通野生稻）。

【采集地】广西玉林市。

【主要特征特性】在南宁市种植，为倾斜型，分蘖力特强（＞30个），始穗期9月6日，开花期芒红色、柱头紫色、基部叶鞘紫色、无地下茎、花药长3.9cm，成熟时谷壳褐色，种皮红色，谷粒长8.5mm、宽2.4mm，百粒重1.5g。

【农户认知】滥生，耐旱，耐贫瘠。

【优良特性】广适性好，分蘖力强，抗病、抗虫，耐贫瘠，耐旱。

【适宜地区】我国温带、亚热带及热带地区。

【利用价值】可用作多穗型、特色水稻品种选育的亲本。

【濒危状况及保护措施建议】目前只有零星分布，收集困难，建议通过建立原生境保护区与种质库、种质圃等进行原/异生境长期保存。

【收集人】梁世春（广西农业科学院水稻研究所）。

【照片拍摄者】梁世春（广西农业科学院水稻研究所）。

005 普通野生稻5845

【学　名】Poaceae（禾本科）*Oryza*（稻属）*Oryza rufipogon*（普通野生稻）。

【采集地】广西北海市。

【主要特征特性】在南宁市种植，为倾斜型，分蘖力特强（＞30个），始穗期9月5日，开花期芒红色、柱头紫色、无地下茎、花药长5.8cm，成熟时谷壳褐色，种皮红色，谷粒长8.7mm、宽2.4mm，百粒重1.4g。

【农户认知】滥生，耐旱，耐贫瘠。

【优良特性】广适性好，分蘖力强，抗病、抗虫，耐贫瘠，耐旱。

【适宜地区】广西南部稻作区。

【利用价值】可用作多穗型、特色水稻品种选育的亲本。利用北海市野生稻和栽培稻育成测679、测680、R682等野栽型强优三系恢复系，组配出多个高产、广适型杂交稻组合。

【濒危状况及保护措施建议】目前只有零星分布，收集困难，建议通过建立原生境保护区与种质库、种质圃等进行原/异生境长期保存。

【收集人】梁世春（广西农业科学院水稻研究所）。

【照片拍摄者】梁世春（广西农业科学院水稻研究所）。

第二节 玉米优异种质资源

001 大粒珍珠糯玉米

【学　名】Poaceae（禾本科）*Zea*（玉蜀黍属）*Zea mays*（玉米）。

【采集地】广西来宾市忻城县。

【主要特征特性】在南宁市春播生育期94天，全株叶片数19.1片，株高212.3cm，穗位高103.5cm，果穗长12.5cm、粗3.8cm，穗行数10～14行，行粒数26.3粒，出籽率84.3%，千粒重297.5g，果穗筒形，籽粒白色，糯质型，轴芯白色。经检测，该品种籽粒蛋白质含量12.48%、脂肪含量4.63%、淀粉含量68.14%。

【农户认知】抗病，产量高，加工玉米头出米率高，优质，玉米粥口感香糯，顺滑好吃。

【优良特性】高产，籽粒大，加工玉米头出米率高，口感香糯、顺滑。中抗南方锈病。

【适宜地区】广西来宾市忻城县及类似生态区。

【利用价值】忻城糯玉米的代表品种之一。产量高，经过提纯复壮后种子可以直接用于生产和商品化，是广西种植面积最大的地方糯玉米品种之一，在忻城县有较大种植面积，平均每户种植1～2亩（1亩≈666.7m²，后文同），全县每年种植3万～4万亩，亩产300～350kg。籽粒用于加工玉米头，成米率70%左右，是当地的地理标志产品。可作为糯玉米种质改良创新及新品种选育材料，具有很好的利用价值和潜力。

【濒危状况及保护措施建议】目前在当地有一定的种植面积，但是出现了不同程度的品种混杂，需有计划地开展提纯复壮以减少品种退化。

【收集人】程伟东（广西农业科学院玉米研究所）。

【照片拍摄者】谢和霞（广西农业科学院玉米研究所）。

002 板河小粒糯

【学　名】Poaceae（禾本科）*Zea*（玉蜀黍属）*Zea mays*（玉米）。

【采集地】广西来宾市忻城县。

【主要特征特性】在南宁市春播生育期99天，全株叶片数19.3片，株高215.0cm，穗位高87.1cm，果穗长12.6cm、粗3.2cm，穗行数10～18行，行粒数27.8粒，出籽率85.9%，千粒重222.0g，果穗锥形，籽粒白色，糯质型，轴芯白色。经检测，该品种籽粒蛋白质含量12.43%、脂肪含量4.6%、淀粉含量68.86%。

【农户认知】农户自行留种，自产自销，主要用于加工玉米头、煮玉米粥、做糍粑等，口感香糯，口味好。

【优良特性】糯性好，色泽雪白均匀，有特殊风味。

【适宜地区】广西来宾市忻城县及类似生态区。

【利用价值】忻城糯玉米的代表品种之一。经过提纯复壮后种子可以直接用于生产和商品化，亩产200～250kg，产量稍低，在忻城县有较大种植面积，全县每年种植约2万亩，集中在红水河以北区域。籽粒用于加工玉米头，是当地著名的地理标志产品。其籽粒糯性好、色泽雪白均匀，抗病虫性好，是糯玉米种质创新的宝贵资源。

【濒危状况及保护措施建议】目前在当地有一定的种植面积，只是出现了不同程度的品种混杂，需有计划地开展提纯复壮以减少品种退化。

【收集人】程伟东（广西农业科学院玉米研究所）。

【照片拍摄者】谢和霞（广西农业科学院玉米研究所）。

板河小粒糯

003 北关糯玉米

【学　名】Poaceae（禾本科）*Zea*（玉蜀黍属）*Zea mays*（玉米）。

【采集地】广西河池市宜州区。

【主要特征特性】在南宁市秋播生育期97天，全株叶片数20.0片，株高220.1cm，穗位高113.5cm，株型中间型，幼苗芽鞘紫色，雄穗护颖绿色或绿带紫纹，花药深紫色或黄绿色，花丝黄绿色或浅红色，雄穗一级分枝数12.6枝，雄穗长35cm，果穗长15.5cm、粗4.3cm，穗行数12～14行，行粒数25.6粒，出籽率82.4%，千粒重204.3g。果穗筒形，籽粒白色，糯质型，轴芯白色。

【农户认知】鲜食口感好，籽粒皮薄，软糯，风味佳。成熟籽粒加工成玉米头煮粥很好吃，是当地夏季的主粮之一，解渴又耐饿。逢年过节做糯玉米糍粑和汤圆，风味独特。

【优良特性】口感好，糯性足，果穗品质好，适宜鲜食和成品加工。产量较高，可直接用于生产。

【适宜地区】广西河池市及类似生态区。

【利用价值】宜山糯玉米的代表品种之一，是广西糯玉米育种的重要基础材料。植株比较紧凑，株高与穗位高适宜，果穗品质非常好，籽粒大且雪白，抗性好，口感好，是种质资源改良与创新的好材料，在育种上有很好的利用价值和潜力。

【濒危状况及保护措施建议】受到种桑养蚕以及玉米杂交种的冲击，种植面积逐渐减少，而且品种的优良特性有退化。建议异位妥善保存，并鼓励当地农户适当种植，培训农户提纯复壮技术，以提高品质和产量。

【收集人】覃兰秋（广西农业科学院玉米研究所）。

【照片拍摄者】谢和霞（广西农业科学院玉米研究所）。

北关糯玉米

004 怀远糯

【学　名】Poaceae（禾本科）*Zea*（玉蜀黍属）*Zea mays*（玉米）。

【采集地】广西河池市宜州区。

【主要特征特性】在南宁市秋播生育期90天，主茎叶片数15.4片，株高154.9cm，穗位高50.6cm，株型紧凑型，幼苗芽鞘紫色，雄穗护颖深紫色或绿色，花药浅紫色或黄绿色，花丝黄绿色，雄穗一级分枝数7.3枝，雄穗长36.6cm，果穗长14.3cm、粗3.9cm，穗行数12～14行，行粒数26.0粒，出籽率84.8%，千粒重204.0g。果穗柱形，籽粒白色，糯质型，轴芯白色。

【农户认知】口感好，糯性很足，皮薄，香甜，籽粒软糯，风味极佳。成熟籽粒加工成玉米头煮粥或做成糍粑和汤圆，也可作为鲜食玉米。

【优良特性】籽粒大，粒色雪白匀称，皮薄，糯性足，口感好，品质好；高产，抗旱，抗纹枯病，中抗南方锈病，适应当地气候环境。

【适宜地区】广西河池市及类似生态区。

【利用价值】宜山糯玉米的代表品种之一，是广西糯玉米育种的重要基础材料，也是广西有名的地理标志品种。株型紧凑，籽粒大，粒色雪白，风味好，抗性好，经过提纯复壮后也可以直接用于生产和商品化。

【濒危状况及保护措施建议】由于受到高产糯玉米杂交种的冲击，以及当地种桑养蚕和其他蔬菜作物扩种的影响，怀远糯的种植面积逐渐减少，而且品种的优良特性有退化。建议异位妥善保存，并开展品种的提纯复壮，以提高产量和品质。

【收集人】覃兰秋（广西农业科学院玉米研究所）。

【照片拍摄者】谢和霞（广西农业科学院玉米研究所）。

005 屋地白糯

【学　名】Poaceae（禾本科）*Zea*（玉蜀黍属）*Zea mays*（玉米）。

【采集地】广西梧州市苍梧县。

【主要特征特性】在南宁市春播生育期105天，主茎叶片数16.1片，株高220.8cm，穗位高89.3cm，幼苗芽鞘紫色，雄穗一级分枝数14.2枝，雄穗长38.9cm，雄穗护颖绿色带紫缘，花药紫、浅紫或黄绿色。果穗花丝浅红或红色，果穗长12.9cm、粗4.0cm，穗行数10～12行，行粒数26.4粒，出籽率80.8%，千粒重258.5g。果穗柱形，籽粒雪白色，糯质型，轴芯白色。

【农户认知】抗病，好吃。

【优良特性】品质优，高抗南方锈病。

【适宜地区】广西梧州市苍梧县及类似生态区。

【利用价值】主要用于鲜食，也可用于煮玉米粥、制作糍粑。该品种具有糯性好、品质优、高抗南方锈病等特性，可用于糯玉米材料改良及品种选育。

【濒危状况及保护措施建议】仅有少数农户零星种植，随着时间推移，种植面积会越来越少，面临灭绝。建议当地鼓励农户扩大种植面积，同时异位妥善保存。

【收集人】程伟东（广西农业科学院玉米研究所）。

【照片拍摄者】谢和霞（广西农业科学院玉米研究所）。

006 | 那琅糯玉米

【学　名】Poaceae（禾本科）*Zea*（玉蜀黍属）*Zea mays*（玉米）。

【采集地】广西钦州市灵山县。

【主要特征特性】在南宁市春播生育期105天，主茎叶片数17.3片，株高205.4cm，穗位高71.3cm，株型中间型，幼苗芽鞘深紫色，雄穗护颖绿色带紫缘或深紫色，花药深紫、紫或浅紫色，果穗花丝浅红或黄绿色。雄穗一级分枝12.6枝，雄穗长44.8cm，果穗长11.8cm、粗4.2cm，穗行数12～14行，行粒数23.0粒，出籽率81.4%，千粒重237.5g。果穗柱形，籽粒白色，糯质型，轴芯白色。

【农户认知】抗病，优质，好吃。

【优良特性】糯性好，口感佳，抗南方锈病，中抗纹枯病。

【适宜地区】广西南部地区。

【利用价值】糯性、口味好，经过提纯复壮后可以直接用于生产，也可作为糯玉米品质及抗性改良和创新的优良基础材料。

【濒危状况及保护措施建议】少数农户零星种植。建议异位妥善保存。

【收集人】覃兰秋（广西农业科学院玉米研究所）。

【照片拍摄者】谢和霞（广西农业科学院玉米研究所）。

007 立石糯玉米

【学　名】Poaceae（禾本科）*Zea*（玉蜀黍属）*Zea mays*（玉米）。

【采集地】广西钦州市灵山县。

【主要特征特性】在南宁市春播生育期104天，主茎叶片数16.6片，株高178.6cm，穗位高47.9cm，幼苗芽鞘紫色，雄穗护颖绿色带紫缘、深紫或绿色，花药紫色、浅紫色或黄绿色，果穗花丝红色。雄穗一级分枝数9.8枝，雄穗长35.5cm，果穗长11.8cm、粗4.6cm，穗行数12～16行，行粒数19.4粒，出籽率76.0%，千粒重217.5g。果穗柱形，籽粒雪白色，糯质型，轴芯白色。

【农户认知】鲜食口感好，产量较高。

【优良特性】糯性好，品质优，中抗纹枯病。

【适宜地区】广西南部地区。

【利用价值】糯性、口味好，可直接用于鲜苞生产，也可作为糯玉米种质改良创新的基础材料。

【濒危状况及保护措施建议】少数农户零星种植，个别农户自留种并作为种子少量出售或交换。建议异位妥善保存。

【收集人】覃兰秋（广西农业科学院玉米研究所）。

【照片拍摄者】谢和霞（广西农业科学院玉米研究所）。

008 上稿糯玉米

【学　名】Poaceae（禾本科）*Zea*（玉蜀黍属）*Zea mays*（玉米）。

【采集地】广西河池市南丹县。

【主要特征特性】在南宁市春播生育期112天，主茎叶片数18.8片，株高212.1cm，穗位高81.0cm。株型披散型，幼苗芽鞘紫色，雄穗护颖绿带紫纹或紫色，花药浅紫色或黄绿色，花丝黄绿色或浅红色，雄穗一级分枝数14.4枝，雄穗长42.4cm，果穗长13.6cm、粗4.2cm，穗行数8～16行，行粒数26.3粒，出籽率76.9%，千粒重242.0g。果穗锥形，籽粒黄色，糯质型，轴芯白色。

【农户认知】口感好，糯性好。

【优良特性】黄糯玉米地方品种极少。高产，抗纹枯病，中抗南方锈病。

【适宜地区】广西河池市南丹县及类似生态区。

【利用价值】本地特色黄糯玉米，糯性、口味好，可直接用于鲜苞生产。基于其良好的抗病性，可作为糯玉米种质抗性改良和创新的基础材料。

【濒危状况及保护措施建议】调查只有一户农户种植，已很难收集到。建议在异位妥善保存的同时，结合发展特色食品和生态旅游，扩大种植面积。

【收集人】覃兰秋（广西农业科学院玉米研究所）。

【照片拍摄者】谢和霞（广西农业科学院玉米研究所）。

009 爆花玉米

【学　名】Poaceae（禾本科）*Zea*（玉蜀黍属）*Zea mays*（玉米）。

【采集地】广西桂林市兴安县。

【主要特征特性】在南宁市春播生育期103天，主茎叶片数18.3片，株高183.9cm，穗位高86.2cm，株型中间型，幼苗芽鞘紫色，雄穗护颖红色，花药黄色或红色，花丝黄绿色或浅红色。雄穗一级分枝数17.6枝，雄穗长32.1cm，果穗长6.8cm、粗2.4cm，穗行数12～14行，行粒数22.5粒，出籽率83.5%，千粒重185.5g。果穗锥形，籽粒红色，爆裂型，轴芯白色。爆裂率86%。

【农户认知】容易爆，风味好。

【优良特性】高产，中抗锈病，颜色鲜艳，爆裂率高，口味酥脆。

【适宜地区】广西桂林市等地。

【利用价值】特色爆玉米，用于制作膨化食品和旅游特色观赏玉米。经过提纯复壮后可以直接用于商品化生产，也可作为爆裂玉米育种及种质改良创新的基础材料。

【濒危状况及保护措施建议】少数农户零星种植，已很难收集到。建议在异位妥善保存的同时，结合发展休闲食物和生态旅游，扩大种植面积。

【收集人】江禹奉（广西农业科学院玉米研究所）。

【照片拍摄者】谢和霞（广西农业科学院玉米研究所）。

010 集全爆玉米

【学　名】Poaceae（禾本科）*Zea*（玉蜀黍属）*Zea mays*（玉米）。

【采集地】广西桂林市灌阳县。

【主要特征特性】在南宁市种植春播生育期110天，主茎叶片数18.3片，株高149.0cm，穗位高74.8cm，株型披散型，芽鞘紫色，雄穗护颖深紫色或绿色，花药黄色，花丝黄绿色，雄穗一级分枝数12.5枝，雄穗长29.8cm，双穗率28.4%，果穗长12.9cm、粗3.6cm，穗行数12～14行，行粒数29.0粒，出籽率83.8%，千粒重124.0g，果穗锥形，籽粒黄色，爆裂型，轴芯白色。爆裂率高达95%。

【农户认知】品质优，容易爆，好吃。

【优良特性】爆裂率高，口感酥脆。

【适宜地区】广西桂林市灌阳县及类似生态区。

【利用价值】主要作为休闲零食或者下酒菜，可用于制作膨化食品和旅游特色观赏玉米。品质好，爆裂率高，可直接用于生产，也可作为爆裂玉米新品种选育的宝贵种质资源。

【濒危状况及保护措施建议】仅有少数农户零星种植，且多数农户年龄较大，种植面积逐年减少。建议当地农业部门加强保护，同时指导农户做好提纯复壮，在保留种质资源遗传多样性的同时提高品种的群体产量和品质。同步采取异位保存与保护。

【收集人】江禹奉（广西农业科学院玉米研究所）。

【照片拍摄者】谢和霞（广西农业科学院玉米研究所）。

011 峒硝爆苞谷

【学　名】Poaceae（禾本科）*Zea*（玉蜀黍属）*Zea mays*（玉米）。

【采集地】广西百色市西林县。

【主要特征特性】在南宁市秋播生育期110天，全株叶片数18.6片，株高236.6cm，株型披散型，雄穗一级分枝数17.0枝，雄穗长33.2cm，幼苗芽鞘紫色，雄穗护颖绿带紫纹，花药黄绿色或深紫色，花丝黄绿色或浅红色，果穗长13.0cm、粗3.5cm，穗行数12～16行，行粒数28.6粒，出籽率75.2%，千粒重131.0g。果穗锥形，籽粒红色，爆裂型，轴芯红色。

【农户认知】好吃，容易爆，风味好。

【优良特性】颜色鲜艳，可爆性较好，爆裂率高。

【适宜地区】广西百色市等地。

【利用价值】特色爆玉米，可用于制作膨化食品和旅游特色观赏玉米。产量较高，可直接用于生产，也可作为爆裂玉米新品种选育的宝贵种质资源。

【濒危状况及保护措施建议】少数农户零星种植，已很难收集到。建议在异位妥善保存的同时，结合发展休闲食物和生态旅游，扩大种植面积。

【收集人】谢和霞（广西农业科学院玉米研究所）。

【照片拍摄者】谢和霞（广西农业科学院玉米研究所）。

012 | 那社爆玉米

【学　名】Poaceae（禾本科）*Zea*（玉蜀黍属）*Zea mays*（玉米）。

【采集地】广西河池市巴马瑶族自治县。

【主要特征特性】在南宁市春播生育期104天，主茎叶片数17.3片，株高205.0cm，穗位高101.6m，株型披散型，芽鞘紫色，雄穗护颖深绿带紫色，花药黄绿色或深紫色，花丝黄绿色，雄穗一级分枝数11.4枝，雄穗长30.3cm，双穗率10%，果穗长13.9cm、粗4.1cm，穗行数12～16行，行粒数25.9粒，出籽率82.7%，千粒重145.5g。果穗锥形，籽粒黄色，爆裂型，轴芯白色。

【农户认知】产量高，口感好。

【优良特性】高产，爆裂率高。

【适宜地区】广西河池市等地。

【利用价值】主要作为休闲零食或者下酒菜，产量高，经过提纯复壮后可以直接用于生产和商品化，也可以作为爆裂玉米新品种选育的基础种质资源。

【濒危状况及保护措施建议】少数农户零星种植，已很难收集到。建议在异位妥善保存的同时，结合发展休闲食物和生态旅游，扩大种植面积。

【收集人】唐照磊（广西农业科学院玉米研究所）。

【照片拍摄者】谢和霞（广西农业科学院玉米研究所）。

013 洞乐白马牙

【学　名】Poaceae（禾本科）*Zea*（玉蜀黍属）*Zea mays*（玉米）。

【采集地】广西河池市南丹县。

【主要特征特性】在南宁市春播生育期113天，主茎叶片数21.3片，株高300.9cm，穗位高134.5cm，株型披散型，幼苗芽鞘紫色，雄穗护颖绿带紫纹，花药深紫色或黄绿色，花丝黄绿色或浅红色，雄穗一级分枝数14.7枝，雄穗长44.3cm，果穗长13cm、粗4.2cm，穗行数12～14行，行粒数26.1粒，出籽率56.7%，千粒重291.0g。果穗筒形，籽粒白色，半马齿型，轴芯白色。

【农户认知】高产，品质好。

【优良特性】高产，优质，高抗南方锈病和纹枯病。

【适宜地区】广西河池市南丹县及类似生态区。

【利用价值】本地特色白马牙，高产、优质、多抗，可直接用于生产，是玉米抗性育种不可多得的优良种质，也可用于玉米品种改良创新及新品种选育。

【濒危状况及保护措施建议】只有分散的少量农户种植。建议在异位妥善保存的同时，开展玉米品种的提纯复壮，以保持品种种性、提高品种的群体产量，扩大种植面积。

【收集人】覃兰秋（广西农业科学院玉米研究所）。

【照片拍摄者】谢和霞（广西农业科学院玉米研究所）。

014 门洞白马牙

【学　名】Poaceae（禾本科）*Zea*（玉蜀黍属）*Zea mays*（玉米）。

【采集地】广西河池市金城江区。

【主要特征特性】在南宁市春播生育期121天，主茎叶片数19.2片，株高327.0cm，穗位高181.0cm，株型披散型，幼苗芽鞘紫色，雄穗护颖绿带紫纹，花药黄绿色、深紫色或浅紫色，花丝浅红色。雄穗一级分枝数13.2枝，雄穗长44.5cm，双穗率2.7%，果穗长16.2cm、粗4.5cm，秃尖1.2cm，穗行数10～16行，行粒数29.6粒，出籽率65.6%，千粒重327.5g。果穗柱形，籽粒白色，马齿型，轴芯红色或白色。

【农户认知】优质，抗病性好，高产，煮粥口味好。

【优良特性】高产，优质，抗纹枯病和南方锈病。

【适宜地区】广西河池市金城江区及类似生态区。

【利用价值】主要食用和饲用。高产、优质、多抗，可直接用于生产，是玉米抗性育种不可多得的优良种质，可用于玉米品种改良创新及新品种选育。

【濒危状况及保护措施建议】仅有少数农户零星种植，且种植农户年龄较大，该品种濒临灭绝。建议在异位妥善保存的同时，开展玉米品种的提纯复壮，以保持品种种性、提高品种的群体产量，扩大种植面积。

【收集人】覃兰秋（广西农业科学院玉米研究所）。

【照片拍摄者】谢和霞（广西农业科学院玉米研究所）。

015 门洞红玉米

【**学　名**】Poaceae（禾本科）*Zea*（玉蜀黍属）*Zea mays*（玉米）。

【**采集地**】广西河池市金城江区。

【**主要特征特性**】在南宁市春播生育期113天，主茎叶片数19.3片，株高300.2cm，穗位高147.4cm，株型中间型，雄穗一级分枝数13.9枝，雄穗长44.1cm，幼苗生长势中等，芽鞘紫色，雄穗护颖绿色，花药浅紫色或黄绿色，花丝浅红或绿带红色，双穗率2.7%，果穗长13.7cm、粗3.7cm，穗行数8～12行，行粒数24.8粒，出籽率72.1%，千粒重283.0g。果穗锥形，籽粒红色或黄色，硬粒型，轴芯白色。

【**农户认知**】优质，抗病性好。

【**优良特性**】高产，优质，抗纹枯病和南方锈病。

【**适宜地区**】广西河池市金城江区及类似生态区。

【**利用价值**】主要食用和饲用。高产、优质、多抗，可直接用于生产，是玉米抗性育种不可多得的优良种质，也可用于玉米品种改良创新及新品种选育。

【**濒危状况及保护措施建议**】仅有少数农户零星种植，且种植农户大多年龄较大，该品种濒临灭绝。建议在异位妥善保存的同时，开展玉米品种的提纯复壮，以保持品种种性、提高品种的群体产量，扩大种植面积。

【**收集人**】覃兰秋（广西农业科学院玉米研究所）。

【**照片拍摄者**】谢和霞（广西农业科学院玉米研究所）。

016 木登红马牙

【学　名】Poaceae（禾本科）*Zea*（玉蜀黍属）*Zea mays*（玉米）。

【采集地】广西河池市天峨县。

【主要特征特性】在南宁市春播生育期122天，主茎叶片数22.0片，株高321.1cm，穗位高180.3cm，株型中间型，幼苗芽鞘紫色，雄穗护颖绿色，花药浅紫色或黄绿色，花丝浅红色或黄绿色，雄穗一级分枝数14.7枝，雄穗长47.2cm，双穗率14.3%，果穗长14.9cm、粗4.7cm，秃尖0.5cm，穗行数12～16行，行粒数25.0粒，出籽率70%，千粒重342.0g。果穗柱形，籽粒红色，半硬粒型，轴芯白色。

【农户认知】抗虫，高产。

【优良特性】优质，高抗纹枯病，抗南方锈病。

【适宜地区】广西河池市天峨县及类似生态区。

【利用价值】本地特色饲用红马牙，高产、优质、多抗，可直接用于生产，是玉米抗性育种不可多得的优良种质，也可用于玉米品种改良创新及新品种选育。

【濒危状况及保护措施建议】只有分散的少量农户种植。建议在异位妥善保存的同时，开展玉米品种的提纯复壮，以保持品种种性、提高品种的群体产量，扩大种植面积。

【收集人】覃兰秋（广西农业科学院玉米研究所）。

【照片拍摄者】谢和霞（广西农业科学院玉米研究所）。

017 桥段红玉米

【学　名】Poaceae（禾本科）*Zea*（玉蜀黍属）*Zea mays*（玉米）。

【采集地】广西来宾市合山市。

【主要特征特性】在南宁市春播生育期109天，主茎叶片数17.8片，株高242.9cm，穗位高103.5cm，幼苗芽鞘紫色，雄穗护颖紫色，花药黄绿色。花丝绿带浅红色或红色，雄穗一级分枝数11.5枝，雄穗长40.9cm，果穗长12.3cm、粗4.3cm，穗行数10～18行，行粒数24.7粒，出籽率76.4%，千粒重306.5g。果穗柱形，籽粒红色，半马齿型，轴芯白色。

【农户认知】优质，抗病。

【优良特性】高产，稳产，抗纹枯病，中抗南方锈病。

【适宜地区】广西中南部。

【利用价值】本地特色饲用红马牙，高产、稳产、抗病，可直接用于生产，是玉米抗性育种不可多得的优良种质，也可用于玉米品种改良创新及新品种选育。

【濒危状况及保护措施建议】少数农户种植。建议在异位妥善保存的同时，开展玉米品种的提纯复壮，以保持品种种性、提高品种的群体产量，扩大种植面积。

【收集人】覃兰秋（广西农业科学院玉米研究所）。

【照片拍摄者】谢和霞（广西农业科学院玉米研究所）。

018 门洞黄玉米

【学　名】Poaceae（禾本科）*Zea*（玉蜀黍属）*Zea mays*（玉米）。

【采集地】广西河池市金城江区。

【主要特征特性】在南宁市春播生育期118天，主茎叶片数21.0片，株高308.4cm，穗位高149.6cm，幼苗芽鞘紫色，雄穗长48.4cm，雄穗一级分枝数13.4枝，雄穗护颖绿带紫缘，花药浅紫或黄绿色，果穗花丝红或黄绿色，果穗长17.6cm、粗4.3cm，穗行数8～14行，行粒数27.5粒，出籽率73.6%，千粒重364.0g。果穗柱形，籽粒黄色，硬粒型，轴芯白色。

【农户认知】好吃，适合当地气候。

【优良特性】高产，抗纹枯病和南方锈病。

【适宜地区】广西中南部。

【利用价值】主要用作饲料，也可用于煮制玉米粥食用，口感好。该品种具有品质优、抗纹枯病和南方锈病等特性，可用于玉米种质改良创新及玉米新品种选育。

【濒危状况及保护措施建议】已少有农户种植，濒临灭绝。建议异位妥善保存。

【收集人】覃兰秋（广西农业科学院玉米研究所）。

【照片拍摄者】谢和霞（广西农业科学院玉米研究所）。

019 古寨本地黄

【学　名】Poaceae（禾本科）*Zea*（玉蜀黍属）*Zea mays*（玉米）。

【采集地】广西南宁市马山县。

【主要特征特性】在南宁市春播生育期112天，主茎叶片数17.4片，株高229.6cm，穗位高93.0cm，株型披散型，幼苗芽鞘紫色，雄穗长45.1cm，雄穗一级分枝数15.5枝，雄穗护颖绿色或绿带紫纹，花药紫色或浅紫色，果穗花丝浅红色或绿色渐变浅红色，果穗长13.4cm、粗4.4cm，穗行数8～14行，行粒数30.2粒，出籽率81.5%，千粒重246.5g。果穗柱形，籽粒黄色，硬粒型和中间型，轴芯白色。

【农户认知】十几年以前是当地的主粮。籽粒品质好，磨成粉煮玉米粥（玉米糊）香甜、不会分层、好吃。抗病，耐旱，耐涝，适合当地气候。

【优良特性】高产，抗病，品质好。

【适宜地区】广西中南部。

【利用价值】高产，可直接用于生产。籽粒加工磨成玉米粉，煮玉米粥好吃，曾经是当地的主粮之一，目前主要用作饲料。该品种具有品质优、抗病等特性，可用于玉米种质改良创新及玉米新品种选育。

【濒危状况及保护措施建议】仅有少数农户零星种植。建议异位妥善保存。目前，当地农户仍在对该品种进行提纯复壮，以提高产量和品质。

【收集人】覃兰秋（广西农业科学院玉米研究所）。

【照片拍摄者】谢和霞（广西农业科学院玉米研究所）。

020 上牙墨白

【学　名】 Poaceae（禾本科）*Zea*（玉蜀黍属）*Zea mays*（玉米）。

【采集地】 广西河池市凤山县。

【主要特征特性】 在南宁市春播生育期113天，全株叶片数23.0片，株高334.5cm，穗位高166.2cm，果穗长16.6cm、粗5.0cm，穗行数12～18行，行粒数38粒，出籽率70.8%，千粒重305.7g。果穗筒形，籽粒白色，马齿型，轴芯白色。抗纹枯病，感南方锈病。籽粒蛋白质含量12.32%、脂肪含量4.55%、淀粉含量66.44%。

【农户认知】 高产，抗病虫，耐旱，耐贫瘠，适应性好，煮粥好吃。

【优良特性】 高产，抗病，耐旱，耐贫瘠，适应性好，品质好。

【适宜地区】 广西中南部。

【利用价值】 墨白玉米（包括墨白1号、墨白94号）是1977年秋引入的墨西哥玉米群体，随后在广西大面积推广。上牙墨白是墨白玉米品种在当地经过30多年种植，由农户自行选种与留种演化而来。目前主要用作畜禽饲料，少量用于煮制玉米粥食用。该品种在当地产量较高，抗性、适应性较强，农户隔离种植意识较好，纯度较高，可直接用于生产，也可用于新品种选育的种质改良与创新。

【濒危状况及保护措施建议】 采集地及周边地区有一定种植面积。建议异位妥善保存。

【收集人】 覃兰秋（广西农业科学院玉米研究所）。

【照片拍摄者】 谢和霞（广西农业科学院玉米研究所）。

第三节 杂粮类优异种质资源

001 洞田穇子

【学　名】Poaceae（禾本科）*Eleusine*（穇属）*Eleusine coracana*（穇）。

【采集地】广西桂林市资源县。

【主要特征特性】在南宁市种植春播出苗至抽穗88天，生育期118天，株高108.25cm，主茎节数7.2节，有效分蘖数2.0个，主穗长14.30cm，主穗分叉数7.1个，单株穗重4.20g，单株粒重2.53g，千粒重1.58g，穗鹅掌形，护颖灰褐色，籽粒圆形，红色，米糯性。

【农户认知】抗病耐寒，好吃，可用于酿酒，对腹泻有疗效。

【优良特性】抗寒，耐贫瘠，抗白叶枯病。籽粒营养价值高，蛋白质含量10.19%，脂肪含量2.33%，淀粉含量48.88%，氨基酸含量3.09mg/g，硒含量0.13mg/kg。

【适宜地区】广西各地，以及湖南、广东、海南等地。

【利用价值】特色杂粮作物，可用于富硒保健食品加工和生态旅游，也可用于畜牧饲料、拓荒救灾种植作物和精准扶贫。

【濒危状况及保护措施建议】只有少数农户零星种植，建议建立种质库保存种子的同时，结合发展保健品加工和生态旅游，适当扩大种植面积。

【收集人】覃初贤（广西农业科学院种质库）。

【照片拍摄者】覃初贤（广西农业科学院种质库）。

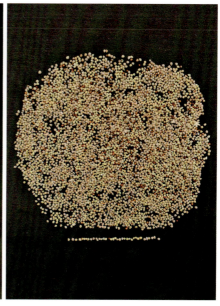

002 皇后穆米

【学　名】Poaceae（禾本科）*Eleusine*（穆属）*Eleusine coracana*（穆）。

【采集地】广西北海市合浦县。

【主要特征特性】在南宁市种植春播出苗至抽穗80天，生育期112天，株高84.50cm，主茎节数6.4节，有效分蘖数1.8个，主穗长7.63cm，主穗分叉数4.9个，单株穗重4.77g，单株粒重2.60g，千粒重1.46g，穗拳头形，护颖灰褐色，籽粒圆形，棕色，米糯性。

【农户认知】耐盐碱，好吃，有止泻功能。

【优良特性】耐盐碱，耐贫瘠，抗白叶枯病。籽粒营养价值高，蛋白质含量9.85%，脂肪含量2.89%，淀粉含量53.70%，氨基酸含量2.67mg/g，硒含量0.17mg/kg。

【适宜地区】广西各地，以及广东、海南、福建的沿海地区。

【利用价值】特色杂粮作物，可用于富硒保健食品加工和沿海盐碱地拓荒种植。

【濒危状况及保护措施建议】只有几户农户种植，濒临灭绝。建议建立种质库保存种子的同时，当地发展保健品和生态旅游，适当扩大种植面积。

【收集人】覃初贤（广西农业科学院种质库）。

【照片拍摄者】覃初贤（广西农业科学院种质库）。

003 龙母矮穄米

【学　名】Poaceae（禾本科）*Eleusine*（穄属）*Eleusine coracana*（穄）。

【采集地】广西梧州市岑溪市。

【主要特征特性】感光型品种。在南宁市夏播出苗至抽穗86天，生育期125天，株高83.60cm，主茎节数7.5节，有效分蘗数6.6个，主穗长6.30cm，主穗分叉数7.5个，单株穗重5.45g，单株粒重4.05g，千粒重2.37g，穗拳头形，护颖灰褐色，籽粒圆形，红棕色，米糯性。

【农户认知】适应性广，好吃，有消渴解暑、止泻功能。

【优良特性】抗旱，耐贫瘠，抗螟虫。籽粒营养价值高、富硒，蛋白质含量8.36%，脂肪含量2.81%，淀粉含量50.02%，氨基酸含量1.70mg/g，硒含量0.22mg/kg。

【适宜地区】广西各地夏播种植。

【利用价值】可用于富硒等保健食品加工和特色作物种植。

【濒危状况及保护措施建议】有部分农户种植。建议在建立种质库保存种子的同时，当地政府支持更多农户扩大种植面积，发展保健品和生态旅游。

【收集人】覃初贤（广西农业科学院种质库）。

【照片拍摄者】覃初贤（广西农业科学院种质库）。

004 罗田野荞

【学　名】Polygonaceae（蓼科）*Fagopyrum*（荞麦属）*Fagopyrum cymosum*（野荞麦）。

【采集地】广西桂林市永福县。

【主要特征特性】在南宁市种植，株高77.30cm，茎粗0.45cm，主茎节数12.4节，主茎分枝数6.2个，籽粒长6.17mm、宽5.37mm，千粒重34.96g，花白色，瘦果三角形、褐色、无光泽。

【农户认知】茎叶好吃，优质猪饲料，耐贫瘠，有清热解毒、降脂降糖功效。

【优良特性】植株高大，具木质块状根茎，花白、蜜源好，抗寒，耐贫瘠，抗蚜虫，抗细菌角斑病。籽粒营养价值高，蛋白质含量13.81%，脂肪含量2.36%，淀粉含量36.75%，氨基酸含量1.60mg/g，硒含量0.10mg/kg。

【适宜地区】广西桂林市和河池市。

【利用价值】直接作畜牧饲料种植利用，可制作清热解毒、健脾止泻茶，也可用于降脂降糖保健食品加工和生态旅游开发。

【濒危状况及保护措施建议】只有少量分布处于野生状态，已很难收集到种子。建议在建立种质库保存种子的同时，设立自然保护区并结合发展保健品和生态旅游，扩大种植面积。

【收集人】覃初贤（广西农业科学院种质库）。

【照片拍摄者】覃初贤（广西农业科学院种质库）。

005 纳觅三角麦

【学　名】Polygonaceae（蓼科）*Fagopyrum*（荞麦属）*Fagopyrum esculentum*（甜荞）。

【采集地】广西河池市东兰县。

【主要特征特性】在南宁市冬种生育期82天，株高60.60cm，茎粗0.33cm，主茎节数8.6节，主茎分枝数2.6个，籽粒长5.81mm、宽3.98mm，千粒重26.45g，花白色，瘦果短锥形、深褐色、无光泽。

【农户认知】面质优、好吃，耐贫瘠，有降压降糖功效。

【优良特性】花白、蜜源好，抗寒，耐贫瘠，抗蚜虫。籽粒营养价值高，蛋白质含量11.57%，脂肪含量2.53%，淀粉含量47.74%，氨基酸含量6.39mg/g，硒含量0.09mg/kg。

【适宜地区】广西各地冬闲田。

【利用价值】直接作冬季蜜源作物种植利用，也可用于制作荞麦枕芯、降压降糖保健食品加工和生态旅游开发。

【濒危状况及保护措施建议】只有少数农户零星种植，收种比较困难。建议在建立种质库保存种子的同时，结合发展保健品生产和生态旅游，扩大种植面积。

【收集人】覃初贤（广西农业科学院种质库）。

【照片拍摄者】覃初贤（广西农业科学院种质库）。

006 瓦渣地荞麦

【学　名】Polygonaceae（蓼科）*Fagopyrum*（荞麦属）*Fagopyrum esculentum*（甜荞）。

【采集地】广西桂林市全州县。

【主要特征特性】在南宁市冬种生育期81天，株高57.15cm，茎粗0.35cm，主茎节数6.6节，主茎分枝数2.0个，籽粒长6.63mm、宽3.65mm，千粒重29.94g，花红色，瘦果短锥形、灰黑色、无光泽。

【农户认知】面质优、好吃，耐贫瘠，有降血糖功效。

【优良特性】矮秆，大粒，抗寒，耐贫瘠，抗蚜虫和细菌角斑病。籽粒营养价值高，蛋白质含量12.24%，脂肪含量3.12%，淀粉含量47.87%，氨基酸含量7.26mg/g，硒含量0.12mg/kg。

【适宜地区】广西各地冬闲田、荒坡地。

【利用价值】直接作特色作物种植利用，可作冬季蜜源种植，也可用于富硒、降血糖保健食品加工和旅游开发。

【濒危状况及保护措施建议】只有几户农户零星种植，收种比较困难。建议在建立种质库保存种子的同时，结合发展富硒保健品生产和生态旅游，扩大种植面积。

【收集人】覃初贤（广西农业科学院种质库）。

【照片拍摄者】覃初贤（广西农业科学院种质库）。

007 冲恩水生薏苡

【学　名】Poaceae（禾本科）*Coix*（薏苡属）*Coix aquatica*（水生薏苡）。

【采集地】广西柳州市柳城县。

【主要特征特性】该资源为野生薏苡，挖蔸在南宁市种植，株高316.50cm，单株茎数16个，茎粗1.07cm，籽粒着生高度83.00cm，苞果长0.92cm、宽0.67cm，无果仁，中空，果壳黄白色、珐琅质，根系发达，茎红绿色，茎秆髓部蒲心海绵质地无汁、气孔发达，柱头紫色，有雄小穗但无花药，花药已退化，为雄性不育。

【农户认知】茎叶喂鱼，果做手镯，根茎叶煮水喝有消暑清热功效。

【优良特性】高秆粗壮，再生能力强，苞果坚硬且空心，根系发达，耐涝，抗纹枯病，药用价值高。

【适宜地区】广西中部和南部的潮湿地，江河、池塘沿岸，溪边。

【利用价值】①做亲本材料或遗传学研究。利用水生薏苡植株高大，雄性不育株，培育薏苡不育亲本，杂交组配出新的薏苡杂交品种。②固沙固土。水生薏苡根系发达，茎秆粗壮，又能在水中生长，在河边、溪边、水库边种植有固土作用。③防治水污染。水生薏苡能在水中生长，根系发达，茎秆粗壮，海绵体通透性强，能大量吸收水体中的氮、磷，使这些营养物质从水体中转移到水生薏苡植株内，降低水体中氮和磷的浓度，使水体得以净化。④植株可作造纸原料，幼嫩茎叶可作为牧畜鱼饲料，根蔸可药用，苞果可制作民族工艺品等。

【濒危状况及保护措施建议】只有少量分布于村边小河沿岸，处于野生状态，濒临灭绝，没有种子，只能进行无性繁殖。建议结合发展畜牧渔业饲料产业或中药保健品，进行原地保存。

【收集人】覃初贤（广西农业科学院种质库）。

【照片拍摄者】覃初贤（广西农业科学院种质库）。

008 双安六谷米

【学　名】Poaceae（禾本科）*Coix*（薏苡属）*Coix chinensis*（薏米）。

【采集地】广西桂林市荔浦市。

【主要特征特性】薏苡栽培种，具感光性。在南宁市种植春播出苗至抽穗171天，生育期228天，株高169.60cm，茎粗0.91cm，单株茎数6.4个，籽粒着生高度67.30cm，每穗粒重12.50g，果壳黄白色，总苞卵圆形、甲壳质，籽粒长9.34mm、宽6.95mm，薏仁高4.94mm、宽5.41mm、棕色，百粒重8.73g，百仁重5.51g，胚乳为糯性类型。

【农户认知】壮秆，耐寒，易去壳，好吃。

【优良特性】矮秆叶大，质优，熟色好，抗寒，耐贫瘠，再生能力强。

【适宜地区】广西桂林市、河池市、百色市等地。

【利用价值】可直接在生产上种植利用，嫩茎叶可作为畜牧饲料或造纸原料，薏仁可粮药兼用，也可用于保健食品加工和生态旅游。

【濒危状况及保护措施建议】只有1户农户种植，濒临灭绝，已难以收集到种子。建议建立种质库保存种子的同时，结合发展保健品加工和生态旅游，进行扩大种植。

【收集人】覃初贤（广西农业科学院种质库）。

【照片拍摄者】覃初贤（广西农业科学院种质库）。

009 河州薏米

【学　名】Poaceae（禾本科）*Coix*（薏苡属）*Coix lacryma-jobi*（薏苡）。

【采集地】广西防城港市东兴市。

【主要特征特性】薏苡野生种。在南宁市种植春播出苗至抽穗137天，株高206.33cm，茎粗1.36cm，单株茎数5.6个，籽粒着生高度70.83cm，每穗粒重33.50g，果壳灰白色，总苞卵圆形、珐琅质，籽粒长9.30mm、宽6.67mm，薏仁高4.80mm、宽5.34mm、红棕色，百粒重19.05g，百仁重5.33g，胚乳粳性类型。

【农户认知】再生性好，抗病，好食，耐涝。

【优良特性】优质，熟色好，茎粗，抗倒伏，耐盐碱，成熟期抗白叶枯病。

【适宜地区】广西、广东、海南、福建的沿海地区。

【利用价值】可直接在生产上种植利用，茎叶可作为牲畜饲料或造纸原料，果壳可制作工艺品，薏仁可粮药兼用，也可在鱼塘边种植护堤或遮阴。

【濒危状况及保护措施建议】只有少量分布处于野生状态，收种比较困难。建议建立种质库保存种子的同时，结合发展保健品加工和生态旅游，进行原地保存。

【收集人】覃初贤（广西农业科学院种质库）。

【照片拍摄者】覃初贤（广西农业科学院种质库）。

010 龙门红米菜

【学　名】Amaranthaceae（苋科）*Amaranthus*（苋属）*Amaranthus paniculatus*（繁穗苋）。

【采集地】广西百色市乐业县。

【主要特征特性】在南宁市种植夏播出苗至开花58天，生育期95天，株高155.38cm，茎粗1.12cm，有效分枝数12.8个，花序长63.4cm，单花序穗重26.83g，单穗粒重4.50g，千粒重0.61g，花序疏枝形、紫红色，籽粒扁球形、红色、有光泽。

【农户认知】适应性广，耐贫瘠，籽粒红色，好吃。

【优良特性】适应性广，抗旱，耐贫瘠，抗叶斑病，分枝和再生能力强，花序紫红色，籽粒红色，营养价值高，籽粒蛋白质含量15.72%、硒含量0.099mg/kg。

【适宜地区】广西百色市、河池市，我国其他地区也可种植。

【利用价值】特色杂粮作物，茎秆可用作饲料，嫩茎叶可作蔬菜食用，也可用于蛋白质添加剂等保健食品加工和美丽乡村生态旅游观赏作物。

【濒危状况及保护措施建议】只有少数农户零星种植，收种比较困难。建议建立种质库保存种子的同时，结合发展保健品加工和乡村生态旅游，扩大种植面积。

【收集人】覃初贤（广西农业科学院种质库）。

【照片拍摄者】覃初贤（广西农业科学院种质库）。

011 上伞白米苋

【学　名】Amaranthaceae（苋科）*Amaranthus*（苋属）*Amaranthus paniculatus*（繁穗苋）。

【采集地】广西百色市凌云县。

【主要特征特性】在南宁市种植夏播出苗至开花70天，生育期106天，株高144.30cm，茎粗1.02cm，有效分枝数4.8个，花序长68.00cm，单花序穗重19.30g，单穗粒重5.20g，千粒重1.23g，花序疏枝形、紫红色，籽粒圆球形、黄色、无光泽。

【农户认知】适应性广，耐贫瘠，籽粒白色，做糍粑好吃。

【优良特性】适应性广，抗旱，耐贫瘠，抗叶斑病，再生能力强，花序紫红色，籽粒黄色，营养价值高，籽粒蛋白质含量14.35%、硒含量0.068mg/kg。

【适宜地区】广西百色市、河池市的坡地、旱地和新垦地，我国其他地区也可种植。

【利用价值】茎秆可用作饲料，嫩茎叶可作蔬菜食用，也可用于富硒添加剂等保健食品加工和生态旅游。

【濒危状况及保护措施建议】只有几户农户种植，已难以收集到种子。建议建立种质库保存种子的同时，结合发展保健品加工和生态旅游观赏，扩大种植面积。

【收集人】覃初贤（广西农业科学院种质库）。

【照片拍摄者】覃初贤（广西农业科学院种质库）。

012 更沙红米菜

【学　名】Amaranthaceae（苋科）*Amaranthus*（苋属）*Amaranthus paniculatus*（繁穗苋）。

【采集地】广西河池市凤山县。

【主要特征特性】在南宁市种植夏播出苗至开花78天，生育期109天，株高158.25cm，茎粗1.06cm，有效分枝数6.7个，花序长78.0cm，单花序穗重21.17g，单穗粒重4.17g，千粒重0.81g，花序疏枝形、红色，籽粒扁球形、红色、有光泽。

【农户认知】耐贫瘠，籽粒红色，好吃。

【优良特性】适应性广，抗旱，耐贫瘠，抗叶斑病，再生能力强，花序红色，籽粒红色，营养价值高，籽粒蛋白质含量15.85%、硒含量0.065mg/kg。

【适宜地区】广西等地。

【利用价值】作为特色杂粮种植，茎秆可用作饲料，嫩茎叶可作蔬菜食用，也可用于蛋白质添加剂等保健食品加工和种植观赏。

【濒危状况及保护措施建议】只有少数农户零星种植，收种比较困难。建议建立种质库保存种子的同时，结合发展保健品加工和生态旅游，扩大种植面积。

【收集人】覃初贤（广西农业科学院种质库）。

【照片拍摄者】覃初贤（广西农业科学院种质库）。

013 水头红高粱

【学　名】Poaceae（禾本科）*Sorghum*（高粱属）*Sorghum bicolor*（高粱）。

【采集地】广西百色市西林县。

【主要特征特性】在南宁市种植春播出苗至抽穗75天，株高365.30cm，茎粗1.57cm，主穗长56.25cm，主穗柄长31.50cm、粗1.07cm，单穗重44.56g，单穗粒重25.18g，千粒重14.36g，穗帚形，颖壳红色，有芒，籽粒长圆形、褐色，胚乳糯性类型。

【农户认知】长穗，适应性广，耐贫瘠，酿酒香醇。

【优良特性】粗秆，穗特长，抗叶锈病，耐贫瘠。

【适宜地区】广西等地。

【利用价值】直接种植利用制作扫把，也可用于酿酒、饲料等加工和生态旅游。

【濒危状况及保护措施建议】只有少数农户零星种植，收种特别困难。建议建立种质库保存种子的同时，结合发展扫把手工业、酿酒和生态旅游，扩大种植面积。

【收集人】覃初贤（广西农业科学院种质库）。

【照片拍摄者】覃初贤（广西农业科学院种质库）。

014 清水塘甜高粱

【学　名】Poaceae（禾本科）*Sorghum*（高粱属）*Sorghum bicolor*（高粱）。

【采集地】广西贺州市平桂区。

【主要特征特性】在南宁市种植春播出苗至抽穗73天，生育期112天，株高273.67cm，茎粗1.03cm，主穗长31.10cm，主穗柄长26.67cm、粗0.69cm，单穗重25.30g，单穗粒重16.35g，千粒重15.10g，穗帚形，颖壳红色，有芒，籽粒卵形、褐色，胚乳糯性类型。

【农户认知】适应性广，耐贫瘠，秆脆甜。

【优良特性】茎秆粗壮，再生能力强，抗旱，耐贫瘠，熟色好。茎秆脆甜，口感好，含糖量达15%以上，粮饲糖兼用。

【适宜地区】广西东南部、东北部地区。

【利用价值】直接在生产上种植利用，鲜食或用作畜牧饲料，也可用于制糖、酿酒加工和生态旅游。

【濒危状况及保护措施建议】只有少数农户零星种植，收种较困难。建议建立种质库保存种子的同时，结合发展鲜食或制糖、酿酒加工和生态旅游，扩大种植面积。

【收集人】覃初贤（广西农业科学院种质库）。

【照片拍摄者】覃初贤（广西农业科学院种质库）。

015 华兰白高粱

【学　名】Poaceae（禾本科）*Sorghum*（高粱属）*Sorghum bicolor*（高粱）。

【采集地】广西防城港市上思县。

【主要特征特性】感光性强。在南宁市种植夏播出苗至抽穗83天，生育期129天，株高397.75cm，茎粗1.37cm，主穗长40.63cm，主穗柄长46.25cm、粗0.92cm，单穗重66.53g，单穗粒重47.16g，千粒重15.41g，穗圆筒形，颖壳黄色，无芒，籽粒卵形、白色，胚乳粳性类型。

【农户认知】结实率高，大穗白粒，爆米花好吃。

【优良特性】长穗，大穗高秆，抗旱，抗蚜虫，抗叶锈病，耐贫瘠，籽粒加工特性好，膨胀系数10.5，爆粒率98.3%，米花形状好、色香味俱佳、无皮渣感。

【适宜地区】广西西部地区，贵州西南地区。

【利用价值】以制作加工地方特色米花糖糕做祭品或送礼佳品进行种植利用，也可用于降血脂等保健食品加工和生态旅游。

【濒危状况及保护措施建议】只有少数农户零星种植，收种特别困难。建议建立种质库保存种子的同时，结合发展保健食品、米花糖糕加工和生态旅游，扩大种植面积。

【收集人】覃初贤（广西农业科学院种质库）。

【照片拍摄者】覃初贤（广西农业科学院种质库）。

016 雅瑶高粱

【学　名】Poaceae（禾本科）*Sorghum*（高粱属）*Sorghum bicolor*（高粱）。

【采集地】广西梧州市藤县。

【主要特征特性】在南宁市种植春播出苗至抽穗94天，生育期120天，株高211.70cm，茎粗0.81cm，主穗长34.50cm，主穗柄长57.20cm、粗0.52cm，单穗重27.83g，单穗粒重19.33g，千粒重9.91g，穗帚形，颖壳红色，有芒，籽粒卵形、褐色，胚乳糯性类型。

【农户认知】结实率高，熟色好，好吃，是当地特产太平米饼的主要原料。

【优良特性】籽粒糯性、质优，单宁含量低（约0.57%），抗旱，耐贫瘠，熟色好。

【适宜地区】华南地区。

【利用价值】生产上直接种植利用，也可用于当地特产米饼食品加工和生态旅游。

【濒危状况及保护措施建议】只有少数农户零星种植，收种较困难。建议建立种质库保存种子的同时，结合发展米饼加工和生态旅游，扩大种植面积。

【收集人】覃初贤（广西农业科学院种质库）。

【照片拍摄者】覃初贤（广西农业科学院种质库）。

017 百秀小米

【学　名】Poaceae（禾本科）*Setaria*（狗尾草属）*Setaria italica*（粱）。

【采集地】广西柳州市融水苗族自治县。

【主要特征特性】在南宁市种植春播出苗至抽穗87天，株高158.50cm，穗下节间长43.75cm，主茎直径0.49cm，主茎节数9.0节，主穗长40.80cm、粗2.04cm，单株草重9.85g，单株穗重7.16g，单株粒重2.65g，千粒重0.93g，穗鸡嘴形，护颖黄绿色，刺毛短、紫色，籽粒圆形、橙色，米黄色、糯性。

【农户认知】长穗，粒小，好吃。

【优良特性】长穗、小粒，粒色特别，米质优，抗旱，耐贫瘠，抗锈病。

【适宜地区】广西各地，特别是山区。

【利用价值】直接在生产上种植利用，也可用于保健食品加工和旅游观赏。

【濒危状况及保护措施建议】只有少数农户零星种植，收种特别困难。建议在非原生地保存的同时，结合发展保健品加工和旅游观光，扩大种植面积。

【收集人】覃初贤（广西农业科学院种质库）。

【照片拍摄者】覃初贤（广西农业科学院种质库）。

018 拉门黑小米

【学　名】Poaceae（禾本科）*Setaria*（狗尾草属）*Setaria italica*（粱）。

【采集地】广西河池市环江毛南族自治县。

【主要特征特性】在南宁市种植春播出苗至抽穗67天，株高120.37cm，穗下节间长34.88cm，主茎直径0.41cm，主茎节数9.0节，主穗长23.00cm、粗1.37cm，单株草重8.90g，单株穗重6.50g，单株粒重3.20g，千粒重1.12g，穗纺锤形，护颖黄绿色，刺毛短、紫色，穗松，穗码中密度，籽粒圆形、黑色，米黄色、糯性。

【农户认知】粒黑，优质，抗旱，耐贫瘠。

【优良特性】粒黑色，米质优，抗旱，耐贫瘠，抗螟虫，抗锈病。

【适宜地区】广西河池市，以及我国西南等地。

【利用价值】特色杂粮作物，可用于保健食品加工和旅游观赏。

【濒危状况及保护措施建议】只有少数农户零星种植，收种比较困难。建议在非原生地保存的同时，结合发展保健品加工和生态旅游，扩大种植面积。

【收集人】覃初贤（广西农业科学院种质库）。

【照片拍摄者】覃初贤（广西农业科学院种质库）。

019 江更小米

【学　名】Poaceae（禾本科）*Setaria*（狗尾草属）*Setaria italica*（粱）。

【采集地】广西河池市东兰县。

【主要特征特性】在南宁市种植春播出苗至抽穗73天，株高162.50cm，穗下节间长40.67cm，主茎直径0.79cm，主茎节数12.6节，主穗长32.30cm、粗3.45cm，单株草重32.23g，单株穗重13.83g，单株粒重8.35g，千粒重1.09g，穗棍棒形，护颖黄绿色，刺毛短、紫色，籽粒圆形、黄色，米浅黄色、糯性。

【农户认知】大穗，小粒，好吃。

【优良特性】茎秆粗，大穗、穗形特别、棍棒形，米质优、糯性，抗旱，耐贫瘠，抗锈病。

【适宜地区】广西各地，以及我国西南地区等地。

【利用价值】直接在生产上种植利用，可制作小米糕、酿酒，也可用于保健食品加工和旅游观赏。

【濒危状况及保护措施建议】只有少数农户零星种植，濒临灭绝，已难以收集到种子。建议建立种质库保存种子的同时，结合发展保健品加工和旅游观光，扩大种植面积，作为当地致富产业。

【收集人】覃初贤（广西农业科学院种质库）。

【照片拍摄者】覃初贤（广西农业科学院种质库）。

第二章
蔬菜作物优异种质资源

通过"第三次全国农作物种质资源普查与收集行动"项目的实施，从广西各地收集到一批具有鲜明地方特色的蔬菜优异种质资源。其中，知名的地方品种有张黄黄瓜、龙脊辣椒、南宁甜豆角、荔浦芋、覃塘莲藕等，这些品种既可直接进行推广应用，亦可作为优异资源开展深入研究，挖掘基因或作为育种材料创制新品种，在乡村振兴中发挥着重要作用。

第一节　瓜类蔬菜优异种质资源

001 龙江南瓜

【学　名】Cucurbitaceae（葫芦科）*Cucurbita*（南瓜属）*Cucurbita moschata*（南瓜）。

【采集地】广西桂林市永福县。

【主要特征特性】春茬生育期120～130天，早熟类型。果实长把梨形，瓜面平滑，蜡粉层厚，果实纵径33.7cm、横径14.5cm，瓜形指数2.32，嫩瓜皮绿色，老瓜皮橙黄色，果肉深橙色或橙黄色，商品瓜肉厚2.0cm，单瓜重2.67kg，单株结瓜数3.0个，亩产1423.8kg。

【农户认知】嫩茎叶、花、嫩瓜、老瓜和种子都可食用，老瓜含糖量高，口感清甜。

【优良特性】植株生长势中等，抗逆性强，肉质细腻，品质优，果肉淀粉含量6.01g/100g，含糖量6.0%。耐冷性强，高抗白粉病，病情指数2.14。

【适宜地区】广西桂林市等地。

【利用价值】可用作南瓜品质和抗性育种的优异原始材料，也可用于优异基因挖掘和分析等基础性研究。

【濒危状况及保护措施建议】在当地种植未形成规模，以家庭零星种植为主，供自家人食用，利用及开发不足。建议进行重点收集保存，用于高糖、高抗白粉病南瓜新品种的选育。

【收集人】刘文君（广西农业科学院蔬菜研究所）。

【照片拍摄者】刘文君（广西农业科学院蔬菜研究所）。

002 灵田南瓜

【学　名】Cucurbitaceae（葫芦科）*Cucurbita*（南瓜属）*Cucurbita moschata*（南瓜）。

【采集地】广西桂林市灵川县。

【主要特征特性】春种生育期120～130天，早熟类型。果实扁圆形，瓜面平滑带纵向浅色棱沟，果实纵径14.8cm、横径22.9cm，瓜形指数0.64，嫩瓜皮墨绿色，无斑块或斑点，老瓜皮橙黄色，果肉深黄色，商品瓜肉厚4.2cm，单瓜重3.76kg，单株结瓜数2.0个，亩产1567.4kg。

【农户认知】嫩茎叶、花、嫩瓜、老瓜和种子都可食用，品质优，带板栗香味，抗性强。

【优良特性】植株生长势旺，抗逆性强，肉质致密，口感细腻、味道香甜，品质优，果肉淀粉含量8.085g/100g，含糖量4.6%。耐冷性强，耐高温，高抗白粉病，病情指数1.01，中抗病毒病，病情指数18.2。

【适宜地区】广西桂林市等地。

【利用价值】可用作南瓜品质和抗性育种的优异原始材料，也可用于优异基因挖掘和分析等基础性研究。

【濒危状况及保护措施建议】在当地种植未形成规模，以家庭零星种植为主，供自家人食用，利用及开发不足。建议对该资源进行重点收集保存，采用育种方法提纯后配制新品种或直接应用，扩大种植面积。

【收集人】刘文君（广西农业科学院蔬菜研究所）。

【照片拍摄者】刘文君（广西农业科学院蔬菜研究所）。

003 金龙南瓜

【学　名】Cucurbitaceae（葫芦科）*Cucurbita*（南瓜属）*Cucurbita moschata*（南瓜）。

【采集地】广西崇左市龙州县。

【主要特征特性】春种生育期120～130天，早熟类型。果实椭圆形，瓜面平滑，果实纵径28.0cm、横径19.0cm，果形指数1.47，嫩瓜皮墨绿色，老瓜皮橙黄色，果肉黄色，商品瓜肉厚3.3cm，单瓜重4.91kg，单株结瓜数2.0个，亩产2059.3kg。

【农户认知】嫩茎叶、花、嫩瓜、老瓜和种子都可食用，结果多，产量高，品质优。

【优良特性】植株生长势旺，抗逆性强，肉质细腻，口感清甜，品质优，果肉淀粉含量5.540g/100g，总糖含量4.4%。耐冷性强，早熟性好，高抗白粉病。

【适宜地区】广西崇左市、南宁市、柳州市、桂林市等地。

【利用价值】可用作南瓜品质和抗性育种的优异原始材料，也可用于优异基因挖掘和分析等基础性研究。

【濒危状况及保护措施建议】在当地种植未形成规模，以家庭零星种植为主，供自家人食用，利用及开发不足。建议对该资源进行重点收集保存，并采用育种方法创制优良种质资源，用于高糖优质新品种的选育。

【收集人】刘文君（广西农业科学院蔬菜研究所）。

【照片拍摄者】刘文君（广西农业科学院蔬菜研究所）。

004 三街南瓜

【**学　名**】Cucurbitaceae（葫芦科）*Cucurbita*（南瓜属）*Cucurbita moschata*（南瓜）。

【**采集地**】广西桂林市灵川县。

【**主要特征特性**】春种生育期120～130天，早熟类型。果实扁圆形，表面具浅沟，果实纵径12.7cm、横径23.0cm，瓜形指数0.55，嫩瓜皮绿色，老瓜皮橙黄色、带浅色稀疏斑块和大量斑点，果肉深黄色，商品瓜肉厚3.8cm，单瓜重3.65kg，单株结瓜数2.0个，亩产1521.59kg。

【**农户认知**】嫩茎叶、花、嫩瓜、老瓜和种子都可食用，抗性强，耐低温。

【**优良特性**】植株生长势旺，早熟类型，春茬定植后50天开花，肉质致密，品质优，果肉淀粉含量5.660g/100g，含糖量4.0%。耐冷性强，高抗白粉病，病情指数1.11。

【**适宜地区**】广西桂林市等地。

【**利用价值**】可用作南瓜品质和白粉病抗性育种的优异原始材料，也可用于优异基因挖掘和分析等基础性研究。

【**濒危状况及保护措施建议**】在当地种植未形成规模，以家庭零星种植为主，供自家人食用，利用及开发不足。建议对该资源进行重点收集保存，作为扁圆形特色优质新品种，扩大种植面积。

【**收集人**】刘文君（广西农业科学院蔬菜研究所）。

【**照片拍摄者**】刘文君（广西农业科学院蔬菜研究所）。

005 张黄黄瓜

【学　名】Cucurbitaceae（葫芦科）*Cucumis*（黄瓜属）*Cucumis sativus*（黄瓜）。

【采集地】广西北海市合浦县。

【主要特征特性】生育期70～80天，早熟类型。商品瓜瓜形短筒形，瓜把钝圆形，瓜面平滑，果实纵径20cm、横径4.0cm，瓜肉厚2cm，瓜形指数5.0，肉腔比1：1；商品瓜皮浅黄白色，老瓜皮黄色，果肉浅黄白色，刺瘤少而小，刺黑色；商品瓜单瓜重200g，亩产3500kg。

【农户认知】嫩瓜、老瓜均可鲜食和用于加工，肉质脆，瓜把无苦味。

【优良特性】植株生长势旺，瓜肉厚，品质好，可溶性固形物含量3.6%，耐高温，抗枯萎病。

【适宜地区】广西南宁市、柳州市、北海市等地。

【利用价值】可用作耐热加工型黄瓜新品种选育的优异原始材料。

【濒危状况及保护措施建议】在广西沿海一带种植年限较长，而且逐渐向原生地点北方扩散种植，用于鲜食和加工成风味黄瓜皮榨菜；过去品种较纯，随着资源交流的增强，品种基因混杂。为了保护该品种的优异基因和品种纯度，建议进一步提纯复壮后进行推广。

【收集人】张力（广西农业科学院蔬菜研究所）。

【照片拍摄者】周生茂（广西农业科学院蔬菜研究所）。

006 合浦白皮黄瓜

【学　名】Cucurbitaceae（葫芦科）*Cucumis*（黄瓜属）*Cucumis sativus*（黄瓜）。

【采集地】广西北海市合浦县。

【主要特征特性】生育期70天，早熟类型。商品瓜瓜形短筒形，瓜把钝圆形，瓜面平滑，果实纵径18cm、横径4.5cm，瓜肉厚2.3cm，瓜形指数4.0，肉腔比1∶1；商品瓜皮浅白色，老瓜皮白色，果肉浅白色，刺瘤少而小，刺白色；商品瓜单瓜重180g，亩产3500kg。

【农户认知】嫩瓜、老瓜均可鲜食和用于加工，肉质脆，瓜把无苦味。

【优良特性】植株生长势旺，瓜肉厚，品质好，可溶性固形物含量3.8%，耐高温，抗枯萎病。

【适宜地区】广西南宁市、柳州市、北海市、钦州市等地。

【利用价值】可用作耐热加工型黄瓜新品种选育的优异原始材料。

【濒危状况及保护措施建议】在广西沿海一带和柳州地区种植年限较长，而且种植面积逐年扩大，用于鲜食和加工成风味黄瓜皮榨菜；过去品种较纯，随着资源交流的增强，品种基因混杂。为了保护该品种的优异基因和品种纯度，建议进一步提纯复壮后进行推广。

【收集人】张力（广西农业科学院蔬菜研究所）。

【照片拍摄者】周生茂（广西农业科学院蔬菜研究所）。

007 下冻黄瓜

【学　名】Cucurbitaceae（葫芦科）*Cucumis*（黄瓜属）*Cucumis sativus*（黄瓜）。

【采集地】广西崇左市龙州县。

【主要特征特性】生育期80～90天，中熟类型。商品瓜长短筒形，瓜把钝圆形，瓜面平滑且有白色筋，果实纵径31cm、横径3.5cm，瓜肉厚0.8cm，瓜形指数8.85，肉腔比0.3∶1；商品瓜皮绿夹白色，老瓜皮白色，果肉浅白色，刺瘤少而小，刺白色；商品瓜单瓜重200g，亩产4000kg。

【农户认知】嫩瓜可鲜食，肉质脆，瓜把无苦味。

【优良特性】植株生长势旺，品质好，可溶性固形物含量4.0%，耐高温，抗枯萎病。

【适宜地区】广西南宁市、柳州市、北海市、崇左市等地。

【利用价值】可用作耐热加工型黄瓜新品种选育的优异原始材料。

【濒危状况及保护措施建议】在广西崇左市龙州县、宁明县地区种植年限较长，而且种植面积逐年扩大，用于鲜食；过去品种较纯，随着资源交流的增强，品种基因混杂。为了保护该品种的优异基因和品种纯度，建议进一步提纯复壮后进行推广。

【收集人】张力（广西农业科学院蔬菜研究所）。

【照片拍摄者】周生茂（广西农业科学院蔬菜研究所）。

008 三江球葫芦

【学　名】Cucurbitaceae（葫芦科）*Lagenaria*（葫芦属）*Lagenaria siceraria*（葫芦）。

【采集地】广西柳州市三江侗族自治县。

【主要特征特性】中熟类型，商品瓜嫩瓜皮绿白色、带少量浅绿斑纹，瓜面无蜡粉，带少量茸毛，瓜形球形，纵径17.9cm，横径19.9cm，瓜肉厚2.46cm，单瓜重1.37kg，单株结瓜数3.5个，亩产1438.5kg。

【农户认知】制作盛饭器皿或工艺品。

【优良特性】植株生长势旺，耐冷性强，老瓜横径可达30cm以上。

【适宜地区】广西南宁市、柳州市、桂林市等地。

【利用价值】可用作瓠瓜抗性育种的优异原始材料，也可直接用于开发加工工艺品。

【濒危状况及保护措施建议】在当地种植未形成规模，以家庭零星种植为主，供自家作为盛饭器皿，建议对该资源进行重点收集保存，同时可结合地方乡村旅游，制作工艺品，增加农户收入。

【收集人】张力（广西农业科学院蔬菜研究所）。

【照片拍摄者】张力（广西农业科学院蔬菜研究所）。

009 苍梧细腰葫芦

【学　名】Cucurbitaceae（葫芦科）*Lagenaria*（葫芦属）*Lagenaria siceraria*（葫芦）。

【采集地】广西梧州市苍梧县。

【主要特征特性】早熟类型，商品瓜嫩瓜皮绿色、带少量绿白斑纹，瓜面无蜡粉，茸毛中等，瓜形细腰形，纵径19.93cm，横径10.17cm，瓜肉厚1.52cm，单瓜重0.65kg，单株结瓜数5.5个，亩产1072.5kg。

【农户认知】鲜食或观赏。

【优良特性】早熟，瓜形一致性好，味甜。

【适宜地区】广西梧州市、玉林市等地。

【利用价值】可用作瓠瓜品质育种的优异原始材料，也可直接开发用于观赏。

【濒危状况及保护措施建议】在当地种植未形成规模，以家庭零星种植为主，供自家食用或观赏，建议对该资源观赏和加工工艺品用途进行开发利用。

【收集人】张力（广西农业科学院蔬菜研究所）。

【照片拍摄者】张力（广西农业科学院蔬菜研究所）。

010 凌云牛腿葫芦

【学　名】Cucurbitaceae（葫芦科）*Lagenaria*（葫芦属）*Lagenaria siceraria*（葫芦）。

【采集地】广西百色市凌云县。

【主要特征特性】早熟类型，商品瓜嫩瓜皮绿白色，瓜面无蜡粉，少量茸毛，瓜形牛腿形，纵径18.03cm，横径10.8cm，瓜肉厚1.56cm，单瓜重0.77kg，单株结瓜数5.0个，亩产1155kg。

【农户认知】鲜食，味道甜。

【优良特性】早熟，瓜形一致性好，味甜。

【适宜地区】广西南宁市、百色市、桂林市、河池市等地。

【利用价值】可用作瓠瓜品质育种的优异原始材料。

【濒危状况及保护措施建议】在当地种植未形成规模，以家庭零星种植为主，建议对该资源进行进一步提纯杂交选育鲜食新品种。

【收集人】郭元元（广西农业科学院蔬菜研究所）。

【照片拍摄者】张力（广西农业科学院蔬菜研究所）。

011 凭祥节瓜

【学　名】Cucurbitaceae（葫芦科）*Benincasa*（冬瓜属）*Benincasa hispida* var. *chieh-qua*（节瓜）。

【采集地】广西崇左市凭祥市。

【主要特征特性】中晚熟类型。瓜形长筒形，纵径77.5cm，横径6.4cm，瓜形指数12.11，瓜肉厚2.2cm，单瓜重2.7kg，心腔小。皮绿色、有白色斑纹，老熟后无蜡粉，果肉浅绿色、果肉厚而紧实，口感脆、甜。

【农户认知】嫩瓜与老瓜均可食用，嫩瓜随采随吃，炒食为主，肉色碧绿，口感脆甜，老瓜在自然条件下贮存，无酸味，以度秋淡，炒食、煲汤均可。

【优良特性】植株生长势旺，抗逆性强。商品瓜心腔小，可食率高。绿皮、绿肉、无蜡粉，品质好，口感脆甜。

【适宜地区】广西南宁市、北海市、崇左市、防城港市等地。

【利用价值】可用于选育绿肉高品质节瓜品种。

【濒危状况及保护措施建议】在当地种植未形成规模，以家庭零星种植为主，供自家人食用，利用及开发不足。建议对该资源进行重点收集保存。

【收集人】张力（广西农业科学院蔬菜研究所）。

【照片拍摄者】黎炎（广西农业科学院蔬菜研究所）。

012 资源节瓜

【学　名】Cucurbitaceae（葫芦科）*Benincasa*（冬瓜属）*Benincasa hispida* var. *chieh-qua*（节瓜）。

【采集地】广西桂林市资源县。

【主要特征特性】中晚熟类型。瓜形圆筒形，纵径31.5cm，横径9.4cm，瓜形指数3.4，瓜肉厚2.5cm，单瓜重1.9kg。皮青绿色、有白色斑纹，老熟后有蜡粉、果肉白色、果肉厚而紧实，耐储藏。

【农户认知】嫩瓜与老瓜均可食用，老瓜在自然条件下贮存，以度秋淡，炒食、煲汤均可。

【适宜地区】广西桂林市、河池市等地。

【优良特性】植株生长势旺，抗逆性强。商品瓜肉厚、有蜡粉，耐储藏。

【利用价值】可用作选育抗逆、耐贮品种的原始材料。

【濒危状况及保护措施建议】在当地种植未形成规模，以家庭零星种植为主，供自家人食用，利用及开发不足。建议对该资源进行重点收集保存。

【收集人】张力（广西农业科学院蔬菜研究所）。

【照片拍摄者】黎炎（广西农业科学院蔬菜研究所）。

013 合浦节瓜

【学　名】Cucurbitaceae（葫芦科）*Benincasa*（冬瓜属）*Benincasa hispida* var. *chieh-qua*（节瓜）。

【采集地】广西北海市合浦县。

【主要特征特性】晚熟类型。瓜形圆形，纵径9.9cm，横径16.5cm，瓜形指数0.6，瓜肉厚3.5cm，单瓜重1.95kg。皮青色、有斑纹，老熟后有蜡粉，果肉白色。

【农户认知】以老瓜食用为主，老瓜在自然条件下贮存，以度秋淡，炒食、煲汤均可。

【优良特性】植株生长势旺，抗逆性强。商品瓜肉厚、有蜡粉，耐储藏。

【适宜地区】广西钦州市、北海市等地。

【利用价值】可用作选育抗逆、耐贮品种的原始材料。

【濒危状况及保护措施建议】在当地种植未形成规模，以家庭零星种植为主，供自家人食用，利用及开发不足。建议对该资源进行重点收集保存。

【收集人】张力（广西农业科学院蔬菜研究所）。

【照片拍摄者】黎炎（广西农业科学院蔬菜研究所）。

014 花山丝瓜

【学　名】Cucurbitaceae（葫芦科）*Luffa*（丝瓜属）*Luffa aegyptiaca*（丝瓜）。

【采集地】广西贺州市钟山县。

【主要特征特性】中晚熟类型，第一雌花节位24～27节。商品瓜皮黄绿色，瓜形均匀，纵径20cm，横径4.0cm，单瓜重177g。种瓜皮褐色，瓜形均匀，纵径31.1cm，横径6.4cm。

【农户认知】嫩瓜可食用，老瓜可络用。

【优良特性】植株生长势较旺，抗病、抗逆性较强，较耐贫瘠。商品瓜瓜形均匀，肉质致密，商品性好，可络用。

【适宜地区】广西贺州市等地。

【利用价值】嫩瓜可食用，老瓜可络用，植株可取丝瓜水。可开展规模化、标准化、商业化种植，增加经济效益。可用作丝瓜抗性育种的优异原始材料，也可用于优异基因挖掘，开展分子育种。

【濒危状况及保护措施建议】在当地种植未形成规模，以家庭零星种植为主，供自家人食用，利用及开发不足。建议加大该资源的收集保存和开发利用力度。

【收集人】康德贤（广西农业科学院蔬菜研究所）。

【照片拍摄者】康德贤（广西农业科学院蔬菜研究所）。

015 清塘丝瓜

【学　名】Cucurbitaceae（葫芦科）*Luffa*（丝瓜属）*Luffa aegyptiaca*（丝瓜）。

【采集地】广西贺州市钟山县。

【主要特征特性】中晚熟类型，第一雌花节位23～26节。商品瓜皮黄绿色，瓜形均匀，纵径19.7cm，横径3.7cm，单瓜重133g。种瓜皮灰色，瓜形均匀，纵径27.6cm，横径5.4cm。

【农户认知】嫩瓜可食用，老瓜可络用。

【优良特性】植株生长势较旺，坐果力强，抗病、抗逆性强，较耐贫瘠。商品瓜瓜形均匀，肉质致密，商品性好，可络用。

【适宜地区】广西贺州市等地。

【利用价值】嫩瓜可食用，老瓜可络用，植株可取丝瓜水。可开展规模化、标准化、商业化种植，增加经济效益。可用作丝瓜抗性育种的优异原始材料，也可用于优异基因挖掘，开展分子育种。

【濒危状况及保护措施建议】在当地种植未形成规模，以家庭零星种植为主，供自家人食用，利用及开发不足。建议加大该资源的收集保存和开发利用力度。

【收集人】康德贤（广西农业科学院蔬菜研究所）。

【照片拍摄者】康德贤（广西农业科学院蔬菜研究所）。

016 龙江丝瓜

【学　名】Cucurbitaceae（葫芦科）*Luffa*（丝瓜属）*Luffa aegyptiaca*（丝瓜）。

【采集地】广西桂林市永福县。

【主要特征特性】中晚熟类型，第一雌花节位25～28节。商品瓜皮黄绿色，瓜形均匀，纵径22.1cm，横径3.7cm，单瓜重160g。种瓜皮乳白色，瓜形均匀，纵径47.4cm，横径9.2cm。

【农户认知】嫩瓜可食用，老瓜可络用。

【优良特性】植株生长势较旺，抗病、抗逆性强，较耐贫瘠。商品瓜瓜形均匀，肉质致密，商品性较好，宜络用。

【适宜地区】广西桂林市等地。

【利用价值】嫩瓜可食用，老瓜可络用，植株可取丝瓜水。可开展规模化、标准化、商业化种植，增加经济效益。可用作丝瓜抗性育种的优异原始材料，也可用于优异基因挖掘，开展分子育种。

【濒危状况及保护措施建议】在当地种植未形成规模，以家庭零星种植为主，供自家人食用，利用及开发不足。建议加大该资源的收集保存和开发利用力度。

【收集人】康德贤（广西农业科学院蔬菜研究所）。

【照片拍摄者】康德贤（广西农业科学院蔬菜研究所）。

017 新化丝瓜

【学　名】Cucurbitaceae（葫芦科）*Luffa*（丝瓜属）*Luffa aegyptiaca*（丝瓜）。

【采集地】广西百色市乐业县。

【主要特征特性】中晚熟类型，第一雌花节位25～28节。商品瓜皮黄绿色，瓜形均匀，纵径23.2cm，横径5.3cm，单瓜重240g。种瓜皮灰色，瓜形均匀，纵径28.2cm，横径5.6cm。

【农户认知】嫩瓜可食用，老瓜可络用。

【优良特性】植株生长势较旺，坐果力强，抗病、抗逆性强，耐贫瘠。商品瓜瓜形均匀，肉质致密，商品性好，可络用。

【适宜地区】广西百色市、河池市等地。

【利用价值】嫩瓜可食用，老瓜可络用，植株可取丝瓜水。可开展规模化、标准化、商业化种植，增加经济效益。可用作丝瓜抗性育种的优异原始材料，也可用于优异基因挖掘，开展分子育种。

【濒危状况及保护措施建议】在当地种植未形成规模，以家庭零星种植为主，供自家人食用，利用及开发不足。建议加大该资源的收集保存和开发利用力度。

【收集人】康德贤（广西农业科学院蔬菜研究所）。

【照片拍摄者】康德贤（广西农业科学院蔬菜研究所）。

018 寨沙丝瓜

【学　名】Cucurbitaceae（葫芦科）*Luffa*（丝瓜属）*Luffa acutangula*（广东丝瓜）。

【采集地】广西柳州市鹿寨县。

【主要特征特性】中晚熟类型，第一雌花节位21～24节。商品瓜皮浅绿色，瓜形较均匀，纵径35.6cm（瓜把长7.2cm、瓜长28.4cm），横径4.6cm，单瓜重253g。

【农户认知】食用嫩瓜。

【优良特性】植株生长势中等，抗病、抗逆性较强，较耐贫瘠。商品瓜瓜形较均匀，肉质致密，瓜棱较浅，商品性较好。

【适宜地区】广西南宁市、柳州市等地。

【利用价值】嫩瓜可食用，植株可取丝瓜水。可开展规模化、标准化、商业化种植，增加经济效益；也可用于优异基因挖掘，开展分子育种。

【濒危状况及保护措施建议】在当地种植未形成规模，以家庭零星种植为主，供自家人食用，利用及开发不足。建议加大该资源的收集保存和开发利用力度。

【收集人】康德贤（广西农业科学院蔬菜研究所）。

【照片拍摄者】康德贤（广西农业科学院蔬菜研究所）。

019 三堡丝瓜

【学　名】Cucurbitaceae（葫芦科）*Luffa*（丝瓜属）*Luffa acutangula*（广东丝瓜）。

【采集地】广西梧州市岑溪市。

【主要特征特性】中晚熟类型，第一雌花节位21～24节。商品瓜皮浅绿色，瓜形较均匀，纵径35.6cm（瓜把长7.2cm、瓜长28.4cm），横径4.6cm，单瓜重253g。

【农户认知】食用嫩瓜。

【优良特性】植株生长势中等，抗病、抗逆性较强，较耐贫瘠。商品瓜瓜形较均匀，肉质致密，瓜棱较浅，商品性较好。

【适宜地区】广西梧州市、贺州市等地。

【利用价值】嫩瓜可食用，植株可取丝瓜水。可开展规模化、标准化、商业化种植，增加经济效益；也可用于优异基因挖掘，开展分子育种。

【濒危状况及保护措施建议】在当地种植未形成规模，以家庭零星种植为主，供自家人食用，利用及开发不足。建议加大该资源的收集保存和开发利用力度。

【收集人】康德贤（广西农业科学院蔬菜研究所）。

【照片拍摄者】康德贤（广西农业科学院蔬菜研究所）。

020 岑溪苦瓜

【学　名】Cucurbitaceae（葫芦科）*Momordica*（苦瓜属）*Momordica charantia*（苦瓜）。

【采集地】广西梧州市岑溪市。

【主要特征特性】生育期120～200天，早熟类型。瓜形长棒形，瓜瘤粒条相间，纵径43cm，横径5.2cm，商品瓜肉厚1.1cm，单瓜重440g，嫩瓜皮浅绿色，老瓜皮橙黄色。

【农户认知】早熟，强雌，高抗枯萎病，苦味淡。

【优良特性】植株生长势旺，抗逆性强，早熟，强雌，高抗枯萎病，苦味淡。

【适宜地区】广西梧州市、贺州市等地。

【利用价值】可用作苦瓜品质和抗性育种的优异原始材料，也可用于优异基因挖掘和分析等基础性研究。

【濒危状况及保护措施建议】在当地种植未形成规模，以家庭零星种植为主，供自家人食用或少量销售，利用及开发不足。建议对该资源进行重点收集保存，同时可结合地方乡村经济发展，扩大种植面积。

【收集人】张力（广西农业科学院蔬菜研究所）。

【照片拍摄者】黄如葵（广西农业科学院蔬菜研究所）。

021 那佐苦瓜

【学　名】Cucurbitaceae（葫芦科）*Momordica*（苦瓜属）*Momordica charantia*（苦瓜）。

【采集地】广西百色市西林县。

【主要特征特性】生育期150～230天，中熟类型。瓜形长棒形，粗条瘤，纵径28.8cm，横径8.3cm，商品瓜肉厚0.94cm，单瓜重627g，嫩瓜皮浅绿色，老瓜皮橙黄色，种子黑色。

【农户认知】中熟，抗病，苦味重。

【优良特性】植株生长势旺，抗逆性强，中熟、高抗枯萎病，苦味重。

【适宜地区】广西百色市等地。

【利用价值】可用作苦瓜抗性育种的优异原始材料，也可用于优异基因挖掘和分析等基础性研究。

【濒危状况及保护措施建议】在当地种植未形成规模，以家庭零星种植为主，供自家人食用或少量销售，利用及开发不足。建议对该资源进行重点收集保存，同时可结合地方乡村经济发展，扩大种植面积。

【收集人】刘文君（广西农业科学院蔬菜研究所）。

【照片拍摄者】黄如葵（广西农业科学院蔬菜研究所）。

022 瓜里苦瓜

【学　名】Cucurbitaceae（葫芦科）*Momordica*（苦瓜属）*Momordica charantia*（苦瓜）。

【采集地】广西桂林市资源县。

【主要特征特性】生育期110～130天，早熟类型。叶色浅绿，瓜形长纺锤形，粒瘤，纵径23.4cm，横径5.3cm，商品瓜肉厚0.93cm，单瓜重252.5g，嫩瓜皮白绿色，老瓜皮橙黄色。

【农户认知】极早熟，生育期短，肉厚，苦味极重。

【优良特性】植株生长势旺，强雌，极早熟，中抗白粉病，苦味重。

【适宜地区】广西桂林市、贺州市等地。

【利用价值】可用作苦瓜早熟品种选育的优异材料，也可用于优异基因挖掘和分析等基础性研究。

【濒危状况及保护措施建议】在当地种植未形成规模，以家庭零星种植为主，供自家人食用或少量销售，利用及开发不足。建议对该资源进行重点收集保存，同时可结合地方乡村经济发展，扩大种植面积。

【收集人】陈振东（广西农业科学院蔬菜研究所）。

【照片拍摄者】黄如葵（广西农业科学院蔬菜研究所）。

023 三江苦瓜

【学　名】Cucurbitaceae（葫芦科）*Momordica*（苦瓜属）*Momordica charantia*（苦瓜）。

【采集地】广西柳州市三江侗族自治县。

【主要特征特性】生育期110～130天，早熟类型。叶色浅绿，瓜形短棒形，瓜瘤条粒相间，纵径25.5cm，横径4.7cm，商品瓜肉厚0.5cm，单瓜重240g，嫩瓜皮绿白色，老瓜皮橙黄色。

【农户认知】苦味淡。

【优良特性】植株生长势旺，早熟，抗枯萎病，苦味淡。

【适宜地区】广西南宁市、柳州市、百色市等地。

【利用价值】可用作苦瓜抗病优异材料，也可用于优异基因挖掘和分析等基础研究。

【濒危状况及保护措施建议】在当地种植未形成规模，以家庭零星种植为主，供自家人食用或少量销售，利用及开发不足。建议对该资源进行重点收集保存，同时可结合地方乡村经济发展，扩大种植面积。

【收集人】张力（广西农业科学院蔬菜研究所）。

【照片拍摄者】黄如葵（广西农业科学院蔬菜研究所）。

024 蒲庙香瓜

【学　名】Cucurbitaceae（葫芦科）*Cucumis*（黄瓜属）*Cucumis melo* var. *makuwa*（香瓜）。

【采集地】广西南宁市邕宁区。

【主要特征特性】生育期60~80天，果实梨形，单果重0.3~0.6kg，果皮浅米黄色，果肉白色微绿，肉质嫩脆，味香甜，中心可溶性固形物含量12.0%~14.0%。种子千粒重9.6g。植株生长势中等，孙蔓结果。

【农户认知】以鲜食果实为主，品质优良，非常适应南方高温高湿气候条件，可产业化开发。

【优良特性】耐湿性、耐热性强，早熟，易坐果。

【适宜地区】广西南宁市、柳州市等地。

【利用价值】可直接栽培应用，也可作为香瓜品种选育的亲本利用。

【濒危状况及保护措施建议】目前仍在各产地种植、应用。

【收集人】洪日新（广西农业科学院园艺研究所），覃斯华（广西农业科学院园艺研究所）。

【照片拍摄者】覃斯华（广西农业科学院园艺研究所）。

025 平安斑瓜

【学　名】Cucurbitaceae（葫芦科）*Cucumis*（黄瓜属）*Cucumis melo* var. *conomon*（菜瓜）。

【采集地】广西桂林市恭城瑶族自治县。

【主要特征特性】生育期60~80天，因果实表面呈斑纹又得名"斑瓜"。果实棒形，单果重0.2~0.3kg，嫩瓜果皮绿色、有浅绿棱沟，老瓜果皮变黄，果肉白色微绿，肉质脆，中心可溶性固形物含量5.0%~6.0%。早熟，易坐果，中抗甜瓜白粉病和霜霉病。

【农户认知】菜用为主，非常适应南方高温高湿气候条件，管理粗放，可炒食嫩瓜，也可腌制或加工成脱水干制品。

【优良特性】耐湿性、耐热性强，早熟，易坐果。

【适宜地区】广西桂林市等地。

【利用价值】可用作菜瓜品种选育的材料。

【濒危状况及保护措施建议】在当地种植尚未形成规模，以家庭零星种植为主，利用及开发不足。建议对该资源进行重点收集保存，扩大种植面积，形成深加工产业链。

【收集人】覃斯华（广西农业科学院园艺研究所），柳唐镜（广西农业科学院园艺研究所）。

【照片拍摄者】覃斯华（广西农业科学院园艺研究所）。

026 嘉会斑瓜

【学　名】Cucurbitaceae（葫芦科）Cucumis（黄瓜属）Cucumis melo var. conomon（菜瓜）。

【采集地】广西桂林市恭城瑶族自治县。

【主要特征特性】生育期60～80天，因果实表面呈斑纹又得名"斑瓜"。果实棒形，单果重0.2～0.3kg，嫩瓜果皮深绿色、有浅绿棱沟，老瓜果皮变黄，果肉白色微绿，肉质脆，中心可溶性固形物含量5.0%～6.0%。早熟，易坐果，中抗甜瓜白粉病和霜霉病。

【农户认知】菜用为主，非常适应南方高温高湿气候条件，管理粗放，可炒食嫩瓜，也可腌制或加工成脱水干制品。

【优良特性】耐湿性、耐热性强，早熟，易坐果。

【适宜地区】广西桂林市等地。

【利用价值】可用作菜瓜品种选育的材料。

【濒危状况及保护措施建议】在当地种植尚未形成规模，以家庭零星种植为主，利用及开发不足。建议对该资源进行重点收集保存，扩大种植面积，形成深加工产业链。

【收集人】覃斯华（广西农业科学院园艺研究所），柳唐镜（广西农业科学院园艺研究所）。

【照片拍摄者】覃斯华（广西农业科学院园艺研究所）。

027 信都白皮地瓜

【学　名】Cucurbitaceae（葫芦科）*Cucumis*（黄瓜属）*Cucumis melo* var. *conomon*（菜瓜）。

【采集地】广西贺州市八步区。

【主要特征特性】生育期60～80天，因爬地种植结瓜而得名"地瓜"。果实棒形，单果重0.35～0.50kg，果皮乳白色、有浅沟，果肉白色微绿，肉质脆，中心可溶性固形物含量5.0%～6.0%。早熟，易坐果，中抗甜瓜白粉病和霜霉病。

【农户认知】果实菜用为主，非常适应南方高温高湿气候条件，管理粗放，可以将嫩瓜腌制加工成当地特色"地瓜酸"。

【优良特性】耐湿性、耐热性强，早熟，易坐果。

【适宜地区】广西贺州市八步区及类似生态区。

【利用价值】可用嫩瓜腌制加工成"地瓜酸"，也可用作菜瓜品种选育的材料。

【濒危状况及保护措施建议】在当地种植尚未形成规模，利用及开发不足。建议对该资源进行重点收集保存，扩大种植面积，形成深加工产业链。

【收集人】覃斯华（广西农业科学院园艺研究所），柳唐镜（广西农业科学院园艺研究所）。

【照片拍摄者】覃斯华（广西农业科学院园艺研究所）。

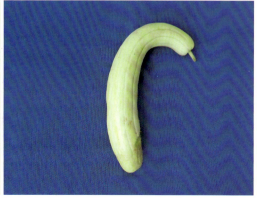

028 石桥地瓜

【学　名】Cucurbitaceae（葫芦科）*Cucumis*（黄瓜属）*Cucumis melo* var. *conomon*（菜瓜）。

【采集地】广西梧州市苍梧县。

【主要特征特性】生育期60～80天，因爬地种植结瓜而得名"地瓜"。果实棒形，单果重0.30～0.65kg，果皮浅黄色、覆盖深绿色斑块、有浅沟，果肉白色微绿，肉质脆，中心可溶性固形物含量5.0%～6.0%。早熟，易坐果，中抗甜瓜白粉病和霜霉病。

【农户认知】果实菜用为主，非常适应南方高温高湿气候条件，管理粗放。可以将嫩瓜加工成当地特色"地瓜榨"。

【优良特性】耐湿性、耐热性强，早熟，易坐果。

【适宜地区】广西梧州市苍梧县及类似生态区。

【利用价值】可用嫩瓜加工成当地特色"地瓜榨"，也可用作菜瓜品种选育的材料。

【濒危状况及保护措施建议】在当地种植尚未形成规模，利用及开发不足。建议对该资源进行重点收集保存，扩大种植面积，形成深加工产业链。

【收集人】覃斯华（广西农业科学院园艺研究所），柳唐镜（广西农业科学院园艺研究所）。

【照片拍摄者】覃斯华（广西农业科学院园艺研究所）。

029 广西402

【学　名】Cucurbitaceae（葫芦科）*Citrullus*（西瓜属）*Citrullus lanatus*（西瓜）。

【采集地】广西南宁市武鸣区。

【主要特征特性】春茬生育期105～115天，秋茬生育期80～85天。果实圆形，单果重3.0～4.0kg，果皮浅绿色、布隐条纹，果肉红色，肉质脆、清甜，果皮厚1.1～1.2cm，中心可溶性固形物含量10.5%～11.5%。种子千粒重69.0g。

【农户认知】无。

【优良特性】植株生长健壮旺盛，耐湿，耐热。

【适宜地区】广西南宁市武鸣区及类似生态区。

【利用价值】四倍体西瓜，主要用作西瓜倍性研究及三倍体无籽西瓜品种选育的材料。

【濒危状况及保护措施建议】目前已无种植，现以种子形式保存在广西农业科学院。

【收集人】洪日新（广西农业科学院园艺研究所），何毅（广西农业科学院园艺研究所）。

【照片拍摄者】何毅（广西农业科学院园艺研究所）。

030 广西403

【学　名】Cucurbitaceae（葫芦科）*Citrullus*（西瓜属）*Citrullus lanatus*（西瓜）。

【采集地】广西南宁市武鸣区。

【主要特征特性】春茬生育期100～110天，秋茬生育期75～80天。果实圆形，单果重3.5～4.5kg，果皮深绿色、布墨绿色暗网条纹，果肉红色，肉质脆、清甜，果皮厚1.1～1.2cm，中心可溶性固形物含量11.0%～12.0%。种子千粒重68.0g。

【农户认知】无。

【优良特性】植株生长壮旺，耐湿，耐热。

【适宜地区】广西南宁市武鸣区及类似生态区。

【利用价值】四倍体西瓜，主要用作西瓜倍性研究及三倍体无籽西瓜品种选育的材料。

【濒危状况及保护措施建议】目前已无种植，现以种子形式保存在广西农业科学院。

【收集人】洪日新（广西农业科学院园艺研究所），覃斯华（广西农业科学院园艺研究所）。

【照片拍摄者】何毅（广西农业科学院园艺研究所）。

031 广西410

【学　名】Cucurbitaceae（葫芦科）*Citrullus*（西瓜属）*Citrullus lanatus*（西瓜）。

【采集地】广西南宁市武鸣区。

【主要特征特性】春茬生育期90～110天，秋茬生育期70～80天。果实圆形，单果重4.0～5.5kg，果皮绿色、布墨绿条带，果皮硬韧，耐储运，果肉大红，肉质脆甜，果皮厚0.8～1.2cm，中心可溶性固形物含量11.0%～12.5%。种子千粒重66.0g。

【农户认知】无。

【优良特性】植株生长壮旺，耐湿，耐热。

【适宜地区】广西南宁市、柳州市等地。

【利用价值】四倍体西瓜，主要用作西瓜倍性研究及三倍体无籽西瓜品种选育的材料。

【濒危状况及保护措施建议】目前已无种植，现以种子形式保存在广西农业科学院。

【收集人】何毅（广西农业科学院园艺研究所），覃斯华（广西农业科学院园艺研究所）。

【照片拍摄者】何毅（广西农业科学院园艺研究所）。

032 广西长黑

【学　名】Cucurbitaceae（葫芦科）*Citrullus*（西瓜属）*Citrullus lanatus*（西瓜）。

【采集地】广西南宁市武鸣区。

【主要特征特性】春茬生育期90～100天，秋茬生育期70～80天。果实长椭圆形，单果重5.0～6.0kg，果皮墨绿色，果肉红色，肉质沙脆、清甜，果皮厚0.8～1.0cm，中心可溶性固形物含量10.5%～12.0%。

【农户认知】鲜食。生长势强，抗病，果大，高产，多汁，口感清甜。

【优良特性】耐湿，耐热，中抗西瓜炭疽病和蔓枯病。

【适宜地区】广西南宁市、柳州市、钦州市等地。

【利用价值】可直接利用，也可用作西瓜研究或品种选育的材料。

【濒危状况及保护措施建议】目前已无种植，现以种子形式保存在广西农业科学院。

【收集人】洪日新（广西农业科学院园艺研究所），何毅（广西农业科学院园艺研究所）。

【照片拍摄者】覃斯华（广西农业科学院园艺研究所）。

033 3号FB

【学　名】Cucurbitaceae（葫芦科）*Citrullus*（西瓜属）*Citrullus lanatus*（西瓜）。

【采集地】广西南宁市武鸣区。

【主要特征特性】春茬生育期90～100天，秋茬生育期70～80天。果实圆形，单果重3.5～4.5kg，果皮深绿色、布墨绿色齿条纹，果肉红色，肉质沙清，果皮厚1.0～1.2cm，中心可溶性固形物含量10.5%～12.0%。

【农户认知】鲜食。生长势强，易栽培，坐果好，果实高圆饱满，果大，品质好。

【优良特性】耐湿，耐热，中抗西瓜炭疽病和蔓枯病。

【适宜地区】广西南宁市武鸣区及类似生态区。

【利用价值】可直接利用，也可用作西瓜研究或品种选育的材料。

【濒危状况及保护措施建议】目前已无种植，现以种子形式保存在广西农业科学院。

【收集人】覃斯华（广西农业科学院园艺研究所），何毅（广西农业科学院园艺研究所）。

【照片拍摄者】洪日新（广西农业科学院园艺研究所）。

034 武鸣马铃瓜

【学　名】Cucurbitaceae（葫芦科）*Citrullus*（西瓜属）*Citrullus lanatus*（西瓜）。

【采集地】广西南宁市武鸣区。

【主要特征特性】春茬生育期80～100天，秋茬生育期60～85天。果实长椭圆形，单果重3.0～4.5kg，果皮绿色、布隐散细纹，果皮薄脆易裂，果肉黄色，肉质酥脆多汁，口感风味好，果皮厚0.5～0.8cm，中心可溶性固形物含量10.5%～11.5%。

【农户认知】鲜食。早熟，长形、绿皮、美观，皮薄易裂，黄肉鲜艳，汁多清甜，风味好。

【优良特性】耐湿，耐热，中抗西瓜炭疽病和蔓枯病。生长势强，抗病、抗逆性强，不易早衰。

【适宜地区】广西南宁市武鸣区及类似生态区。

【利用价值】可直接利用，需在具有避雨设施大棚种植生产，也可用作西瓜研究或品种选育的材料。

【濒危状况及保护措施建议】目前已无种植，现以种子形式保存在广西农业科学院。

【收集人】何毅（广西农业科学院园艺研究所），覃斯华（广西农业科学院园艺研究所）。

【照片拍摄者】何毅（广西农业科学院园艺研究所）。

035 绿铃瓜

【学　名】Cucurbitaceae（葫芦科）*Citrullus*（西瓜属）*Citrullus lanatus*（西瓜）。

【采集地】广西南宁市武鸣区。

【主要特征特性】春茬生育期80～100天，秋茬生育期60～80天。果实长椭圆形，单果重3.0～4.0kg，果皮绿色、布隐散细纹，果皮薄、易裂，表皮光滑，果肉大红色，肉质细脆，清甜，口感极佳，果皮厚0.4～0.8cm，中心可溶性固形物含量11.5%～13.0%。

【农户认知】鲜食。早熟、坐果好，果型小巧玲珑，皮薄，可食率高，质优好吃。

【优良特性】耐湿，耐热，早熟，易坐果，生长势强，抗病、抗逆性强，不易早衰。

【适宜地区】广西南宁市武鸣区及类似生态区。

【利用价值】可直接利用，也可用作西瓜研究或品种选育的材料。

【濒危状况及保护措施建议】目前已无种植，现以种子形式保存在广西农业科学院。

【收集人】何毅（广西农业科学院园艺研究所），覃斯华（广西农业科学院园艺研究所）。

【照片拍摄者】何毅（广西农业科学院园艺研究所）。

036 桂冠5号

【学　名】Cucurbitaceae（葫芦科）*Citrullus*（西瓜属）*Citrullus lanatus*（西瓜）。

【采集地】广西南宁市武鸣区。

【主要特征特性】春茬生育期80～100天，秋茬生育期65～85天。果实长椭圆形，单果重3.0～3.5kg，果皮金黄色，果皮韧、不易裂，果肉红色，肉质酥脆清甜，多汁，口感佳，果皮厚0.7～1.0cm，中心可溶性固形物含量11.5%～12.5%。

【农户认知】鲜食。易坐果，但对栽培环境要求较严格，高温或光照不足时果皮易染绿斑；果实外观金黄靓丽，肉质清甜多汁，口感风味佳。

【优良特性】早熟，适应性、抗逆性强，易坐果，不易裂瓜，质优。

【适宜地区】广西南宁市武鸣区及类似生态区。

【利用价值】可直接利用，也可用作西瓜研究或品种选育的材料。

【濒危状况及保护措施建议】目前已无种植，现以种子形式保存在广西农业科学院。

【收集人】何毅（广西农业科学院园艺研究所），覃斯华（广西农业科学院园艺研究所）。

【照片拍摄者】何毅（广西农业科学院园艺研究所）。

037 黑蜜宝

【学　名】Cucurbitaceae（葫芦科）*Citrullus*（西瓜属）*Citrullus lanatus*（西瓜）。

【采集地】广西南宁市江南区。

【主要特征特性】春茬生育期80～90天，秋茬生育期65～80天。果实圆形，单果重3.0～3.5kg，果皮深绿色、布隐网纹，果皮薄、硬、韧、不易裂，果肉红色，肉质细脆清甜，口感好，果皮厚0.7～1.0cm，中心可溶性固形物含量11.0%～12.0%。

【农户认知】鲜食，特早熟，极易坐果，整齐，抗性好，果皮薄韧、不易裂果，口感清甜，纤维少。

【优良特性】早熟，易坐果，耐湿，耐热。

【适宜地区】广西南宁市江南区及类似生态区。

【利用价值】可直接利用，也可用作西瓜研究或品种选育的材料。

【濒危状况及保护措施建议】目前已无种植，现以种子形式保存在广西农业科学院。

【收集人】何毅（广西农业科学院园艺研究所），覃斯华（广西农业科学院园艺研究所）。

【照片拍摄者】何毅（广西农业科学院园艺研究所）。

038 新旭都

【学　名】Cucurbitaceae（葫芦科）*Citrullus*（西瓜属）*Citrullus lanatus*（西瓜）。

【采集地】广西南宁市江南区。

【主要特征特性】春茬生育期80～95天，秋茬生育期60～85天。果实圆形，单果重2.5～4.0kg，果皮绿色、布墨绿中花条，果皮薄韧、不易裂，果肉大红色，肉质实脆，口感清脆、甜，果皮厚0.6～1.0cm，中心可溶性固形物含量11.5%～12.8%。

【农户认知】鲜食，早熟，极易坐果，俗称"小地雷瓜"，果皮薄韧、不易裂瓜，大红肉脆甜，口感好，品质优。

【优良特性】早熟，耐湿，耐热，适应性、抗逆性强，易坐果，不易裂瓜，质优。

【适宜地区】广西南宁市、柳州市、百色市等地。

【利用价值】可直接利用，也可用作西瓜研究或品种选育的材料。

【濒危状况及保护措施建议】目前已无种植，现以种子形式保存在广西农业科学院。

【收集人】何毅（广西农业科学院园艺研究所），覃斯华（广西农业科学院园艺研究所）。

【照片拍摄者】何毅（广西农业科学院园艺研究所）。

039 桂农238

【学　名】Cucurbitaceae（葫芦科）*Citrullus*（西瓜属）*Citrullus lanatus*（西瓜）。

【采集地】广西南宁市西乡塘区。

【主要特征特性】春茬生育期90～115天，秋茬生育期75～85天。果实长椭圆形，单果重8.0～10.0kg，果皮浅绿色、布散细网纹，果皮极硬韧，果肉桃红色，肉质嫩、细脆，口感较好，果皮厚1.1～1.3cm，中心可溶性固形物含量10.0%～11.5%。

【农户认知】鲜食，生长势强，适应性广，果大，产量高，肉质细腻多汁，品质较好。

【优良特性】植株生长势强，抗逆性强，不早衰，单果大，产量高，属于晚熟大果型西瓜，丰产性好。

【适宜地区】广西南宁市、柳州市、百色市等地。

【利用价值】可直接生产利用，也可用作西瓜研究或品种选育的材料。

【濒危状况及保护措施建议】目前已无种植，现以种子形式保存在广西农业科学院。

【收集人】洪日新（广西农业科学院园艺研究所），何毅（广西农业科学院园艺研究所）。

【照片拍摄者】覃斯华（广西农业科学院园艺研究所）。

040 桂长花

【学　名】Cucurbitaceae（葫芦科）*Citrullus*（西瓜属）*Citrullus lanatus*（西瓜）。

【采集地】广西南宁市江南区。

【主要特征特性】春茬生育期80～100天，秋茬生育期65～80天。果实长椭圆形，早熟，易坐果，单果重3.5～5.0kg，果皮绿色、覆盖墨绿条带，果皮坚韧，果肉大红色，剖面光滑，纤维少，肉质实脆清甜，口感好，果皮厚0.8～1.1cm，中心可溶性固形物含量11.5%～13.0%。

【农户认知】鲜食，果实长形、花皮、美观，皮薄不易裂，糖度高，好吃，品质、风味佳。

【优良特性】耐湿，耐热，中抗西瓜炭疽病和蔓枯病。

【适宜地区】广西南宁市江南区及类似生态区。

【利用价值】可直接生产利用，也可用作西瓜研究或品种选育的材料。

【濒危状况及保护措施建议】目前已无种植，现以种子形式保存在广西农业科学院。

【收集人】何毅（广西农业科学院园艺研究所），覃斯华（广西农业科学院园艺研究所）。

【照片拍摄者】何毅（广西农业科学院园艺研究所）。

041 | 祉洞红瓜子-GH05

【学　名】Cucurbitaceae（葫芦科）*Citrullus*（西瓜属）*Citrullus lanatus* ssp. *vulgaris* var. *megalaspermus*（籽瓜）。

【采集地】广西贺州市八步区。

【主要特征特性】早熟品种，植株生长势较强，春茬生育期80～90天，秋茬生育期70～80天，果实和种子发育期35～40天。果实圆形，果皮深绿底覆盖墨绿网条，果肉白色，单瓜重1.5～2.0kg，种瓜产量3600～4300kg/亩。籽粒深红、整齐、平展，种子湿重130～180kg/亩，产籽率3.5%～4.5%，折合种子产量（干重）55～75kg/亩，千粒重160～170g。抗病性和抗逆性强，适合南方露地栽培。

【农户认知】以食用瓜籽为主，瓜皮可腌制加工成"瓜皮酸"供菜用。

【优良特性】早熟，植株生长势较强，籽粒深红、整齐、平展，抗枯萎病和病毒病性状突出，综合性状优良。

【适宜地区】广西贺州市八步区及类似生态区。

【利用价值】其产品"红瓜子"是传统出口的名优特产，可用于新品种选育。

【濒危状况及保护措施建议】随着广西东融先行示范区（贺州市）的建设，以及经济发展和生态环境的变化，红籽瓜等重要的作物种质资源可能加速减少或丢失，建议进行红籽瓜种质资源的抢救性收集和保存。

【收集人】柳唐镜（广西农业科学院园艺研究所）。

【照片拍摄者】柳唐镜（广西农业科学院园艺研究所）。

042 新兴红瓜子-GH14

【学　名】Cucurbitaceae（葫芦科）*Citrullus*（西瓜属）*Citrullus lanatus* ssp. *vulgaris* var. *megalaspermus*（籽瓜）。

【采集地】广西贺州市八步区。

【主要特征特性】中熟品种，植株生长健壮，春茬生育期90～100天，秋茬生育期80～90天，果实和种子发育期40～45天。果实椭圆形，果皮深绿底覆盖墨绿网条，果肉白色，单瓜重2.5～3.0kg，种瓜产量5000～6000kg/亩。籽粒鲜红、整齐、平展，种子湿重220～250kg/亩，产籽率3.5%～4.5%，折合种子产量（干重）80～100kg/亩，千粒重170～180g。抗病性和抗逆性强，适合南方露地栽培。

【农户认知】以食用瓜籽为主，瓜皮可腌制加工成"瓜皮酸"供菜用。

【优良特性】中熟，植株生长健壮，籽粒鲜红、整齐、平展，抗枯萎病和病毒病性状突出，综合性状优良。

【适宜地区】广西贺州市八步区及类似生态区。

【利用价值】其产品"红瓜子"是传统出口的名优特产，可用于新品种选育。

【濒危状况及保护措施建议】随着广西东融先行示范区（贺州市）的建设，以及经济发展和生态环境的变化，红籽瓜等重要的作物种质资源可能加速减少或丢失，建议进行红籽瓜种质资源的抢救性收集和保存。

【收集人】柳唐镜（广西农业科学院园艺研究所）。

【照片拍摄者】柳唐镜（广西农业科学院园艺研究所）。

043 平龙红瓜子-GH16

【学　名】Cucurbitaceae（葫芦科）*Citrullus*（西瓜属）*Citrullus lanatus* ssp. *vulgaris* var. *megalaspermus*（籽瓜）。

【采集地】广西贺州市八步区。

【主要特征特性】早熟品种，植株生长势较强，春茬生育期80～90天，秋茬生育期70～80天，果实和种子发育期35～40天。果实圆形，果皮深绿底覆盖墨绿网条，果肉白色，单瓜重1.8～2.3kg，种瓜产量6000～6500kg/亩。籽粒酱红、整齐、平展，种子湿重230～270kg/亩，产籽率3.5%～4.0%，折合种子产量（干重）90～110kg/亩，千粒重130～150g。抗病性和抗逆性强，适合南方露地栽培。

【农户认知】以食用瓜籽为主，瓜皮可腌制加工成"瓜皮酸"供菜用。

【优良特性】早熟，植株生长势较强，籽粒酱红、整齐、平展，抗枯萎病和病毒病性状突出，综合性状优良。

【适宜地区】广西贺州市八步区及类似生态区。

【利用价值】其产品"红瓜子"是传统出口的名优特产，可用于新品种选育。

【濒危状况及保护措施建议】随着广西东融先行示范区（贺州市）的建设，以及经济发展和生态环境的变化，红籽瓜等重要的作物种质资源可能加速减少或丢失，建议进行红籽瓜种质资源的抢救性收集和保存。

【收集人】柳唐镜（广西农业科学院园艺研究所）。

【照片拍摄者】柳唐镜（广西农业科学院园艺研究所）。

第二节　茄果类蔬菜优异种质资源

001 旧城小番茄

【学　名】Solanaceae（茄科）*Lycopersicon*（番茄属）*Lycopersicon esculentum*（番茄）。

【采集地】广西百色市平果市。

【主要特征特性】无限生长类型，半蔓生状态，茎秆粗壮，株高最高可达210cm，普通叶型，叶色呈深绿色。始花节位10～12节，花序类型为单式花序，单花序果数8～12个，果实圆形，果实横径1.52cm、纵径1.48cm，果色为红色，果面光滑无棱沟，单果重10.1g，单株产量1.3kg。

【农户认知】有风味，口感酸甜，是做菜的调味品。

【优良特性】果皮薄，抗疫病和青枯病，茎秆粗壮。

【适宜地区】广西百色市、河池市等地。

【利用价值】可用作番茄砧木。

【濒危状况及保护措施建议】当地主要在房前屋后少量种植，多数供自家人食用，少量拿到市集售卖，利用及开发不足。建议对该资源进行收集和保存，可作为砧木开发使用。

【收集人】张力（广西农业科学院蔬菜研究所）。

【照片拍摄者】甘桂云（广西农业科学院蔬菜研究所）。

002 新化番茄

【学　名】Solanaceae（茄科）*Lycopersicon*（番茄属）*Lycopersicon esculentum*（番茄）。

【采集地】广西百色市乐业县。

【主要特征特性】无限生长类型，半蔓生状态，熟性早，株高200cm，复细叶型，叶色浅绿。始花节位6～8节，单式花序，单花序果数12个，果实圆形，果实横径1.63cm、纵径1.60cm，单果重11.5g，果色亮红，果面茸毛较密，单株产量1.55kg。

【农户认知】皮薄，多汁，易裂，味酸，是做酸汤的原材料。

【优良特性】早熟，坐果量高，皮薄多汁，番茄风味浓，酸味重。

【适宜地区】广西百色市等地。

【利用价值】可用作酸味番茄品种改良的材料，也可用于番茄品质基因挖掘和分析等基础性研究。

【濒危状况及保护措施建议】在当地小规模种植，多以自家食用为主，用来做酸味调味品，或者发酵制成当地特色酸汤，开发利用率一般。建议对该资源进行收集和保存，可结合地方乡村经济发展，扩大种植面积。

【收集人】张力（广西农业科学院蔬菜研究所）。

【照片拍摄者】甘桂云（广西农业科学院蔬菜研究所）。

003 三保番茄

【学　名】Solanaceae（茄科）*Lycopersicon*（番茄属）*Lycopersicon esculentum*（番茄）。

【采集地】广西河池市天峨县。

【主要特征特性】无限生长类型，半蔓生状态，株高200cm，复细叶型，二回羽状复叶，叶色绿色，始花节位6~8节，双歧花序，单花序果数9~11个，果实圆形，果实横径1.5cm、纵径1.4cm，单果重10.8g，果实红色，果面稀茸毛、无棱沟，单株产量1.3kg。

【农户认知】味酸。

【优良特性】早熟，皮薄多汁，酸味重，抗晚疫病。

【适宜地区】广西河池市天峨县及类似生态区。

【利用价值】可用作酸味番茄品种改良的材料，也可用作抗晚疫病番茄品种选育的材料。

【濒危状况及保护措施建议】在当地房前屋后生长，无人看管，处于野生状态，当地人采摘作为酸味调料，少量拿到市集售卖，价格高于栽培番茄品种。建议对该资源进行保存利用，结合当地饮食、消费习惯，扩大种植面积。

【收集人】张力（广西农业科学院蔬菜研究所）。

【照片拍摄者】甘桂云（广西农业科学院蔬菜研究所）。

004 容县紫茄

【学　名】Solanaceae（茄科）*Solanum*（茄属）*Solanum melongena*（茄）。

【采集地】广西玉林市容县。

【主要特征特性】株高90～100cm，株型半直立型，主茎与侧枝呈紫色，叶长卵圆形，深紫绿色，嫩叶覆盖紫色叶毛，叶缘波浪状，缺刻程度中等。门茄着生节位10～12节，花序含1主花，部分含2～4朵小花，花冠呈紫色，主次花可育；果实长条形、果形微弯，果脐端较尖、翘起，果长25～35cm、横径3.5～6.0cm，单果重240～320g，果面紫色、有光泽，果肉白色，萼片大多无刺，部分具少许刺，中熟；种子短肾形，黄色，千粒重4.0～5.0g。

【农户认知】高产，皮薄，肉软细，味清香。

【优良特性】果皮薄，肉质细腻，坐果率极高，平均达15个/株。

【适宜地区】广西玉林市容县及类似生态区。

【利用价值】可用作高品质、高产茄子育种的优异原始材料。

【濒危状况及保护措施建议】在当地种植未形成规模，以家庭零星种植为主，供自家人食用或少量销售，利用及开发不足。建议对该资源进行重点收集保存，同时可结合地方经济发展，扩大种植面积。

【收集人】张力（广西农业科学院蔬菜研究所）。

【照片拍摄者】李韦柳（广西农业科学院蔬菜研究所）。

005 龙胜绿茄

【学　名】Solanaceae（茄科）*Solanum*（茄属）*Solanum melongena*（茄）。

【采集地】广西桂林市龙胜各族自治县。

【主要特征特性】株高90～110cm，株型半直立型，主茎与侧枝呈绿色，叶长卵圆形，绿色，叶缘波浪状，缺刻程度中等。门茄着生节位11或12节，花冠呈紫色；果实长棒形、果形微弯，果脐端较尖、翘起，果长25～30cm、横径3.5～6.0cm，单果重220～280g，果面绿色、有光泽，果肉绿色，果皮薄，萼片有刺，中熟；种子短肾形，黄色，千粒重4.0～5.0g。

【农户认知】好种，采摘期长，皮薄，口感清甜。

【优良特性】植株生长势旺，抗逆性强，中熟，皮薄，肉质细腻。

【适宜地区】广西桂林市龙胜各族自治县及类似生态区。

【利用价值】可用作茄子品质和抗性育种的优异原始材料，也可用于优异基因挖掘和分析等基础研究。

【濒危状况及保护措施建议】在当地种植未形成规模，以家庭零星种植为主，供自家人食用或少量销售，利用及开发不足。建议对该资源进行重点收集保存，同时可结合地方经济发展，扩大种植面积。

【收集人】张力（广西农业科学院蔬菜研究所）。

【照片拍摄者】李韦柳（广西农业科学院蔬菜研究所）。

006 梅溪紫茄

【学　名】Solanaceae（茄科）*Solanum*（茄属）*Solanum melongena*（茄）。

【采集地】广西桂林市资源县。

【主要特征特性】株高90～120cm，株型半直立型，主茎呈紫绿色，叶长卵圆形，绿色，叶缘波浪状，缺刻程度较浅。门茄着生节位10～12节，花冠呈紫色；果实棒形、果形较直，果脐端较平，果长20～25cm、横径4.5～6.0cm，单果重150～200g，果面紫红色、有光泽，果肉白色，萼片绿色、有刺，中熟；种子短肾形，黄色，千粒重4.0～5.0g。

【农户认知】好种，采摘期长，好储藏。

【优良特性】植株生长势旺，高抗青枯病，抗逆性强，中熟，耐贮性好。

【适宜地区】广西桂林市资源县及类似生态区。

【利用价值】可用作茄子品质和抗性育种的优异原始材料，也可用于优异基因挖掘和分析等基础研究。

【濒危状况及保护措施建议】在当地种植未形成规模，以家庭零星种植为主，供自家人食用或少量销售，利用及开发不足。建议对该资源进行重点收集保存，同时可结合地方经济发展，扩大种植面积。

【收集人】陈振东（广西农业科学院蔬菜研究所）。

【照片拍摄者】李韦柳（广西农业科学院蔬菜研究所）。

007 | 田阳茄砧

【学　名】Solanaceae（茄科）*Solanum*（茄属）*Solanum melongena*（茄）。

【采集地】广西百色市田阳区。

【主要特征特性】株高70～110cm，株型半直立型，主茎与侧枝呈紫色、中毛无刺，叶长卵圆形，紫绿色，嫩叶覆盖紫色叶毛，叶缘波浪状，缺刻程度中等。门茄着生节位7～9节，花冠呈紫色；果实长卵形，纵径8～10cm、横径5～7cm，单果重80～130g，果皮紫色，果肉黄绿色，萼片有少许刺；种子短肾形，黄褐色，千粒重4.0～4.8g。

【农户认知】抗性好，嫁接亲和性好。

【优良特性】高抗青枯病，抗逆性强。

【适宜地区】广西百色市等地。

【利用价值】可用作茄子抗性育种的优异原始材料。

【濒危状况及保护措施建议】在当地以零星种植为主，供苗场或农户嫁接樱桃番茄使用，2015年前有较好的开发利用前景。但近几年其他商业砧木的引入已逐步被淘汰，建议对该资源进行重点收集保存与改良利用。

【收集人】李韦柳（广西农业科学院蔬菜研究所）。

【照片拍摄者】李韦柳（广西农业科学院蔬菜研究所）。

008 钟山朝天椒

【学　名】Solanaceae（茄科）*Capsicum*（辣椒属）*Capsicum annuum*（辣椒）。

【采集地】广西贺州市钟山县。

【主要特征特性】晚熟，株型半直立型，株高40～55cm，株幅45～60cm，首花节位7～12节，果实簇生，短指形，单果重1.3～2.8g，果实纵径3.0～4.0cm、横径1.1～1.4cm，青熟果浅绿色，老熟果鲜红色，果面光滑，具有一定的观赏性。

【农户认知】品质优异，辣味浓郁，簇生。

【优良特性】簇生，每簇4～7个果，具有一定的观赏性，植株综合抗性较好，耐热。

【适宜地区】广西贺州市钟山县及类似生态区。

【利用价值】可用作簇生朝天椒育种的优异原始材料，也可用于优异基因挖掘和分析等基础研究。

【濒危状况及保护措施建议】在当地种植未形成规模，以家庭零星种植为主，供自家人食用，利用及开发不足。建议对该资源进行重点收集保存，同时可结合地方乡村经济发展，扩大种植面积。

【收集人】赵曾菁（广西农业科学院蔬菜研究所）。

【照片拍摄者】赵曾菁（广西农业科学院蔬菜研究所）。

009 钟山白皮椒

【学　名】Solanaceae（茄科）*Capsicum*（辣椒属）*Capsicum annuum*（辣椒）。

【采集地】广西贺州市钟山县。

【主要特征特性】早熟，株型半直立型，株高60～75cm，株幅50～70cm，首花节位9～12节，果实短锥形，单果重15～25g，果实纵径7.0～9.0cm、横径2.4～3.0cm，青熟果黄绿色，老熟果鲜红色，果面光滑。

【农户认知】品质优异，肉质厚。

【优良特性】早熟，果肉厚0.33～0.41cm，连续坐果能力强。

【适宜地区】广西贺州市钟山县及类似生态区。

【利用价值】可鲜食，也可用于腌制加工。

【濒危状况及保护措施建议】在当地以家庭零星种植为主，供自家人食用，无濒危风险。

【收集人】赵曾菁（广西农业科学院蔬菜研究所）。

【照片拍摄者】赵曾菁（广西农业科学院蔬菜研究所）。

010 龙脊辣椒

【学　名】Solanaceae（茄科）*Capsicum*（辣椒属）*Capsicum annuum*（辣椒）。

【采集地】广西桂林市龙胜各族自治县。

【主要特征特性】中熟，株型半直立型，株高120cm，株幅92.5cm，首花节位9～14节，果实短羊角形，单果重5.0～7.4g，果实纵径6.0～9.5cm、横径1.1～1.5cm，青熟果绿色，老熟果鲜红色，果面微皱。

【农户认知】品质优异，辣味浓郁。

【优良特性】适合在冷凉地区种植。皮薄，颜色鲜亮，光泽度好，制成干椒香味浓郁。

【适宜地区】广西桂林市等地。

【利用价值】主要用于加工干椒。

【濒危状况及保护措施建议】在当地种植具有一定规模，主要供自家人食用，异地保存坐果率及果实品质下降。建议对该资源进行品种提纯复壮，原生境保存。

【收集人】赵曾菁（广西农业科学院蔬菜研究所）。

【照片拍摄者】赵曾菁（广西农业科学院蔬菜研究所）。

011 乐业线椒

【学　名】Solanaceae（茄科）*Capsicum*（辣椒属）*Capsicum annuum*（辣椒）。

【采集地】广西百色市乐业县。

【主要特征特性】早熟，株型半直立型，株高50～60cm，株幅55～70cm，首花节位9～14节，果实线形，单果重9～20g，果实纵径13.0～22.0cm、横径1.2～1.8cm，青熟果绿色，老熟果鲜红色，果面微皱。

【农户认知】产量高，微辣。

【优良特性】早熟，果长较长，皮薄，果实光泽度好，颜色鲜亮，连续坐果能力强，丰产性较好。

【适宜地区】广西百色市等地。

【利用价值】以鲜食为主，可制成味碟食用，提纯后可用作长线椒选育的亲本材料。

【濒危状况及保护措施建议】无濒危风险，同类型辣椒在广西分布广泛，但连续种植易造成种质资源性状退化，建议提纯复壮。

【收集人】赵曾菁（广西农业科学院蔬菜研究所）。

【照片拍摄者】赵曾菁（广西农业科学院蔬菜研究所）。

012 柳州五彩椒

【学　名】Solanaceae（茄科）*Capsicum*（辣椒属）*Capsicum baccatum*（灯笼辣椒）。

【采集地】广西柳州市鹿寨县。

【主要特征特性】中晚熟，株型开展，株高40～60cm，株幅65～80cm，首花节位14～16节，果实短锥形，单果重5～9g，果实纵径2.5～3.5cm，横径2.0～2.5cm，同一株果实可有白、黄、紫、橙、红5种颜色，颜色鲜艳，果面光滑。

【农户认知】香辣，耐贫瘠，适合用酱油腌制。

【优良特性】果实光泽度好，颜色丰富，连续坐果能力强，果肉厚4～5mm，辣味浓郁。

【适宜地区】广西柳州市等地。

【利用价值】观赏与加工兼用型辣椒，适宜用酱油腌制制成泡椒。适宜在山地等较贫瘠的地区种植，可作为乡村振兴的重要产业。

【濒危状况及保护措施建议】主要在广西中部、北部地区种植，近年来种植面积扩大，无濒危风险。建议提纯复壮并选育杂交品种，进行推广示范，防止品种退化。

【收集人】赵曾菁（广西农业科学院蔬菜研究所）。

【照片拍摄者】赵曾菁（广西农业科学院蔬菜研究所）。

013 逻沙朝天椒

【学　名】Solanaceae（茄科）*Capsicum*（辣椒属）*Capsicum annuum*（辣椒）。

【采集地】广西百色市乐业县。

【主要特征特性】早熟，株型半直立型，植株叶紫色或深绿色，株高65～75cm，株幅70～80cm，首花节位8～10节，果实短指形，单果重1.1～2.4g，果实纵径6.1～7.1cm、横径0.7～1.0cm，青熟果紫色或紫黑色，老熟果鲜红色，果面微皱。

【农户认知】辣味浓。

【优良特性】果实光泽度好，果实紫色，连续坐果能力强。

【适宜地区】广西百色市等地。

【利用价值】适合制成干椒或辣椒酱，提纯后可用作选育紫色辣椒的亲本，也可作为果色相关基础研究的材料。

【濒危状况及保护措施建议】广西紫色辣椒种质资源较少，在当地零星种植，供自家食用，利用及开发不足。建议加强对紫色辣椒种质资源的利用。

【收集人】赵曾菁（广西农业科学院蔬菜研究所）。

【照片拍摄者】赵曾菁（广西农业科学院蔬菜研究所）。

第三节 豆类蔬菜优异种质资源

001 南宁甜豆角

【学　名】Fabaceae（豆科）*Vigna*（豇豆属）*Vigna unguiculata*（豇豆）。

【采集地】广西南宁市马山县。

【主要特征特性】生育期100～110天，中晚熟类型。植株蔓生，主蔓295cm，分枝多，叶深绿色，花瓣蓝紫色，荚绿白色，荚长55cm、荚粗0.9cm，单荚重30g，亩产1120kg。

【农户认知】味甜，耐热并且容易种植。

【优良特性】抗锈病和霜霉病；豆荚肉厚且味极甜，维生素C含量205mg/kg，还原糖含量2.13%，适宜熟食；耐热性较强。

【适宜地区】广西南宁市、柳州市等地。

【利用价值】可用作豇豆品质和抗性育种的优异原始材料，也可用于优异基因挖掘和分析等基础研究。

【濒危状况及保护措施建议】在当地种植未形成规模，以家庭零星种植为主，供自家人食用和以市场零售为主，利用及开发不足。建议对该资源进行重点收集保存，同时可结合地方乡村经济发展，扩大种植面积。

【收集人】张力（广西农业科学院蔬菜研究所）。

【照片拍摄者】赵坤（广西农业科学院蔬菜研究所）。

002 桂林长线豆

【学　名】Fabaceae（豆科）*Vigna*（豇豆属）*Vigna unguiculata*（豇豆）。

【采集地】广西桂林市临桂区。

【主要特征特性】生育期80～90天，早熟类型。植株蔓生，主蔓290cm，分枝多，叶深绿色，花瓣蓝紫色，商品嫩荚绿色，荚长70～80cm、荚粗0.7cm，单荚重20g，亩产1110kg。

【农户认知】可鲜食和加工成酸豆角，早熟、耐寒并且容易种植。

【优良特性】维生素C含量195mg/kg，还原糖含量1.98%，主要特性是抗锈病、耐寒、抗旱、耐贫瘠。当地春植在2～4月播种，从播种至始收约60天；秋植在7～8月播种，从播种至始收约55天。

【适宜地区】广西桂林市等地。

【利用价值】可用作加工型豇豆和早熟特性育种的优异原始材料，也可用于优异基因挖掘和分析等基础研究。

【濒危状况及保护措施建议】在当地种植未形成规模，以家庭零星种植为主，供自家人食用和以市场零售为主，利用及开发不足。建议对该资源进行重点收集保存，同时可结合地方乡村经济发展，扩大种植面积。

【收集人】赵坤（广西农业科学院蔬菜研究所）。

【照片拍摄者】赵坤（广西农业科学院蔬菜研究所）。

003 武鸣荷兰豆

【学 名】Fabaceae（豆科）*Pisum*（豌豆属）*Pisum sativum*（豌豆）。

【采集地】广西南宁市武鸣区。

【主要特征特性】生育期130～140天，种植后35天左右可采摘嫩尖、90天左右可采摘鲜嫩荚，植株蔓生型。叶绿色，叶表剥蚀斑较少，叶腋花青斑明显，复叶叶型普通型；紫红色花、多花花序；株高138.3cm，主茎分枝数2.8个，单株荚数20.4个，单荚粒数7.3粒，荚长8.3cm，嫩荚绿色，荚形联珠形、软荚，鲜籽粒绿色、球形，干籽粒扁球形、表面有凹坑，种皮褐色，百粒重36.40g，单株干籽粒产量38.2g，亩产嫩茎尖985.3kg、鲜嫩荚1086.5kg、干籽粒106.2kg。

【农户认知】嫩茎尖、鲜嫩荚、鲜籽粒都可做蔬菜食用，嫩茎尖肥厚润滑，鲜嫩荚口感脆甜。

【优良特性】生长势旺，再生能力强，嫩茎尖粗壮，质地柔软，可采摘时间长，生长期可采摘嫩茎尖8次左右；鲜荚脆甜，适口性好。

【适宜地区】广西南宁市等地。

【利用价值】可直接应用于生产，或用作高产、改良嫩茎尖、鲜荚品质的育种材料。

【濒危状况及保护措施建议】在当地零星种植，作为鲜食蔬菜利用，后期干荚用作来年生产用种，若遇到不利天气将无法继续保留种子，面临资源丢失状况。建议对该资源进行重点收集保存与利用，并结合地方乡村经济发展，扩大种植面积。

【收集人】罗高玲（广西农业科学院水稻研究所）。

【照片拍摄者】罗高玲（广西农业科学院水稻研究所）。

004 全州蚕豆

【学　名】Fabaceae（豆科）*Vicia*（野豌豆属）*Vicia faba*（蚕豆）。

【采集地】广西桂林市全州县。

【主要特征特性】生育期135～145天，种植后105天左右可采摘青荚。株高77.4cm，主茎分枝数4.3个，单株荚数24.3个，单荚粒数2.5粒，荚长7.5cm，花旗瓣白带紫纹色，翼瓣深褐色，小叶椭圆形、叶缘平滑，嫩豆荚绿色、表面平滑、荚姿直立，鲜籽粒绿色，成熟豆荚深褐色、硬荚，干籽粒中厚形、种皮绿色，百粒重78.09g，单株产量35.1g，亩产干籽粒106.1kg。

【农户认知】早熟，耐贫瘠，抗病，鲜籽粒皮薄酥软，肉质粉糯，口感极佳，产量高。

【优良特性】分枝性强，多荚，鲜籽粒色泽鲜美，产量高。

【适宜地区】广西桂林市、南宁市、梧州市等地。

【利用价值】以食用鲜籽粒为主。可直接应用于生产，或用作早熟、高产、抗性育种材料。

【濒危状况及保护措施建议】在当地只有零星种植，农户自行留种，自产自销，面临资源丢失状况，建议对该资源进行重点收集保存与利用。

【收集人】罗高玲（广西农业科学院水稻研究所）。

【照片拍摄者】罗高玲（广西农业科学院水稻研究所）。

005 武宣刀豆

【学　名】Fabaceae（豆科）*Canavalia*（刀豆属）*Canavalia ensiformis*（直生刀豆）。

【采集地】广西来宾市武宣县。

【主要特征特性】生育期145～160天，直立型品种，花粉红色。单株荚数11.5个，单荚粒数10.8粒，荚长28.9cm，嫩荚绿色，成熟豆荚黄色，籽粒白色、长椭圆形，百粒重154.96g，单株产量230.4g，亩产嫩荚1080.3kg、干籽粒229.0kg。

【农户认知】适应性广，耐旱性强，产量高，不用搭架，省时省力。

【优良特性】耐贫瘠，较耐荫蔽，耐旱性、耐涝性强，植株生长旺盛，株高适中，很适合间种于果园作为覆盖作物，用地养地相结合，提高耕地质量。

【适宜地区】广西北部地区。

【利用价值】以食用新鲜嫩荚为主。可直接应用于生产，或用作高产、抗性育种材料。

【濒危状况及保护措施建议】在当地零星种植，农户自行留种，自产自销，面临资源丢失状况，建议对该资源进行重点收集保存与利用。

【收集人】陈燕华（广西农业科学院水稻研究所）。

【照片拍摄者】罗高玲（广西农业科学院水稻研究所）。

006 兴业绿豆

【学　名】Fabaceae（豆科）*Vigna*（豇豆属）*Vigna radiata*（绿豆）。

【采集地】广西玉林市兴业县。

【主要特征特性】生育期65～75天，有限结荚习性。株型紧凑型，直立生长，幼茎绿色，主茎绿色，叶柄绿色，叶脉绿色，花黄色，株高92.5cm，主茎分枝数3.8个，主茎节数12.5节，单株荚数22.2个，单荚粒数14.7粒，荚长15.5cm，成熟荚黑色，籽粒长圆柱形，种皮绿色、有光泽，白脐，百粒重6.79g，单株产量15.6g，亩产125.1kg。

【农户认知】晚熟，适应性广，耐贫瘠，抗病，大荚大粒，商品性好，产量高。

【优良特性】长荚，大粒，抗倒伏性强，田间表现高抗叶斑病。

【适宜地区】广西玉林市兴业县及类似生态区。

【利用价值】籽粒主要用于煮制绿豆糖水或制作粽子、糕点等。可直接应用于生产，或用作大粒、高产、抗性育种材料。

【濒危状况及保护措施建议】在当地零星种植，农户自行留种，自产自销，面临资源丢失状况，建议对该资源进行重点收集保存与利用。

【收集人】李经成（广西农业科学院水稻研究所）。

【照片拍摄者】罗高玲（广西农业科学院水稻研究所）。

007 合浦红豇豆

【学　名】Fabaceae（豆科）*Vigna*（豇豆属）*Vigna unguiculata*（豇豆）。

【采集地】广西北海市合浦县。

【主要特征特性】生育期45～55天，半蔓生型品种，花紫色，株高143.4cm，主茎分枝数4.3个，单株荚数23.1个，单荚粒数11.0粒，荚长11.1cm，成熟豆荚黄橙色、圆筒形，籽粒肾形，种皮红色，百粒重6.27g，单株产量16.8g，亩产119.3kg，硬荚型。

【农户认知】早熟，高产，适应性广，耐贫瘠，籽粒皮薄、粉糯。

【优良特性】早熟，高产，田间表现抗旱、中抗叶斑病和锈病。

【适宜地区】广西北海市合浦县及类似生态区。

【利用价值】可直接应用于生产，以食用籽粒为主，或用作早熟、高产、抗性育种材料。

【濒危状况及保护措施建议】在当地零星种植，农户自行留种，自产自销，面临资源丢失状况，建议对该资源进行重点收集保存与利用。

【收集人】罗高玲（广西农业科学院水稻研究所）。

【照片拍摄者】罗高玲（广西农业科学院水稻研究所）。

第四节 叶菜类蔬菜优异种质资源

001 合浦小白菜

【学　名】Brassicaceae（十字花科）*Brassica*（芸薹属）*Brassica rapa* var. *chinensis*（青菜）。

【采集地】广西北海市合浦县。

【主要特征特性】早熟类型。株型半直立型，不束腰，叶形近圆，叶型板叶，叶面平滑，叶浅绿色，叶柄浅绿色，叶脉明显，株高24.5cm，单株重70.5g。

【农户认知】主要作为家庭食用，适于喂养畜禽。

【优良特性】纤维少，耐热性好。

【适宜地区】广西北海市等地。

【利用价值】可用作白菜优异品种选育的亲本。

【濒危状况及保护措施建议】在当地种植未形成规模，以家庭零星种植为主，供自家人食用或用作饲料，利用及开发不足。建议对该资源进行重点收集保存，同时可结合地方乡村经济发展，扩大种植面积。

【收集人】史卫东（广西农业科学院蔬菜研究所）。

【照片拍摄者】史卫东（广西农业科学院蔬菜研究所）。

002 荔浦白菜

【学　名】Brassicaceae（十字花科）*Brassica*（芸薹属）*Brassica rapa* var. *chinensis*（青菜）。

【采集地】广西桂林市荔浦市。

【主要特征特性】早熟类型。株型开展，不束腰，叶形近圆，叶型板叶，叶面平滑，叶绿色，叶柄绿白色，叶脉明显，株高24.3cm，单株重120.4g。

【农户认知】主要作为家庭食用，适于喂养畜禽。

【优良特性】早熟，口感脆甜。

【适宜地区】广西桂林市荔浦市及类似生态区。

【利用价值】可用作白菜优异品种选育的亲本。

【濒危状况及保护措施建议】在当地种植未形成规模，以家庭零星种植为主，供自家人食用或用作饲料，利用及开发不足。建议对该资源进行重点收集保存，同时可结合地方乡村经济发展，扩大种植面积。

【收集人】张力（广西农业科学院蔬菜研究所）。

【照片拍摄者】史卫东（广西农业科学院蔬菜研究所）。

003　合山白菜

【学　名】Brassicaceae（十字花科）*Brassica*（芸薹属）*Brassica rapa* var. *chinensis*（青菜）。

【采集地】广西来宾市合山市。

【主要特征特性】中熟类型。株型半直立型，不束腰，叶形倒卵形，叶型板叶，叶面微皱，叶绿色，叶柄绿白色，叶脉明显，株高58.5cm，株幅39.9cm，单株重373.0g。

【农户认知】主要作为家庭食用，或者喂养畜禽。

【优良特性】纤维少。

【适宜地区】广西来宾市、柳州市等地。

【利用价值】可用作白菜优异品种选育的亲本。

【濒危状况及保护措施建议】在当地种植未形成规模，以家庭零星种植为主，供自家人食用或用作饲料，利用及开发不足。建议对该资源进行重点收集保存，同时可结合地方乡村经济发展，扩大种植面积。

【收集人】张力（广西农业科学院蔬菜研究所）。

【照片拍摄者】史卫东（广西农业科学院蔬菜研究所）。

004 伶站芥菜

【学　名】Brassicaceae（十字花科）*Brassica*（芸薹属）*Brassica juncea*（芥菜）。

【采集地】广西百色市凌云县。

【主要特征特性】早熟类型。株型直立型，叶形倒卵形，叶缘全缘，叶面平滑，叶深绿色，叶柄绿色，叶面无刺毛，无叶瘤，单株重130.7g。

【农户认知】叶用芥菜，可食用，也可腌制酸菜，或者喂养畜禽。

【优良特性】早熟。

【适宜地区】广西百色市及类似生态区。

【利用价值】可用作芥菜优良品种选育的亲本。

【濒危状况及保护措施建议】在当地种植未形成规模，以家庭零星种植为主，供自家人食用或用作饲料，利用及开发不足。建议对该资源进行重点收集保存，同时可结合地方乡村经济发展，扩大种植面积。

【收集人】史卫东（广西农业科学院蔬菜研究所）。

【照片拍摄者】史卫东（广西农业科学院蔬菜研究所）。

005 伶站紫脉芥菜

【学　名】Brassicaceae（十字花科）*Brassica*（芸薹属）*Brassica juncea*（芥菜）。

【采集地】广西百色市凌云县。

【主要特征特性】早熟类型。株型塌地型，叶形倒卵形，叶缘波状，叶面平滑，叶绿色，叶柄白绿色，叶脉紫色，叶面无刺毛，无叶瘤，单株重83.8g。

【农户认知】叶用芥菜，可食用，也可腌制酸菜，或者喂养畜禽。

【优良特性】早熟。

【适宜地区】广西百色市等地。

【利用价值】可用作芥菜优良品种选育的亲本。

【濒危状况及保护措施建议】在当地种植未形成规模，以家庭零星种植为主，供自家人食用或用作饲料，利用及开发不足。建议对该资源进行重点收集保存，同时可结合地方乡村经济发展，扩大种植面积。

【收集人】史卫东（广西农业科学院蔬菜研究所）。

【照片拍摄者】史卫东（广西农业科学院蔬菜研究所）。

006 玉洪芥菜

【学　名】Brassicaceae（十字花科）*Brassica*（芸薹属）*Brassica juncea*（芥菜）。

【采集地】广西百色市凌云县。

【主要特征特性】早熟类型。株型半直立型，叶形长椭圆形，叶缘波状，叶面平滑，叶绿色，叶柄绿色，叶面刺毛少，无叶瘤，单株重176g。

【农户认知】叶用芥菜，可食用，也可腌制酸菜，或者喂养畜禽。

【优良特性】早熟。

【适宜地区】广西百色市凌云县及类似生态区。

【利用价值】可用作芥菜优良品种选育的亲本。

【濒危状况及保护措施建议】在当地种植未形成规模，以家庭零星种植为主，供自家人食用或用作饲料，利用及开发不足。建议对该资源进行重点收集保存，同时可结合地方乡村经济发展，扩大种植面积。

【收集人】郭元元（广西农业科学院蔬菜研究所）。

【照片拍摄者】史卫东（广西农业科学院蔬菜研究所）。

007 逻楼芥菜

【学　名】Brassicaceae（十字花科）*Brassica*（芸薹属）*Brassica juncea*（芥菜）。

【采集地】广西百色市凌云县。

【主要特征特性】早熟类型。株型半直立型，叶形倒卵形，叶缘波状，叶面平滑，叶绿色，叶柄绿色，叶面刺毛少，无叶瘤，单株重292g。

【农户认知】叶用芥菜，可食用，也可腌制酸菜，或者喂养畜禽。

【优良特性】早熟。

【适宜地区】广西百色市等地。

【利用价值】可用作芥菜优良品种选育的亲本。

【濒危状况及保护措施建议】在当地种植未形成规模，以家庭零星种植为主，供自家人食用或用作饲料，利用及开发不足。建议对该资源进行重点收集保存，同时可结合地方乡村经济发展，扩大种植面积。

【收集人】郭元元（广西农业科学院蔬菜研究所）。

【照片拍摄者】史卫东（广西农业科学院蔬菜研究所）。

008 旧城芥菜

【学　名】Brassicaceae（十字花科）Brassica（芸薹属）Brassica juncea（芥菜）。

【采集地】广西百色市平果市。

【主要特征特性】早熟类型。株型塌地型，叶形倒卵形，叶子宽大，叶缘浅锯齿，叶面平滑，叶面无刺毛，叶绿色（主脉浅绿，侧脉红），叶柄绿色，株高43.7cm，单株重136.0g。

【农户认知】叶用芥菜，可食用，也可腌制酸菜，或者喂养畜禽。

【优良特性】早熟。

【适宜地区】广西百色市平果市等地。

【利用价值】可用作芥菜优良品种选育的亲本。

【濒危状况及保护措施建议】在当地种植未形成规模，以家庭零星种植为主，供自家人食用或用作饲料，利用及开发不足。建议对该资源进行重点收集保存，同时可结合地方乡村经济发展，扩大种植面积。

【收集人】张力（广西农业科学院蔬菜研究所）。

【照片拍摄者】史卫东（广西农业科学院蔬菜研究所）。

009 柳桥苦麦菜

【学　名】Asteraceae（菊科）*Lactuca*（莴苣属）*Lactuca sativa*（莴苣）。

【采集地】广西崇左市扶绥县。

【主要特征特性】叶用莴苣，生长势旺盛，株型开展，叶形长倒卵形，叶缘齿状全缘，叶面光滑，叶浅绿色，叶面无刺毛，株高49.0cm，叶长43.0cm、宽11.0cm，单株重133.3g。

【农户认知】可食用，也可喂养畜禽。

【优良特性】苦味淡，口感清脆。

【适宜地区】广西南宁市、崇左市等地。

【利用价值】用于苦麦菜品种的选育。

【濒危状况及保护措施建议】在当地种植未形成规模，以家庭零星种植为主，供自家人食用或用作饲料，利用及开发不足。建议对该资源进行重点收集保存，同时可结合地方乡村经济发展，扩大种植面积。

【收集人】郭元元（广西农业科学院蔬菜研究所）。

【照片拍摄者】史卫东（广西农业科学院蔬菜研究所）。

010 灌阳苦麦菜

【学　名】Asteraceae（菊科）*Lactuca*（莴苣属）*Lactuca sativa*（莴苣）。

【采集地】广西桂林市灌阳县。

【主要特征特性】叶用莴苣，生长势旺盛，株型塌地型，叶形倒披针形，叶缘浅锯齿，叶面光滑，叶浅绿色，叶面无刺毛，不结球，株高36.0cm，叶长39.0cm、宽9.7cm，单株重199.4g。

【农户认知】可食用，也可喂养畜禽。

【优良特性】产量高，口感清脆。

【适宜地区】广西北部地区。

【利用价值】用于苦麦菜品种的选育。

【濒危状况及保护措施建议】在当地种植未形成规模，以家庭零星种植为主，供自家人食用或用作饲料，利用及开发不足。建议对该资源进行重点收集保存，同时可结合地方乡村经济发展，扩大种植面积。

【收集人】张力（广西农业科学院蔬菜研究所）。

【照片拍摄者】史卫东（广西农业科学院蔬菜研究所）。

011 融水苦麦菜

【学　名】Asteraceae（菊科）*Lactuca*（莴苣属）*Lactuca sativa*（莴苣）。

【采集地】广西柳州市融水苗族自治县。

【主要特征特性】叶用莴苣，生长势旺盛，株型塌地型，叶形倒披针形，叶缘浅锯齿，叶面光滑，叶浅绿色，叶面无刺毛，不结球，株高49.7cm，叶长45.0cm、宽12.2cm，单株重190.2g。

【农户认知】可食用，也可喂养畜禽。

【优良特性】产量高，口感清脆。

【适宜地区】广西中部、北部地区。

【利用价值】用于苦麦菜品种的选育。

【濒危状况及保护措施建议】在当地种植未形成规模，以家庭零星种植为主，供自家人食用或用作饲料，利用及开发不足。建议对该资源进行重点收集保存，同时可结合地方乡村经济发展，扩大种植面积。

【收集人】陈宝玲（广西农业科学院蔬菜研究所）。

【照片拍摄者】史卫东（广西农业科学院蔬菜研究所）。

第五节　葱姜蒜类蔬菜优异种质资源

001 ｜ 隆安葱

【学　名】Amaryllidaceae（石蒜科）*Allium*（葱属）*Allium fistulosum*（葱）。

【采集地】广西南宁市隆安县。

【主要特征特性】株高45～50cm，株幅10～15cm，植株挺立，叶深绿色，叶面少蜡粉，假茎白绿色，假茎长7～9cm，假茎横径0.9cm，单株重16.4g，单株分蘖数14个，葱香味浓郁，亩产2500～3000kg。目前已在广西全区多地应用推广。

【农户认知】分蘖多，香味浓郁。

【优良特性】植株四季生长势旺，分蘖力强，抗逆性强。

【适宜地区】广西中部地区。

【利用价值】可用作香葱育种的优异原始材料，也可用于优异基因挖掘和分析等基础研究。

【濒危状况及保护措施建议】在当地种植未形成规模，以家庭零星种植为主，供自家人食用，利用及开发不足。建议对该资源进行重点收集保存，同时可结合地方乡村经济发展，扩大种植面积。

【收集人】张力（广西农业科学院蔬菜研究所）。

【照片拍摄者】张力（广西农业科学院蔬菜研究所）。

002 钦州火葱

【学　名】Amaryllidaceae（石蒜科）*Allium*（葱属）*Allium cepa* var. *aggregatum*（火葱）。

【采集地】广西钦州市钦南区。

【主要特征特性】株高45～50cm，株幅10～12cm，植株挺立，叶绿色，叶面少蜡粉，假茎浅褐色，假茎长5～7cm，假茎横径0.98cm，单株重12.5g，单株分蘖数11个，葱香味浓郁，亩产2000～2500kg。

【农户认知】做葱蘸碟，味香。

【优良特性】植株挺直、整齐，生长快，分蘖力强。

【适宜地区】广西钦州市钦南区及类似生态区。

【利用价值】可作为优良品种直接推广。

【濒危状况及保护措施建议】在当地种植未形成规模，以家庭零星种植为主，供自家人食用，利用及开发不足。建议对该资源进行重点收集保存，同时可结合地方乡村经济发展，扩大种植面积。

【收集人】张力（广西农业科学院蔬菜研究所）。

【照片拍摄者】张力（广西农业科学院蔬菜研究所）。

003 田林米葱

【学　名】Amaryllidaceae（石蒜科）*Allium*（葱属）*Allium schoenoprasum*（北葱）。

【采集地】广西百色市田林县。

【主要特征特性】株高30～35cm，株幅10～15cm，植株挺立，单株叶片数3～5片，叶深绿色、圆筒形，叶面蜡粉中等，假茎白绿色，假茎基部直筒形，假茎长5～7cm，假茎横径0.6cm，单株重4.3g，单株分蘖数9个，葱香味浓郁，亩产2000～2500kg。目前已在全区多地应用推广。

【农户认知】抗性好，香味浓郁。

【优良特性】耐热，根系强。

【适宜地区】广西百色市田林县等地。

【利用价值】可用作香葱品质和抗性育种的优异原始材料，也可用于烘干加工。

【濒危状况及保护措施建议】以合作社、家庭零星种植为主，可供自家人食用或用作加工原料，目前已在开发利用过程中。建议对该资源进行重点收集保存，同时可结合地方乡村经济发展，扩大种植面积。

【收集人】张力（广西农业科学院蔬菜研究所）。

【照片拍摄者】张力（广西农业科学院蔬菜研究所）。

004 钟山薤白

【学　名】Amaryllidaceae（石蒜科）*Allium*（葱属）*Allium macrostemon*（薤白）。

【采集地】广西贺州市钟山县。

【主要特征特性】株高20～25cm，株幅40～45cm，单株叶片数7或8片，单株分蘖数20个，叶绿色、扁圆形，叶面蜡粉少，假茎乳白色，假茎基部鸡腿形，叶长34cm，假茎长8cm，假茎横径0.89cm，单株重7.3g，分蘖力强、不抽薹，香味浓郁，亩产2000～2500kg。

【农户认知】抗性好，香味浓郁，腌酸好吃。

【优良特性】耐热，香味浓郁，分蘖力强。

【适宜地区】广西贺州市钟山县及类似生态区。

【利用价值】可用作葱属多样性研究的优异原始材料，也可用于优异基因挖掘和分析等基础研究。

【濒危状况及保护措施建议】以家庭零星种植为主，可供自家人食用或用作加工原料，目前尚未开发。建议对该资源进行重点收集保存，同时可结合地方乡村经济发展，扩大种植面积。

【收集人】郭元元（广西农业科学院蔬菜研究所）。

【照片拍摄者】张力（广西农业科学院蔬菜研究所）。

005 融水红生姜

【学　名】Zingiberaceae（姜科）*Zingiber*（姜属）*Zingiber officinale*（姜）。

【采集地】广西柳州市融水苗族自治县。

【主要特征特性】生育期210天，中熟类型。株高137.5cm，株幅56.3cm，分枝数12.8个，根状茎长23cm、宽18cm，根状茎重0.24kg，亩产2160kg。

【农户认知】食用其嫩或老的根状茎，口感辛辣。

【优良特性】植株生长势旺，分枝较多，中抗姜瘟病和茎基腐病。

【适宜地区】广西柳州市融水苗族自治县及类似生态区。

【利用价值】可作为生姜的优异原始材料进行推广应用。

【濒危状况及保护措施建议】在当地种植未形成规模，以家庭零星种植为主，供自家人食用，利用及开发不足。建议对该资源进行重点收集保存，同时可结合地方乡村经济发展，扩大种植面积。

【收集人】陈宝玲（广西农业科学院蔬菜研究所）。

【照片拍摄者】黄皓（广西农业科学院蔬菜研究所）。

006 巴头红姜

【学　名】Zingiberaceae（姜科）*Zingiber*（姜属）*Zingiber officinale*（姜）。

【采集地】广西百色市德保县。

【主要特征特性】生育期240天，晚熟类型。株高135.2cm，株幅52.2cm，分枝数15.4个，根状茎长23.5cm、宽15.0cm，根状茎重0.43kg，亩产3870kg。

【农户认知】食用其嫩或老的根状茎，香味独特，口感辛辣。

【优良特性】植株生长势旺，分枝多，产量较高，抗姜瘟病和茎基腐病。

【适宜地区】广西百色市等地。

【利用价值】可作为生姜的优异原始材料进行推广应用。

【濒危状况及保护措施建议】在当地种植未形成规模，以家庭零星种植为主，供自家人食用，利用及开发不足。建议对该资源进行重点收集保存，同时可结合地方乡村经济发展，扩大种植面积。

【收集人】张力（广西农业科学院蔬菜研究所）。

【照片拍摄者】黄皓（广西农业科学院蔬菜研究所）。

007 乔利沙姜

【学　名】Zingiberaceae（姜科）*Kaempferia*（山柰属）*Kaempferia galanga*（山柰）。

【采集地】广西南宁市马山县。

【主要特征特性】生育期210天，株高21.4cm，株幅24.7cm，分枝数6.4个，根状茎长12.3cm、宽6.3cm，根状茎重0.15kg，亩产1980kg。

【农户认知】食用根状茎，香味浓郁，多用作食用香料。

【优良特性】植株生长势旺，分枝多，抗姜瘟病和茎基腐病。

【适宜地区】广西南宁市等地。

【利用价值】可作为山柰的优异原始材料进行推广应用。

【濒危状况及保护措施建议】在当地种植未形成规模，以家庭零星种植为主，供自家人食用，利用及开发不足。建议对该资源进行重点收集保存，同时可结合地方乡村经济发展，扩大种植面积。

【收集人】周建辉（广西农业科学院蔬菜研究所）。

【照片拍摄者】黄皓（广西农业科学院蔬菜研究所）。

008 永州姜黄

【学　名】Zingiberaceae（姜科）*Curcuma*（姜黄属）*Curcuma longa*（姜黄）。

【采集地】广西南宁市马山县。

【主要特征特性】生育期210天，株高182.8cm，株幅78.5cm，分枝数4个，根状茎长24.5cm、宽15.3cm，根状茎重0.51kg。

【农户认知】地方品种，当地村民主要取食姜黄成熟块茎，一般晒干后碾碎用来作为煮菜的调味品香料和染料，也可以作为治疗某些疾病的药用植物。

【优良特性】植株生长势旺，分枝多，抗逆性强。

【适宜地区】广西南宁市等地。

【利用价值】可作为姜黄的优异原始材料进行推广应用。

【濒危状况及保护措施建议】在当地种植未形成规模，以家庭零星种植为主，供自家人食用，利用及开发不足。建议对该资源进行重点收集保存，同时可结合地方乡村经济发展，扩大种植面积。

【收集人】张力（广西农业科学院蔬菜研究所）。

【照片拍摄者】黄皓（广西农业科学院蔬菜研究所）。

009 定安山姜

【学　名】Zingiberaceae（姜科）*Alpinia*（山姜属）*Alpinia japonica*（山姜）。

【采集地】广西百色市田林县。

【主要特征特性】生育期240天，株高143.4cm，株幅86.7cm，分枝数8.4个，根状茎长24.3cm、宽16.3cm，根状茎重0.35kg。

【农户认知】食用根状茎，香味浓郁，多用作食用香料。

【优良特性】植株生长势旺，耐旱，耐贫瘠。

【适宜地区】广西百色市等地。

【利用价值】可作为特色山姜作物的优异原始材料进行推广应用。

【濒危状况及保护措施建议】在当地为野生种，利用及开发不足。建议对该资源进行重点收集保存，同时可结合地方乡村经济发展，扩大种植面积。

【收集人】周建辉（广西农业科学院蔬菜研究所）。

【照片拍摄者】黄皓（广西农业科学院蔬菜研究所）。

010 东兰红皮大蒜

【学　名】Amaryllidaceae（石蒜科）*Allium*（葱属）*Allium sativum*（蒜）。

【采集地】广西河池市东兰县。

【主要特征特性】株型和叶片呈半下垂状，叶片横切面呈"V"形，叶深绿色，叶面蜡粉中等，叶鞘绿白色，假茎横切面圆形。株高40.7cm，株幅51.5cm，地上假茎高14.8cm，地上假茎粗1.10cm。鳞茎高圆球形，鳞茎皮色具紫条纹，鳞茎高4.54cm，鳞茎横径4.50cm，鳞芽呈规则二轮排列，鳞芽高4.00cm，鳞芽背宽1.69cm，单头鳞茎重30.90g。

【农户认知】蒜苗、嫩蒜头、老蒜头都可食用，口感辛辣，香味浓郁。

【优良特性】植株生长势旺，颗粒饱满，香味浓郁，中抗疫病。

【适宜地区】广西西北部地区。

【利用价值】可作为大蒜优异原始材料进行推广应用。

【濒危状况及保护措施建议】在当地以家庭种植为主，标准化生产相对滞后。产品利用及开发程度不足，建议对该资源进行重点收集保存，并研发配套深加工技术。

【收集人】张力（广西农业科学院蔬菜研究所）。

【照片拍摄者】陈琴（广西农业科学院蔬菜研究所）。

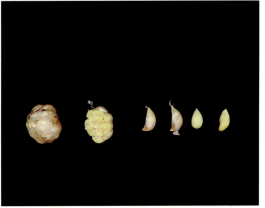

011 平南牛尾青

【学　名】Amaryllidaceae（石蒜科）*Allium*（葱属）*Allium sativum*（蒜）。

【采集地】广西贵港市平南县。

【主要特征特性】株型和叶片呈半下垂状，叶片横切面呈"V"形，叶绿色，叶面蜡粉少，叶鞘绿白色，假茎横切面圆形。株高50.6cm，株幅72.7cm，地上假茎高17.3cm，地上假茎粗1.44cm。鳞茎扁圆球形，鳞茎皮白色，鳞茎高4.00cm，鳞茎横径4.89cm，鳞芽呈不规则排列，鳞芽高3.01cm，鳞芽背宽2.23cm，单头鳞茎重29.10g。

【农户认知】蒜苗、嫩蒜头、老蒜头均可入菜，蒜香浓郁，产量高。

【优良特性】植株生长势旺，假茎较长，蒜苗产量较高，耐热性较好。

【适宜地区】广西贵港市等地。

【利用价值】可用作蒜苗丰产育种材料。

【濒危状况及保护措施建议】在当地只有零星种植，供自家人食用，利用及开发不足。建议对该资源进行重点收集保存与利用。

【收集人】陈琴（广西农业科学院蔬菜研究所）。

【照片拍摄者】陈琴（广西农业科学院蔬菜研究所）。

012 隆安大蒜

【学　名】Amaryllidaceae（石蒜科）*Allium*（葱属）*Allium sativum*（蒜）。

【采集地】广西南宁市隆安县。

【主要特征特性】株型和叶片呈半下垂状，叶片横切面呈"V"形，叶绿色，叶面蜡粉少，叶鞘绿白色，假茎横切面圆形。株高38.7cm，株幅54.9cm，地上假茎高15.9cm，地上假茎粗1.16cm。鳞茎近圆球形，鳞茎皮白色，鳞茎高4.28cm，鳞茎横径4.51cm，鳞芽呈规则二轮排列，鳞芽高3.22cm，鳞芽背宽2.28cm，单头鳞茎重28.77g。

【农户认知】香味浓郁，口感辛辣，蒜苗可入菜，成熟鳞茎可做调味品。

【优良特性】植株生长势较旺，颗粒均匀饱满，耐热性较强，中抗叶枯病。

【适宜地区】广西中部地区。

【利用价值】可用作大蒜抗病育种材料。

【濒危状况及保护措施建议】在当地零星种植，供自家人食用，利用及开发不足。建议对该资源进行重点收集保存与利用。

【收集人】陈琴（广西农业科学院蔬菜研究所）。

【照片拍摄者】陈琴（广西农业科学院蔬菜研究所）。

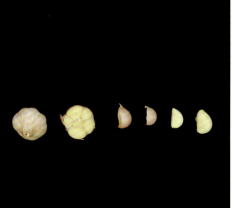

013 马山大蒜

【学　名】Amaryllidaceae（石蒜科）*Allium*（葱属）*Allium sativum*（蒜）。

【采集地】广西南宁市马山县。

【主要特征特性】株型和叶片呈半下垂状，叶片横切面呈"V"形，叶绿色，叶面蜡粉中等，叶鞘紫红色，假茎横切面椭圆形。株高41.2cm，株幅49.8cm，地上假茎高15.6cm，地上假茎粗1.21cm。鳞茎近圆球形，鳞茎皮白色，鳞茎高4.51cm，鳞茎横径4.76cm，鳞芽呈规则二轮排列，鳞芽高4.22cm，鳞芽背宽1.91cm，单头鳞茎重34.50g，亩产蒜苗1467.50kg，收获期鳞茎亩产1191.51kg。

【农户认知】蒜苗、嫩蒜头、老蒜头都可食用，蒜香味浓郁，可鲜食、腌蒜或做调料。

【优良特性】植株生长旺盛，口感较辛辣，产量较高。

【适宜地区】广西中部地区。

【利用价值】可用作大蒜丰产育种材料。

【濒危状况及保护措施建议】在当地只有零星种植，供自家人食用，利用及开发不足。建议对该资源进行重点收集保存与利用。

【收集人】陈琴（广西农业科学院蔬菜研究所）。

【照片拍摄者】陈琴（广西农业科学院蔬菜研究所）。

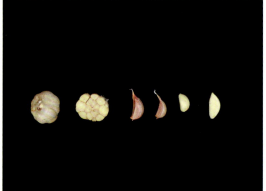

014 临桂大叶韭

【学　名】Amaryllidaceae（石蒜科）*Allium*（葱属）*Allium tuberosum*（韭）。

【采集地】广西桂林市临桂区。

【主要特征特性】大叶韭菜，株高39～61cm；叶片宽大肥厚，叶身宽1.6～1.8cm，单株重23.2～45.0g；假茎粗壮，长6.0～6.5cm，粗1.5～1.7cm，产量高，不同季节，叶片长度差别大。相较同类大叶韭生长旺盛，分蘖少，少见开花，不能结实。

【农户认知】叶片宽大肥厚，口感好。

【优良特性】植株生长势旺，纤维少，春季品质最佳。喜冷凉，中等光照条件，抗逆性较差，不耐热。

【适宜地区】广西中部、北部地区。

【利用价值】可用作高品质、高产叶用韭菜育种的优异原始材料，可用于韭菜雄性不育杂交育种，也可用于花而不实等基础研究。

【濒危状况及保护措施建议】在当地种植未形成规模，以家庭零星种植为主，供自家人食用，利用及开发不足。建议对该资源进行重点收集保存，同时可结合地方乡村经济发展，扩大种植面积。

【收集人】张力（广西农业科学院蔬菜研究所）。

【照片拍摄者】王萌（广西农业科学院蔬菜研究所）。

015 临桂韭菜

【**学　名**】Amaryllidaceae（石蒜科）*Allium*（葱属）*Allium tuberosum*（韭）。

【**采集地**】广西桂林市临桂区。

【**主要特征特性**】宽叶韭菜，叶片扁平，株高31～37cm；叶宽0.6～0.7cm，单株重6.7～11.5g；假茎白绿色，长4.8～6.0cm，粗0.3～0.4cm，生长旺盛，单株分蘖数4个，开花结实数量少，以分蘖繁殖为主。生长旺盛，抗逆性强。

【**农户认知**】生长快，耐瘠薄。

【**优良特性**】植株生长势旺，抗逆性较强，耐瘠薄。

【**适宜地区**】广西中部、北部地区。

【**利用价值**】可用作叶用韭菜高产育种的优异原始材料，也可用于韭菜其他基础研究。

【**濒危状况及保护措施建议**】在当地种植未形成规模，以家庭零星种植为主，供自家人食用，利用及开发不足。建议对该资源进行重点收集保存，同时可结合地方乡村经济发展，扩大种植面积。

【**收集人**】张力（广西农业科学院蔬菜研究所）。

【**照片拍摄者**】王萌（广西农业科学院蔬菜研究所）。

016 三江细叶韭

【学　名】Amaryllidaceae（石蒜科）*Allium*（葱属）*Allium tuberosum*（韭）。

【采集地】广西柳州市三江侗族自治县。

【主要特征特性】细叶韭菜，株型直立型，叶片扁平，株高30～35cm；叶宽0.4～0.5cm，单株重2.3～6.6g；假茎浅紫色，长4.5～5.3cm、粗0.3～0.4cm，生长旺盛，产量高，抗逆性强。分蘖繁殖、种子繁殖均可。

【农户认知】辛辣味强，生命力强。

【优良特性】植株生长势旺，辛辣味浓郁，耐热，耐贫瘠。

【适宜地区】广西中部、北部地区。

【利用价值】可用作叶用韭菜抗性育种的优异原始材料，也可用于韭菜其他基础研究。

【濒危状况及保护措施建议】在当地种植未形成规模，以家庭零星种植为主，供自家人食用，利用及开发不足。建议对该资源进行重点收集保存，同时可结合地方乡村经济发展，扩大种植面积。

【收集人】张力（广西农业科学院蔬菜研究所）。

【照片拍摄者】王萌（广西农业科学院蔬菜研究所）。

第六节　水生蔬菜优异种质资源

001 四塘马蹄

【学　名】Cyperaceae（莎草科）*Eleocharis*（荸荠属）*Eleocharis dulcis*（荸荠）。

【采集地】广西桂林市临桂区。

【主要特征特性】鲜食型，生育期140天。株高110～120cm，感光性和感温性强，植株较直立，叶状茎深绿色。

【农户认知】脆甜，化渣，品质好，具有止咳、化痰功效。

【优良特性】球茎个大、扁圆形，肉质厚、皮色红润，芽短，脐部微凹，食用时易削皮，鲜嫩、口感沁甜、化渣、清香爽口。

【适宜地区】广西桂林市临桂区及类似生态区。

【利用价值】具有清热解毒、生津止渴、消食化积、利尿消肿、润肺止咳、降血压、降血脂、清黄疸等功效。

【濒危状况及保护措施建议】少数农户零星种植，已很难收集到。建议异位妥善保存，扩大种植面积。

【收集人】江文（广西农业科学院蔬菜研究所）。

【照片拍摄者】江文（广西农业科学院蔬菜研究所）。

002 荔浦马蹄

【学　名】Cyperaceae（莎草科）*Eleocharis*（荸荠属）*Eleocharis dulcis*（荸荠）。

【采集地】广西桂林市荔浦市。

【主要特征特性】鲜食型，生育期140天。株高95～110cm，感光性和感温性强，植株较直立，叶状茎深绿色，小穗顶生，圆柱状。球茎扁圆形，顶芽钝而粗，脐稍凹，皮红褐色，表皮光滑，有圆环节4～6个，单球重20～40g，横径3.8～4.9cm、纵径2.5～3.0cm，肉白色。

【农户认知】脆甜，化渣，品质好，具有止咳、化痰功效。

【优良特性】质地细嫩，味甜多汁，鲜食渣少，较耐储藏。

【适宜地区】广西桂林市荔浦市及类似生态区。

【利用价值】具有清热解毒、生津止渴、消食化积、利尿消肿、润肺止咳、降血压、降血脂、清黄疸等功效。

【濒危状况及保护措施建议】少数农户零星种植，已很难收集到。建议异位妥善保存，扩大种植面积。

【收集人】江文（广西农业科学院蔬菜研究所）。

【照片拍摄者】江文（广西农业科学院蔬菜研究所）。

003 芳林马蹄

【学 名】Cyperaceae（莎草科）*Eleocharis*（荸荠属）*Eleocharis dulcis*（荸荠）。

【采集地】广西贺州市平桂区。

【主要特征特性】鲜食型，生育期140天。株高95～120cm，感光性和感温性强，株型较直立，叶状茎深绿色。球茎扁圆形，顶芽粗壮稍尖，脐稍凹，皮红褐色，表皮光滑，有光泽，有圆环节5或6个，单球重25～42g，横径3.9～4.8cm、纵径2.5～3.1cm，肉白色。

【农户认知】清热消渴，降火，润肺，脆甜，化渣，品质好，具有止咳、化痰功效。

【优良特性】质地细嫩，味甜多汁，鲜食渣少，可食率80%，较耐储藏。

【适宜地区】广西贺州市平桂区及类似生态区。

【利用价值】具有清热解毒、生津止渴、消食化积、利尿消肿、润肺止咳、降血压、降血脂、清黄疸等功效。

【濒危状况及保护措施建议】少数农户零星种植，已很难收集到。建议异位妥善保存，扩大种植面积。

【收集人】江文（广西农业科学院蔬菜研究所）。

【照片拍摄者】江文（广西农业科学院蔬菜研究所）。

004 柳江慈姑

【学　名】Alismataceae（泽泻科）*Sagittaria*（慈姑属）*Sagittaria trifolia* var. *sinensis*（慈姑）。

【采集地】广西柳州市柳江区。

【主要特征特性】生育期150～180天，移栽至收获期100～110天。生长势中等，株高85～100cm，根须根系，具细小分枝，无根毛。匍匐茎入泥浅，结球匍匐茎长22～25cm，球茎圆球形，球茎表皮黄白色，肉色乳白色，球茎横径、纵径4～6cm。叶燕子形，叶柄长65～70cm，叶长32cm、宽14cm，表面光滑，深绿色。单株结球茎4～6个，单球茎重40～60g。亩产990kg。

【农户认知】香味更浓，品质好。

【优良特性】植株生长势旺盛，早熟，香味浓，风味突出，品质整体优良。

【适宜地区】广西柳州市柳江区，以及我国其他慈姑种植区。

【利用价值】香味浓，可用于鲜食和加工。

【濒危状况及保护措施建议】柳江区种植面积较大，风味独特。建议异位妥善保存的同时，结合发展加工产业，扩大种植面积。

【收集人】高美萍（广西农业科学院蔬菜研究所）。

【照片拍摄者】高美萍（广西农业科学院蔬菜研究所）。

005 平乐慈姑

【学　名】Alismataceae（泽泻科）*Sagittaria*（慈姑属）*Sagittaria trifolia* var. *sinensis*（慈姑）。

【采集地】广西桂林市平乐县。

【主要特征特性】株高90～110cm，匍匐茎粗1.0～1.5cm，结球匍匐茎长25～30cm，单株匍匐茎4～7条。叶阔箭形，颜色浅绿，上下裂片长20～23cm、宽27～29cm；叶柄长70～85cm。分蘖和分株水平较强。球茎扁圆形，球茎表皮白净，肉色米白色，球茎横径5.6～6.2cm、纵径4.3～5.0cm，顶芽长5.0～5.6cm。单株结球茎4～7个，大中球茎单果重70～90g，最大单球重100g以上。

【农户认知】表皮白，球茎大，无苦涩味。

【优良特性】球茎表皮白净、口感细、无苦涩味，品质佳，商品性优良。

【适宜地区】我国慈姑种植区。

【利用价值】表皮白，球茎大，可用于鲜食和加工。

【濒危状况及保护措施建议】广西种植面积较大，球茎大，适宜加工出口。建议异位妥善保存的同时，结合发展加工，扩大种植面积。

【收集人】高美萍（广西农业科学院蔬菜研究所）。

【照片拍摄者】高美萍（广西农业科学院蔬菜研究所）。

006 紫圆慈姑

【学　名】Alismataceae（泽泻科）*Sagittaria*（慈姑属）*Sagittaria trifolia* var. *sinensis*（慈姑）。

【采集地】广西南宁市，原收集于江苏省扬州市宝应县。

【主要特征特性】植株高大，常达95cm以上。叶箭形，色深，叶长15～20cm、宽8～15cm，具长柄，柄长30～50cm；茎为短缩茎，向下着生须根，向上环生叶柄，短缩茎上各叶腋向地下四周斜下方抽生匍匐枝，枝长20～40cm，粗约0.8cm；每株有匍匐枝10～12个，每枝先端着生膨大的球茎，卵圆或近球形，一般纵径3cm、横径4cm，有2或3节环节，皮青紫色，肉白色，单球重40～50g，球茎先端有一顶芽，长2～4cm，稍弯曲，外有数层芽鞘包被。属于浅水生植物，喜光，不耐遮阴。

【农户认知】紫色，香甜粉糯，抗病性强。

【优良特性】球茎表皮紫色，肉质紧致、粉糯，品质佳，抗病性强。

【适宜地区】我国慈姑种植区。

【利用价值】抗病性强。

【濒危状况及保护措施建议】建议异位妥善保存的同时，结合发展出口和加工，扩大种植面积。

【收集人】高美萍（广西农业科学院蔬菜研究所）。

【照片拍摄者】高美萍（广西农业科学院蔬菜研究所）。

007 荔浦芋

【学　名】Araceae（天南星科）*Colocasia*（芋属）*Colocasia esculenta*（芋）。

【采集地】广西桂林市荔浦市。

【主要特征特性】株高130~180cm，叶卵形、绿色，叶长52~57cm、宽37~42cm，叶柄中上部紫红色、中下部绿色，母芋椭圆形，肉质纤维紫红色。

【农户认知】产量高，品质上乘，质地细腻，口感松软，香味浓郁。

【优良特性】高产，淀粉含量24.3%，适应性和抗逆性强。

【适宜地区】广西、湖南、广东、福建等地。

【利用价值】鲜食和加工。

【濒危状况及保护措施建议】广西荔浦市及周边地区种植，存在种性退化、产量降低等问题。建议加强品种的提纯复壮，同时可作为芋育种的亲本。

【收集人】董伟清（广西农业科学院蔬菜研究所），何芳练（广西农业科学院蔬菜研究所）。

【照片拍摄者】何芳练（广西农业科学院蔬菜研究所）。

008 | 贺州冷泉香芋

【学　名】Araceae（天南星科）*Colocasia*（芋属）*Colocasia esculenta*（芋）。

【采集地】广西贺州市富川瑶族自治县。

【主要特征特性】株高135～180cm，叶卵形、绿色，叶长48～55cm、宽36.0～41.5cm，叶柄中上部紫红色、中下部绿色，母芋椭圆形，肉质纤维紫红色。

【农户认知】产量高，品质好，具有粉、香、糯等特点。

【优良特性】高产，淀粉含量23.6%，适应性和抗逆性强。

【适宜地区】广西、湖南、广东、福建等地。

【利用价值】鲜食和加工。

【濒危状况及保护措施建议】广西贺州市及周边地区种植，存在种性退化、产量降低等问题。建议加强品种的提纯复壮，同时可作为芋育种的亲本。

【收集人】董伟清（广西农业科学院蔬菜研究所），何芳练（广西农业科学院蔬菜研究所）。

【照片拍摄者】何芳练（广西农业科学院蔬菜研究所）。

009 覃塘莲藕

【学　名】Nelumbonaceae（莲科）*Nelumbo*（莲属）*Nelumbo nucifera*（莲）。

【采集地】广西贵港市覃塘区。

【主要特征特性】晚熟，生育期200～250天。植株高大，高达1.8～2.2m。叶圆形，直径70～85cm，浓灰绿色。叶柄粗，有硬刺。花白色，花瓣末端粉红色。藕身略扁圆，母藕长80～110cm，5～8节，节间长15～30cm、粗6～8cm。有子藕3～5条，整藕重2.5～4.0kg。老熟藕皮虾肉色，嫩藕甜脆，肉厚致密。煮食粉而无渣，色泽透亮，浓香。入泥较深，适宜深水池塘种植，亩产1500～2500kg。

【农户认知】藕甜香扑鼻，粉糯，入口酥化，具有滋补功效。

【优良特性】植株高大，肉厚，色泽透亮，鲜藕甜香，炒食甜脆，煨汤汤色红亮，清香扑鼻，莲藕营养品质整体优良。

【适宜地区】广西贵港市等地。

【利用价值】广西贵港市覃塘区地方品种，全国农产品地理标志产品，药食两用，可用于生态旅游。

【濒危状况及保护措施建议】品种混杂，少数农户零星种植。建议在异位妥善保存的同时，结合发展莲藕产业和乡村旅游，扩大种植面积。

【收集人】蒋慧萍（广西农业科学院蔬菜研究所）。

【照片拍摄者】陈敬宗（广西农业科学院蔬菜研究所）。

010 贵县白花藕

【学　名】Nelumbonaceae（莲科）*Nelumbo*（莲属）*Nelumbo nucifera*（莲）。

【采集地】广西贵港市。

【主要特征特性】晚熟，生育期250天。植株高大，高达1.8～2.4m。叶圆形，直径80～90cm，浓灰绿色。叶柄粗，有硬刺。花白色。藕身长型，略扁圆，母藕长80～120cm，5～8节，节间长10～20cm、粗6～8cm。有子藕2或3条，整藕重2.0～3.0kg。藕身微黄，炒食甜脆，煨汤汤色红亮，清香扑鼻，入口粉而无渣。耐深水，亩产2000～2500kg。

【农户认知】藕甜香扑鼻，粉而无渣，品质好。

【优良特性】适合煲汤，淀粉含量高，适宜加工藕粉。

【适宜地区】广西贵港市等地。

【利用价值】广西地方品种，药食两用，可用于生态旅游。

【濒危状况及保护措施建议】品种混杂，少数农户零星种植。建议在异位妥善保存的同时，结合发展莲藕产业和乡村旅游，扩大种植面积。

【收集人】蒋慧萍（广西农业科学院蔬菜研究所）。

【照片拍摄者】陈敬宗（广西农业科学院蔬菜研究所）。

011 贵县红花藕

【**学 名**】Nelumbonaceae（莲科）*Nelumbo*（莲属）*Nelumbo nucifera*（莲）。

【**采集地**】广西贵港市。

【**主要特征特性**】株高180cm。叶圆形，直径70～85cm。叶柄粗，有硬刺。花瓣粉红，花多，花后结莲蓬也多。藕形较小，主藕长50～80cm，3～5节，中间节段长15cm，横径5～7cm，单支藕重1.0～2.5kg。表皮褐黄色、较粗糙。皮孔中等，顶芽淡黄色。淀粉含量高，水分较少，糯而不脆嫩，粉而无渣。晚熟，220天收藕，入泥较深。

【**农户认知**】粉而无渣，汤红味香，具有滋补功效，老贵港人传颂该藕香飘十里。

【**优良特性**】汤色红亮，浓香粉糯，宜熟食及加工。

【**适宜地区**】广西贵港市等地。

【**利用价值**】地方特色品种，药食两用，可用于生态旅游。

【**濒危状况及保护措施建议**】少数农户零星种植，品种混杂，已很难收集到。建议异位妥善保存的同时，结合发展莲藕产业和生态旅游，扩大种植面积。

【**收集人**】蒋慧萍（广西农业科学院蔬菜研究所）。

【**照片拍摄者**】陈敬宗（广西农业科学院蔬菜研究所）。

第三章
果树作物优异种质资源

广西地处亚热带季风气候区，气候温和，雨量充沛，自然条件优越，光、温、水、热条件适合各种果树生长发育。广西果树栽培历史悠久，史书记载已有2000多年。广西果树种质资源丰富，据史料记载，在我国目前已发现的58科670种果树中，广西就占有43科110种之多。开展果树种质资源系统调查、收集保存、评价利用是推动产业持续发展不可缺少的基础性工作。依托"第三次全国农作物种质资源普查与收集行动"和"广西农作物种质资源收集鉴定与保存"项目的实施，深入产地和分布区，完成了对全区果树资源进行系统调查、规范整理、保存鉴定、评价利用的系统性研究工作。本章主要介绍收集的广西荔枝、龙眼、柑橘等18种果树具有地方特色的优异资源，包括优稀、濒危的野生资源共67份，用188幅彩色照片，图文并茂，展示了不同种类果树的特异、优稀种质资源的学名、采集地、主要特征特性、农户认知、优良特性、适宜地区、利用价值、濒危状况及保护措施建议等，对于促进和指导果树种质资源评价利用、品种选育改良、品种优势区划，以及果树教学、科研和生产均有积极意义。

第一节　荔枝优异种质资源

001 野生荔枝

【学　名】Sapindaceae（无患子科）*Litchi*（荔枝属）*Litchi chinensis*（荔枝）。

【采集地】广西玉林市。

【主要特征特性】果实表现为果小、核大、皮厚、肉薄、味酸等较明显的野生特征。成熟期6月下旬，果实扁圆球形，单果重14.1g，可溶性固形物含量19.0%。可食率55.5%，果皮厚度1.6mm，果肉厚度0.47cm。

【农户认知】抗性好，特酸或特甜。

【优良特性】果皮颜色具有丰富的多样性，有红带绿、淡红带微黄、浅红、鲜红、暗红、紫红等6种，果皮最厚2.08mm。果实具有微香气，酸度高。

【适宜地区】我国南亚热带地区。

【利用价值】荔枝起源演化研究的重要材料，也可用于杂交育种。

【濒危状况及保护措施建议】广西野生荔枝种群目前处于衰退状态，野生荔枝原生境遭人为破坏严重，成材树被大量砍伐。建议增强农户的保护意识，建立原位保护区，加强对野生荔枝种质资源的创新利用。

【收集人】秦献泉（广西农业科学院园艺研究所）。

【照片拍摄者】秦献泉（广西农业科学院园艺研究所）。

002 金灵

【学　名】Sapindaceae（无患子科）*Litchi*（荔枝属）*Litchi chinensis*（荔枝）。

【采集地】广西南宁市西乡塘区。

【主要特征特性】成熟期6月底7月初；果实近心形，果肩微凸，果顶浑圆，近果蒂处黄绿色；果皮浅红，果皮缝合线明显；龟裂片排列整齐不均匀、较大、裂片峰毛尖；果肉质地脆，蜡白色，色泽均匀，味浓甜。单穗重306.5g，株产106.3kg，亩产1700.0kg。

【农户认知】丰产、稳产性好，焦核率高，晚熟。

【优良特性】易成花，丰产、稳产性好，单果重36.3g，可食率79.9%，焦核率84.5%，可溶性固形物含量17.7%。

【适宜地区】我国南亚热带地区。

【利用价值】直接栽培利用，也可作为亲本用于杂交育种。

【濒危状况及保护措施建议】母树100年以上，受道路修建、人为生产活动及周边高大树木影响，母树部分枝梢出现干枯现象。建议列入古树名树保护名录，挂牌保护。

【收集人】侯延杰（广西农业科学院园艺研究所）。

【照片拍摄者】侯延杰（广西农业科学院园艺研究所）。

003 大唐红

【**学　名**】Sapindaceae（无患子科）*Litchi*（荔枝属）*Litchi chinensis*（荔枝）。

【**采集地**】广西南宁市良庆区。

【**主要特征特性**】果实心形，皮色鲜红，果肩平，果顶钝圆；龟裂片平坦或乳头状突起，龟裂片中等大小，排列整齐不均匀，缝合线不明显、颜色红、宽度较窄、深度较浅；味甜，有香味，风味佳；果肉蜡白色，色泽均匀无杂色，干苞不流汁，无涩味，可溶性固形物含量19%～24%，采收期6月下旬至7月上旬，较禾荔早3～7天、比桂味晚熟7～10天。

【**农户认知**】果大，丰产、稳产。

【**优良特性**】最大单果重48.7g，焦核率高（85%～100%），可食率高（平均80.86%）；丰产、稳产，病害少，无裂果；晚熟性突出，成熟期6月下旬。

【**适宜地区**】我国南亚热带地区。

【**利用价值**】可作为晚熟品种栽培利用，还可用于晚熟荔枝杂交育种。

【**濒危状况及保护措施建议**】重点保护变异母株，加强土壤、水肥、病虫害的管理，对周围植株进行间伐让路，保证足够的空间。

【**收集人**】邱宏业（广西农业科学院园艺研究所）。

【**照片拍摄者**】邱宏业（广西农业科学院园艺研究所）。

004 小核荔枝

【学　名】Sapindaceae（无患子科）*Litchi*（荔枝属）*Litchi chinensis*（荔枝）。

【采集地】广西南宁市西乡塘区。

【主要特征特性】6月底成熟；果实近心形，果肩微凸，果顶浑圆，近果蒂处黄绿色；果皮浅红，果皮缝合线明显；龟裂片排列整齐不均匀、较小、裂片峰锐尖；果肉质地脆，蜡白色，色泽均匀，味清甜。单果重16.25g，可溶性固形物含量18.1%。

【农户认知】核极小，稳定。

【优良特性】焦核率100%，核极小，种子重0.42g；可食率高（平均84.11%）。

【适宜地区】我国南亚热带地区。

【利用价值】可作为优稀品种栽培利用，也可用于荔枝杂交育种。

【濒危状况及保护措施建议】母树经过多次搬迁保存在广西农业科学院基地，受城市发展的影响可能会再次转移，建议圈枝到资源圃保存或多地嫁接保存。

【收集人】朱建华（广西农业科学院园艺研究所）。

【照片拍摄者】朱建华（广西农业科学院园艺研究所）。

005 特晚熟荔枝

【学　名】Sapindaceae（无患子科）*Litchi*（荔枝属）*Litchi chinensis*（荔枝）。

【采集地】广西贵港市桂平市。

【主要特征特性】成熟期7月下旬至8月初。果实歪心形，果肩一平一隆起，果顶浑圆；果皮鲜红，果皮缝合线不明显；龟裂片排列整齐不均匀、中等大、裂片峰钝；果肉质地爽脆，蜡白色，色泽均匀，味清甜，可溶性固形物含量16.8%，可食率70.9%，焦核率18.6%。

【农户认知】晚熟。

【优良特性】特晚熟（比禾荔晚20天左右）；大果型荔枝，单果重27.03g；果皮较厚，1.6mm，耐贮性好。

【适宜地区】我国南亚热带地区。

【利用价值】可作为晚熟品种栽培利用；荔枝中芽变的稀有材料，是荔枝果实发育研究的重要材料，亦可用作杂交育种的亲本材料。

【濒危状况及保护措施建议】重点保护变异母株，加强土壤、水肥、病虫害管理，引入资源圃保存利用。

【收集人】彭宏祥（广西农业科学院园艺研究所）。

【照片拍摄者】彭宏祥（广西农业科学院园艺研究所）。

第二节 龙眼优异种质资源

001 野生龙眼

【学　名】Sapindaceae（无患子科）*Dimocarpus*（龙眼属）*Dimocarpus longan*（龙眼）。

【采集地】广西崇左市龙州县。

【主要特征特性】植株高大，一级分枝较高，小叶4～7对，嫩叶淡绿色，长椭圆形，叶脉明显，果实小，核大，肉薄。

【农户认知】果小，核大，木材好。

【优良特性】耐贫瘠，抗不良环境能力强。

【适宜地区】我国南亚热带地区。

【利用价值】龙眼起源演化研究的重要材料，也可用于杂交育种。

【濒危状况及保护措施建议】广西龙眼荔枝种群目前处于衰退状态，野生龙眼原生境遭人为破坏严重，成材树被大量砍伐。建议增强农户的保护意识，建立原位保护区，加强对野生龙眼种质资源的创新利用。

【收集人】秦献泉（广西农业科学院园艺研究所）。

【照片拍摄者】秦献泉（广西农业科学院园艺研究所）。

002 桂圆0501

【学　名】Sapindaceae（无患子科）*Dimocarpus*（龙眼属）*Dimocarpus longan*（龙眼）。

【采集地】广西玉林市北流市。

【主要特征特性】成熟期7月下旬至8月初；果实歪心形，果肩一平一隆起，果顶浑圆；果皮黄褐色，果皮缝合线不明显；龟裂片排列整齐不均匀、中等大、裂片峰钝；果肉质地爽脆，蜡白色，色泽均匀，味清甜，可溶性固形物含量14.41%。

【农户认知】果大。

【优良特性】大果型龙眼，单果重17.4g，可食率高（平均74.3%）。

【适宜地区】我国南亚热带地区。

【利用价值】可用作杂交育种的亲本材料。

【濒危状况及保护措施建议】重点保护母树种质，加强土壤、水肥、病虫害的管理，引入资源圃保存利用。

【收集人】徐宁（广西农业科学院园艺研究所）。

【照片拍摄者】徐宁（广西农业科学院园艺研究所）。

003 桂丰早

【学　名】Sapindaceae（无患子科）*Dimocarpus*（龙眼属）*Dimocarpus longan*（龙眼）。

【采集地】广西崇左市龙州县。

【主要特征特性】果实偏扁圆形，果肩平，果顶钝圆；龟裂纹明显；疣状突起明显；放射纹明显；果皮青褐色，较粗糙；种子扁圆形，种顶面观椭圆形，种皮红褐色；种脐大，椭圆形；果肉蜡白色，半透明，不流汁，汁液中等，离核易，果肉质地脆，较易化渣，味浓甜，香味淡，可溶性固形物含量22.63%，可食率70.01%。

【农户认知】早熟，易成花。

【优良特性】早熟，7月上旬成熟；比石硖早10天左右，果大，单果重11.3～13.7g；丰产、稳产。

【适宜地区】我国南亚热带地区。

【利用价值】作为早熟品种栽培利用，也可用作杂交育种的亲本材料。

【濒危状况及保护措施建议】重点保护变异母株，加强推广应用。

【收集人】朱建华（广西农业科学院园艺研究所）。

【照片拍摄者】朱建华（广西农业科学院园艺研究所）。

004 桂冠早

【学　名】Sapindaceae（无患子科）*Dimocarpus*（龙眼属）*Dimocarpus longan*（龙眼）。

【采集地】广西南宁市。

【主要特征特性】成熟期7月中旬；果实扁圆形，果肩下斜，果顶钝圆；龟裂纹明显；疣状突起明显；放射纹明显；果皮棕褐色，较粗糙；种子扁圆形，种顶面观椭圆形，种皮红褐色；种脐大，椭圆形；果肉蜡白色，半透明，不流汁，汁液中等，离核易，果肉质地脆，较易化渣，味浓甜，香味淡，单果重11.0g，可溶性固形物含量19.8%，可食率69.0%。

【农户认知】早熟。

【优良特性】早熟（成熟期比石硖早7天左右）。

【适宜地区】我国南亚热带地区。

【利用价值】作为早熟品种栽培利用。

【濒危状况及保护措施建议】重点保护变异母株，加强土壤、水肥、病虫害的管理，嫁接繁殖并推广应用。

【收集人】朱建华（广西农业科学院园艺研究所）。

【照片拍摄者】朱建华（广西农业科学院园艺研究所）。

005 晚丰

【学　名】Sapindaceae（无患子科）*Dimocarpus*（龙眼属）*Dimocarpus longan*（龙眼）。

【采集地】广西南宁市武鸣区。

【主要特征特性】成熟期9月上旬至中旬；果实扁圆形，果肩平广，果顶钝圆；果皮黄白色，光滑，质地韧；果肉质地韧脆，蜡白色，色泽均匀，不流汁，味甜。单果重12.58g，可食率67.0%，可溶性固形物含量21.5%。

【农户认知】晚熟，丰产。

【优良特性】晚熟型龙眼，成熟期9月上中旬。

【适宜地区】我国南亚热带地区。

【利用价值】作为晚熟品种栽培利用，亦可用作杂交育种的亲本材料。

【濒危状况及保护措施建议】重点保护变异母株，加强土壤、水肥、病虫害的管理，引入资源圃保存利用。

【收集人】徐宁（广西农业科学院园艺研究所）。

【照片拍摄者】徐宁（广西农业科学院园艺研究所）。

第三节　柑橘优异种质资源

001 钦州沙柑

【学　名】Rutaceae（芸香科）*Citrus*（柑橘属）*Citrus reticulata*（宽皮柑橘）。

【采集地】广西钦州市。

【主要特征特性】果实成熟期在12月至翌年1月。树冠圆头形，枝条稀疏，果实扁圆形，单果重212.3g，横径8.3cm，纵径6.2cm，果皮橙黄至橙红色，厚0.4cm，较光滑，易剥皮，果顶钝圆，果基微凹，果汁橙黄色，种子较多，味清甜，化渣性稍差。

【农户认知】传统柑橘品种，果型较大，不化渣。

【优良特性】大果型柑橘品种，果实具有微香气。

【适宜地区】广西、广东等我国亚热带地区。

【利用价值】可作为大果型柑橘种质资源用于育种。

【濒危状况及保护措施建议】少数农户零星种植，且产区黄龙病危害严重，建议科研单位收集并脱毒保存。

【收集人】陈香玲（广西农业科学院园艺研究所）。

【照片拍摄者】李果果（广西农业科学院园艺研究所）。

002 腊月柑

【学　名】Rutaceae（芸香科）*Citrus*（柑橘属）*Citrus reticulata*（宽皮柑橘）。

【采集地】广西崇左市大新县。

【主要特征特性】果实成熟期在翌年1~3月。树冠纺锤形，枝条稀疏，果实扁圆形，单果重113.8g，横径6.6cm，纵径5.0cm，果皮橙黄色，厚0.2cm，易剥皮，果顶微凸，果基微凹，果汁橙黄色，种子数20.6粒，可溶性固形物含量13.5%，多汁味甜，有香味。

【农户认知】果实色、香、味俱佳，口感好，深受人们喜爱。

【优良特性】当地每年农历腊月至正月期间成熟，正值一年中新鲜水果上市较少的时期。

【适宜地区】广西南部地区。

【利用价值】香味浓烈，可用作栽培品种或砧木。

【濒危状况及保护措施建议】果园或房前屋后少量残留，且产区黄龙病危害严重，建议科研单位收集并脱毒保存。

【收集人】李果果（广西农业科学院园艺研究所）。

【照片拍摄者】陈香玲（广西农业科学院园艺研究所）。

003 茶枝柑

【学　名】Rutaceae（芸香科）*Citrus*（柑橘属）*Citrus reticulata*（宽皮柑橘）。

【采集地】广西钦州市。

【主要特征特性】树体分枝多，枝刺较少。花期2～3月，果实成熟期11～12月。果扁圆形，果顶略凹，柱痕明显，有时有小脐，蒂部四周有时有放射沟，单果重133.9g，横径7.4cm，纵径5.8cm，果皮深橙黄色，厚0.2cm，瓤囊10～12瓣，果肉多汁，甜酸适度，种子数15～25粒，有香味。

【农户认知】有特殊香味，挖去果肉，制作陈皮。

【优良特性】果实酸度低，品质中等，有特殊香味，制作陈皮后商品价值较高。

【适宜地区】广西、广东等我国亚热带地区。

【利用价值】果皮制干即为中药陈皮，是陈皮正品，现用来制作小青柑茶品。

【濒危状况及保护措施建议】受黄龙病危害严重，建议收集并脱毒保存。

【收集人】陈香玲（广西农业科学院园艺研究所）。

【照片拍摄者】陈香玲（广西农业科学院园艺研究所）。

004 椪柑

【学　名】Rutaceae（芸香科）*Citrus*（柑橘属）*Citrus reticulata*（宽皮柑橘）。

【采集地】广西南宁市。

【主要特征特性】中晚熟宽皮柑橘，成熟期在11月中旬至翌年1月。树势强，树冠圆柱形或圆锥形，幼树枝条直立，老树稍开张，枝条细而密。叶卵圆形，较小，叶缘呈波浪状。花较小，多为单花，花瓣呈白色。果皮易剥离，果实中等大，果肉脆嫩，多汁，化渣性好，有香气，果实横径6.0～7.5cm、纵径7.0～8.5cm。种子数4或5粒。可溶性固形物含量11.0%～14.0%，总酸含量0.5%～0.9%，丰产性好。

【农户认知】果大，品质好，高产。

【优良特性】果肉脆嫩，多汁，化渣性好，丰产、稳产。

【适宜地区】广西、广东、福建、台湾、云南等我国亚热带地区。

【利用价值】丰产性好，耐溃疡病能力强，可作为栽培品种或育种材料。

【濒危状况及保护措施建议】受黄龙病危害严重，建议收集并脱毒保存。

【收集人】廖惠红（广西农业科学院园艺研究所）。

【照片拍摄者】王茜（广西农业科学院园艺研究所）。

005 年橘

【学　名】Rutaceae（芸香科）*Citrus*（柑橘属）*Citrus reticulata*（宽皮柑橘）。

【采集地】广西南宁市武鸣区。

【主要特征特性】晚熟宽皮柑橘，成熟期在翌年1月中下旬，可挂树保鲜至3月上旬。树势强旺，树冠圆头形。枝条细长且硬，有短刺。叶狭长椭圆形。果实扁圆，橙黄色，较小，横径3.0～3.8cm、纵径4.0～5.2cm，果顶平，果皮易剥离。种子数12～15粒。可溶性固形物含量10.0%～13.0%，总酸含量0.8%～1.5%，味偏酸。

【农户认知】高产。

【优良特性】丰产性好，果肉柔嫩多汁。

【适宜地区】广西、广东、福建等地。

【利用价值】丰产、稳产，较耐溃疡病，容易管理，可作为盆栽观赏，也可作为生产栽培品种。

【濒危状况及保护措施建议】受黄龙病危害严重，建议收集并脱毒保存。

【收集人】廖惠红（广西农业科学院园艺研究所）。

【照片拍摄者】李果果（广西农业科学院园艺研究所）。

006 砂糖灯笼橘

【学　名】Rutaceae（芸香科）*Citrus*（柑橘属）*Citrus reticulata*（宽皮柑橘）。

【采集地】广西梧州市蒙山县。

【主要特征特性】外形凹凸有致，果皮纹络分布均匀有序，果皮偏红色，近似小灯笼状，故命名为"砂糖灯笼橘"。成熟期较砂糖橘提前一个多月，桂北地区在12月中旬上市，桂中、桂南地区在11月即可上市。早结、丰产、稳产，亩产4000～5000kg，抗病性强，可溶性固形物含量14%～16%，单果重50.5g，极耐储运，无籽，果肉化渣有弹性，口感极佳。

【农户认知】丰产性好，品质优良，是目前发展潜力较大的新品种。

【优良特性】丰产性好，耐储运。

【适宜地区】广西、广东、湖南等地可因地制宜适量种植。

【利用价值】丰产、稳产，品质上等，耐储运，可作为栽培品种在生产上应用。

【濒危状况及保护措施建议】新选育优异品种，建议收集并脱毒保存。

【收集人】张兰（广西农业科学院园艺研究所）。

【照片拍摄者】张兰（广西农业科学院园艺研究所）。

007 奥林达夏橙

【学　名】Rutaceae（芸香科）*Citrus*（柑橘属）*Citrus sinensis*（甜橙）。

【采集地】广西南宁市。

【主要特征特性】晚熟甜橙，成熟期在翌年4月下旬至5月上旬。树势强旺，树姿较开张。枝条粗壮，多小刺。叶长卵形，叶色浓绿。果实圆球形，单果重150g，果皮光滑，色泽金黄，果肉细嫩，较易化渣，酸甜适中，有清香，少籽。种子数4或5粒。果实可食率69%，可溶性固形物含量11.0%～12.0%。

【农户认知】晚熟，高产。

【优良特性】晚熟，丰产，耐储藏。

【适宜地区】广西、广东、重庆、四川、湖南、江西等地可因地制宜适量种植。

【利用价值】丰产、稳产，品质上等，是鲜食和加工兼用品种。

【濒危状况及保护措施建议】受黄龙病危害严重，建议收集并脱毒保存。

【收集人】廖惠红（广西农业科学院园艺研究所）。

【照片拍摄者】李果果（广西农业科学院园艺研究所）。

008 油胞金橘

【学　名】Rutaceae（芸香科）*Fortunella*（金柑属）*Fortunella japonica*（金柑）。

【采集地】广西桂林市阳朔县、柳州市融安县。

【主要特征特性】成熟期在12月至翌年1月，可留树保鲜至翌年3月。树冠圆头形或倒椭圆形，枝条细而密生，有短刺。果实椭圆形或卵状椭圆形，单果重17.3g，横径2.9cm，纵径3.3cm。果皮橙黄色或金黄色，带皮食用。种子数7.4粒。可溶性固形物含量13.9%，可滴定酸含量0.32%，维生素C含量为每100mL果汁38.2mg，少汁味甜，有香味。

【农户认知】果实金黄亮丽，果皮光滑，油胞小而密生，有特殊的金橘芳香味，果皮质脆爽口，果肉蜜甜化渣。

【优良特性】抗溃疡病，黄龙病发病率低。

【适宜地区】广西、广东及江西部分地区。

【利用价值】可作为栽培品种在生产上应用。

【濒危状况及保护措施建议】受黄龙病危害严重，建议收集并脱毒保存。

【收集人】陈香玲（广西农业科学院园艺研究所）。

【照片拍摄者】李果果（广西农业科学院园艺研究所）。

009 圆叶橘红

【学 名】Rutaceae（芸香科）*Citrus*（柑橘属）*Citrus grandis*（柚）。

【采集地】广西玉林市。

【主要特征特性】树冠圆头形，枝梢较密。叶较普通橘红宽，椭圆形，翼叶大，叶缘有浅锯齿。果实较大，近圆形或卵形，在玉林地区幼果5月上旬即可开始采摘，采收时幼果单果重120.0～150.0g，横径7.0～8.0cm，表面密布茸毛，毛下有油胞。

【农户认知】果实表面密布茸毛，较传统栽培品种易挂果。

【优良特性】枝条披垂，挂果率高。

【适宜地区】广西、广东等我国亚热带地区。

【利用价值】较普通橘红丰产性好，用于制作中药橘红。

【濒危状况及保护措施建议】新选育优异品种，建议科研单位收集并脱毒保存。

【收集人】陈香玲（广西农业科学院园艺研究所）。

【照片拍摄者】陈香玲（广西农业科学院园艺研究所）。

010 佛手

【学　名】Rutaceae（芸香科）*Citrus*（柑橘属）*Citrus medica*（枸橼）。

【采集地】广西南宁市。

【主要特征特性】树体不大，树冠呈不规则圆头形，枝条披垂，有短刺。叶阔椭圆形，基部楔形，先端钝尖，叶缘有锯齿，无翼叶。果实指状或拳头状长椭圆形，橙黄色，横径15.0～20.0cm，纵径15.0～20.0cm，果顶部分裂呈指状，果肉革质，味淡微苦，有香味。

【农户认知】观赏或药用。

【优良特性】重要的中药材。

【适宜地区】广西、广东、四川、浙江等地可适量种植。

【利用价值】丰产、稳产，多作药材或盆栽观赏。

【濒危状况及保护措施建议】受黄龙病危害严重，建议收集并脱毒保存。

【收集人】王茜（广西农业科学院园艺研究所）。

【照片拍摄者】王茜（广西农业科学院园艺研究所）。

第四节　杧果优异种质资源

001 冬杧

【学　名】Anacardiaceae（漆树科）*Mangifera*（杧果属）*Mangifera hiemalis*（冬杧）。

【采集地】广西崇左市龙州县、南宁市隆安县、防城港市上思县及百色市右江区、那坡县、德保县。

【主要特征特性】常绿乔木，小枝粗壮。叶长椭圆状披针形、先端急尖，叶基楔形，叶脉两面凸起，叶柄基部膨大。圆锥花序顶生，淡黄色，花杂性；萼片5枚，卵形或卵状三角形，无毛；花瓣5枚，披针形或椭圆状披针形，两面无毛；花盘膨大，肉质，5浅裂；发育雄蕊1枚，比花柱短，花药长圆形；子房近球形，无毛，花柱近顶生，无毛。核果肾形，单果重150～200g，果喙明显，成熟时果皮、果肉淡黄色，味酸甜，果核扁，坚硬。一年开花结果两次：第一次在5月下旬至6月初开花，10月下旬至11月上旬果实成熟；第二次在8月中旬开花，春节前后果实成熟。

【农户认知】抗寒，品质差，夏季开花结果、冬季成熟。

【优良特性】耐寒，耐旱，抗病，夏季开花结果，冬季成熟。

【适宜地区】广西、云南、海南、广东、四川、贵州、福建等地杧果产区。

【利用价值】可用作育种材料和绿化树种。

【濒危状况及保护措施建议】少量零星分布。建议异位妥善保存的同时，结合发展生态旅游，扩大种植数量。

【收集人】黄国弟（广西壮族自治区亚热带作物研究所）。

【照片拍摄者】黄国弟（广西壮族自治区亚热带作物研究所）。

002 扁桃杧

【学　名】Anacardiaceae（漆树科）*Mangifera*（杧果属）*Mangifera persiciforma*（扁桃杧或桃叶杧）。

【采集地】广西崇左市龙州县、那坡县，云南文山壮族苗族自治州富宁县。

【主要特征特性】常绿乔木，树皮灰黑色。叶集生枝端，狭披针形至线状披针形，边缘皱波状，两面无毛。圆锥花序顶生。花小，杂性，黄绿色。核果桃形，单果重30～75g。果皮浅绿色，熟时淡黄色；果肉较薄，果核大、斜卵形，单胚。花期1～3月，成熟期6～7月。

【农户认知】树形美观，耐寒、耐旱，抗病，品质好。

【优良特性】耐寒，耐旱，果实香气浓郁。

【适宜地区】广西、云南、海南、广东、贵州、四川、福建等地杧果种植区。

【利用价值】可用作育种材料和绿化树种。

【濒危状况及保护措施建议】野外山坡、路边广为种植。建议适当异位妥善保存的同时，结合发展生态旅游，扩大种植面积。

【收集人】黄国弟（广西壮族自治区亚热带作物研究所）。

【照片拍摄者】黄国弟（广西壮族自治区亚热带作物研究所）。

003 柳州吕宋

【学　名】Anacardiaceae（漆树科）*Mangifera*（杧果属）*Mangifera indica*（杧果）。

【采集地】广西柳州市。

【主要特征特性】树冠圆头形，枝叶浓绿，叶椭圆状披针形，叶基楔形，叶尖急尖，叶面扭曲，叶缘大波浪状，嫩叶古铜色，老叶深绿色。花序长圆锥形，花轴浅绿带淡红色，花瓣5或6枚，开放小花花瓣淡黄色，彩腺金黄色。两性花比率39%。单果重560g，核果呈心形，果皮绿色，成熟时黄绿至黄色，果肉黄色，种核椭圆形，种壳薄，单胚。花期2～3月，成熟期6～7月，属于中早熟品种。

【农户认知】耐寒，抗病，高产，有较浓的松香味。

【优良特性】肉质细腻，多汁，纤维少，味甜，可溶性固形物含量12%～14%，可食率79%。

【适宜地区】广西、海南、四川、广东等地杧果产区。

【利用价值】可用作抗性育种材料和绿化树种。

【濒危状况及保护措施建议】少数农户零星种植。建议异位妥善保存的同时，结合发展绿化环境和生态旅游，扩大种植面积。

【收集人】黄国弟（广西壮族自治区亚热带作物研究所）。

【照片拍摄者】黄国弟（广西壮族自治区亚热带作物研究所）。

004 | 田阳香杧

【学　名】Anacardiaceae（漆树科）*Mangifera*（杧果属）*Mangifera indica*（杧果）。

【采集地】广西百色市田阳区。

【主要特征特性】树冠圆头形，树姿开张，枝条偏短、中等粗壮。嫩叶淡黄红色，老叶绿色，叶椭圆状披针形，叶基宽楔形，叶尖急尖。花序圆锥形，花轴淡紫红色。两性花比率16.0%～56.3%。单果重247g，果实椭圆形，果顶圆锥形，果皮绿色，成熟时果皮黄色。果肉黄色。果核椭圆形，种胚发育中度饱满，多胚。花期在12月上旬至翌年3月上旬。果实发育期约120天，成熟期在7月上中旬。

【农户认知】抗病，高产，品质好。

【优良特性】果肉细滑，纤维少，汁液丰富，可食率70%，可溶性固形物含量18%～22%，味酸甜、芳香，品质优良。

【适宜地区】广西、海南、四川、广东等地杧果产区。

【利用价值】加工型杧果，适宜加工杧果浆、杧果干。

【濒危状况及保护措施建议】少数农户零星种植。建议异位妥善保存的同时，结合发展杧果加工业和生态旅游，扩大种植面积。

【收集人】黄国弟（广西壮族自治区亚热带作物研究所）。

【照片拍摄者】黄国弟（广西壮族自治区亚热带作物研究所）。

005 桂热杧23号

【学　名】Anacardiaceae（漆树科）*Mangifera*（杧果属）*Mangifera indica*（杧果）。

【采集地】广西南宁市。

【主要特征特性】树冠圆头形，树姿开张。新梢紫红色。叶椭圆状披针形，叶基楔形，叶尖渐尖，新叶浅紫红色，老叶绿色。花序圆锥形，花轴紫红色，两性花比率56.8%～85.7%。单果重198g，核果卵圆形，果皮绿色，蜡粉厚，成熟时果皮橙黄色，果肉橙黄色。果核卵圆形，种胚发育饱满，单胚。花期3月下旬至4月下旬。果实发育期110～120天，成熟期在南宁市为7月中下旬。

【农户认知】高产、稳产，抗白粉病和炭疽病，品质好。

【优良特性】果肉细滑，纤维稍多，汁液丰富，可食率73%，可溶性固形物含量18%～20%，味甜、芳香。

【适宜地区】广西、云南、贵州、海南、四川、广东、福建等地杧果产区。

【利用价值】加工型杧果品种，适用于加工果浆。

【濒危状况及保护措施建议】少数农户零星种植。建议异位妥善保存的同时，结合发展杧果加工产业，扩大种植面积。

【收集人】黄国弟（广西壮族自治区亚热带作物研究所）。

【照片拍摄者】黄国弟（广西壮族自治区亚热带作物研究所），王春田（广西壮族自治区亚热带作物研究所）。

第五节 菠萝优异种质资源

001 红顶菲律宾

【学 名】Bromeliaceae（凤梨科）*Ananas*（凤梨属）*Ananas comosus*（凤梨）。

【采集地】广西防城港市防城区。

【主要特征特性】植株中等大，生长势较强，株型稍直立，叶较细长，叶缘多刺，叶槽较深，单株叶片数35～42片，分蘖力中等，吸芽1或2个，抽生较早，托芽2～5个，无蘖芽，顶芽较细小，顶芽叶边缘浅红绿色。果实圆筒形，单果重1.15kg，成熟果皮深黄色，颜色一致，果眼较大且扁平，锥状突起不及品种巴厘明显，果肉黄色，质地爽脆，纤维少，香味较浓，可溶性固形物含量15.2%，总酸含量0.3%～0.6%，品质好。早中熟品种，正造果成熟期6～7月。

【农户认知】叶缘有刺，顶芽红绿色，抗性好，果实蛋白酶含量高，有浓郁蜜香味，品质优于品种巴厘。

【优良特性】综合品质表现优于主栽品种巴厘，其耐旱性、耐贫瘠性与巴厘相当，而耐寒性优于品种巴厘。

【适宜地区】我国南亚热带地区。

【利用价值】可利用该品种的香气、耐储运、抗性等特征创制优良新种质。适宜鲜食，也可以加工制成罐头。

【濒危状况及保护措施建议】少数农户零星种植，已很难收集到，建议科研单位异位妥善保存。

【收集人】王小媚（广西农业科学院园艺研究所）。

【照片拍摄者】王小媚（广西农业科学院园艺研究所）。

002 有刺土种凤梨

【学　名】Bromeliaceae（凤梨科）*Ananas*（凤梨属）*Ananas comosus*（凤梨）。

【采集地】广西防城港市防城区。

【主要特征特性】植株中等大，稍开张，叶片长且宽，绿色且基部暗红色，叶缘布满了细密的刺，刺暗红色，花瓣艳红色，分蘖能力较强，吸芽4或5个，托芽6或7个。果形中等大，果眼平，成熟果皮深橙色和黄红色；果肉黄色，肉质较粗，纤维多，风味芳香带酸，耐储运，耐寒能力弱。

【农户认知】粗生，植株抗病性强，果实耐储运性好。

【优良特性】植株对心腐病、凋萎病抗性强，耐贫瘠，果实耐储运性好。

【适宜地区】我国热带和亚热带地区。

【利用价值】可利用该材料耐储运性佳、抗病性强的特性作为育种材料。

【濒危状况及保护措施建议】少数农户零星种植，已很难收集到，建议科研单位异位妥善保存。

【收集人】王小媚（广西农业科学院园艺研究所）。

【照片拍摄者】王小媚（广西农业科学院园艺研究所）。

003 神湾优株凤梨

【学　名】Bromeliaceae（凤梨科）*Ananas*（凤梨属）*Ananas comosus*（凤梨）。

【采集地】广西南宁市兴宁区。

【主要特征特性】植株较矮小，半开张，株高70～80cm，叶片短而窄细长，叶缘有排列整齐的锐刺，叶片中央有红色彩带，叶面、叶背均被白粉，叶背白粉较厚。冠芽较大，分蘖力较强，吸芽7～10个。果实短筒形，属于小果型，单果重0.45～0.75kg，小果排列整齐，大小均匀；果肉橙黄或深黄色，肉质爽脆，汁少，香味浓郁，可溶性固形物含量14.0%～15.0%，总酸含量0.5%～0.6%。早熟品种，正造果成熟期6～7月。

【农户认知】叶缘有锐刺，果小，适合鲜食，香气好，耐储运。

【优良特性】繁殖力强，吸芽多，果实鲜食品质佳，酸甜适中、香气浓郁、耐储运性较好，该单株较原品种果实单果重。

【适宜地区】我国南亚热带地区。

【利用价值】果实耐储运性较好，植株适应性强，鲜食品质佳，可作为栽培品种在生产上应用，也可利用其综合特性作为育种中间材料。

【濒危状况及保护措施建议】少数农户零星种植，建议科研单位异位妥善保存。

【收集人】王小媚（广西农业科学院园艺研究所）。

【照片拍摄者】王小媚（广西农业科学院园艺研究所）。

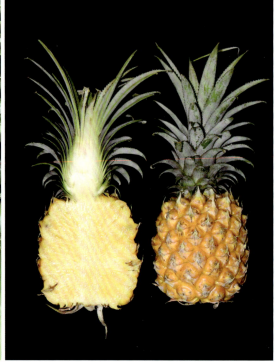

004 维多利亚优株

【**学　名**】Bromeliaceae（凤梨科）*Ananas*（凤梨属）*Ananas comosus*（凤梨）。

【**采集地**】广西南宁市西乡塘区。

【**主要特征特性**】植株中等大，株型开张，叶片宽大，有整齐的密刺，叶绿色、中部有红色彩带。果实圆柱形，横径9.5~11.0cm，纵径14.0~16.0cm，顶芽比品种巴厘稍大，果实中等大，单果重1.42kg，小果扁平，有90~125个，成熟时果皮金黄色，果眼微突，果眼深0.80~1.01cm，小苞片有小刺；果肉金黄色，可溶性固形物含量15.0%~22.2%，总酸含量0.39%~0.43%，肉质及果心爽脆，纤维多，香甜多汁，鲜食口感佳。早中熟品种，正造果成熟期6~7月。

【**农户认知**】叶缘有密刺，甜度高，抗性好，综合评价优良。

【**优良特性**】自然成熟时采收品质优异，抗病，耐贫瘠，耐储运。

【**适宜地区**】我国南亚热带地区。

【**利用价值**】可利用该品种耐储运、抗性强等特征创制优良新种质。

【**濒危状况及保护措施建议**】少数农户零星种植，已很难收集到，建议科研单位异位妥善保存。

【**收集人**】王小媚（广西农业科学院园艺研究所）。

【**照片拍摄者**】王小媚（广西农业科学院园艺研究所）。

005 无刺红蜜

【学　名】Bromeliaceae（凤梨科）*Ananas*（凤梨属）*Ananas comosus*（凤梨）。

【采集地】广西南宁市西乡塘区。

【主要特征特性】植株中等偏矮，株型较开张，叶缘、叶片尖端基本无刺，叶片叶表中下部呈红褐色，顶芽红褐色。果实小，短圆筒形，横径8.85cm，纵径9.03cm，果目扁平，小果数52个，果眼浅，单果重0.41kg，未成熟果实红褐色，成熟果实橙红色；果肉黄色，肉质细腻爽脆，纤维少，甜度高，风味特殊、有类似香橙风味，正造果可溶性固形物含量20.97%、可滴定酸含量0.79%。

【农户认知】便于田间管理，果实甜度高，风味特殊，但果实小。

【优良特性】植株中等偏矮，果实内外品质优，香气、风味特别，该单株相比原品种叶缘无刺，叶片尖端无刺或极少刺。

【适宜地区】我国南亚热带地区。

【利用价值】植株中等偏矮，果肉香气特殊，可作为育种材料开展波萝杂交育种创新。

【濒危状况及保护措施建议】少数农户零星种植，已很难收集到，建议科研单位异位妥善保存。

【收集人】王小媚（广西农业科学院园艺研究所）。

【照片拍摄者】王小媚（广西农业科学院园艺研究所）。

第六节 阳桃优异种质资源

001 廊廖2号

【学 名】Oxalidaceae（酢浆草科）*Averrhoa*（阳桃属）*Averrhoa carambola*（阳桃）。

【采集地】广西贵港市平南县。

【主要特征特性】一年可多次开花坐果，果实阔卵形，横径8.89cm，纵径12.61cm，敛高3.32cm，敛厚2.01cm，单果重214.20g；成熟果皮金黄色，皮薄而有光泽、蜡质；果肉黄色，果肉厚，味清甜，质地爽脆，纤维少，可溶性固形物含量11.10%。

【优良特性】生长势强，树姿较开张，果实较大，果敛较肥厚，果色金黄，甜度较高，品质优良。

【适宜地区】我国南亚热带地区。

【利用价值】可直接栽培利用，亦可作为亲本用于育种。

【濒危状况及保护措施建议】广西贵港市平南县丹竹镇优良实生单株，建议异位妥善保存。

【收集人】任惠（广西农业科学院园艺研究所）。

【照片拍摄者】任惠（广西农业科学院园艺研究所）。

002 新马1号

【学　名】Oxalidaceae（酢浆草科）*Averrhoa*（阳桃属）*Averrhoa carambola*（阳桃）。

【采集地】广西梧州市藤县。

【主要特征特性】果实长椭圆形，横径9.02cm，纵径12.79cm，敛高2.57cm，敛厚2.05cm，单果重224.50g；成熟果皮橙黄色，皮薄而有光泽；果肉橙黄色，果肉厚，味清甜，质地爽脆，纤维少，可溶性固形物含量9.5%。

【优良特性】生长势强，树姿较开张，早结、丰产、稳产，果实较大，果敛较肥厚，果色及果肉橙黄，品质优良。

【适宜地区】我国南亚热带地区。

【利用价值】可直接栽培利用，亦可作为亲本用于育种。

【濒危状况及保护措施建议】广西梧州市藤县天平镇优良实生单株，建议异位妥善保存。

【收集人】任惠（广西农业科学院园艺研究所）。

【照片拍摄者】任惠（广西农业科学院园艺研究所）。

003 智信1号

【学　名】Oxalidaceae（酢浆草科）*Averrhoa*（阳桃属）*Averrhoa carambola*（阳桃）。

【采集地】广西南宁市江南区。

【主要特征特性】果实长卵圆形，果顶分离，单果重185.00g；成熟果皮黄色，皮薄而有光泽；果肉浅黄色，果肉厚，味清甜，质地爽脆，纤维少，可溶性固形物含量10.4%。

【优良特性】生长势较强，树姿较开张，果实中等大，果敛较肥厚，果色浅黄，味清甜，品质优良。

【适宜地区】我国南亚热带地区。

【利用价值】可直接栽培利用，亦可作为亲本用于育种。

【濒危状况及保护措施建议】广西南宁市江南区江西镇优良实生单株，建议异位妥善保存。

【收集人】任惠（广西农业科学院园艺研究所）。

【照片拍摄者】任惠（广西农业科学院园艺研究所）。

第七节 火龙果优异种质资源

001 粉红龙1号

【学　名】Cactaceae（仙人掌科）*Hylocereus*（量天尺属）*Hylocereus undatus*（量天尺）。

【采集地】广西南宁市。

【主要特征特性】枝蔓波浪形扭曲，表面有粉状被覆，抗病性强。果实红皮粉肉。

【农户认知】品质好，特色品种。

【优良特性】果皮厚，耐储运，果肉粉色，品质好，枝蔓被覆粉状物，抗病强。

【适宜地区】广西南宁市及类似生态区。

【利用价值】可用作抗病品种育种的亲本材料。

【濒危状况及保护措施建议】少数果农作为特异资源种植，由于产量低、果小，不能产生商品栽培的经济价值，正逐步被淘汰。建议收入资源圃保存。

【收集人】黄凤珠（广西农业科学院园艺研究所），陆贵锋（广西农业科学院园艺研究所）。

【照片拍摄者】陆贵锋（广西农业科学院园艺研究所）。

002 紫水晶

【学　名】Cactaceae（仙人掌科）*Hylocereus*（量天尺属）*Hylocereus undatus*（量天尺）。

【采集地】广西南宁市常规果园。

【主要特征特性】植株生长旺盛，花量大，刺座发达，枝蔓多为四棱柱型，抗性中等，自花授粉果实偏小，果肉红色，品质好。

【农户认知】果实品质好，但需要人工授粉。

【优良特性】易成花，同批次花量大，果实品质好。

【适宜地区】广西南宁市及类似生态区。

【利用价值】可作为特异品种栽培，品质优，具有一定的商业价值，也可用作优良新品种选育的亲本材料。

【濒危状况及保护措施建议】部分果园零星种植，不存在濒危状况。

【收集人】黄凤珠（广西农业科学院园艺研究所），陆贵锋（广西农业科学院园艺研究所）。

【照片拍摄者】陆贵锋（广西农业科学院园艺研究所）。

003 仙居白肉

【学　名】Cactaceae（仙人掌科）*Hylocereus*（量天尺属）*Hylocereus undatus*（量天尺）。

【采集地】广西南宁市。

【主要特征特性】植株生长旺盛，枝蔓粗壮，棱边有木栓化，抗性较强，果肉白色，清甜，稍有草腥味，果实较大，果皮较厚。

【农户认知】果大，果实品质较好。

【优良特性】果实较大，皮厚，耐储运。

【适宜地区】广西、浙江、广东、江西等地。

【利用价值】可作为多元化栽培的补充品种，果实较大，具有一定的生产经济价值，也可用作优良新品种选育的亲本材料。

【濒危状况及保护措施建议】部分火龙果产区有零星种植，不存在濒危状况。

【收集人】黄凤珠（广西农业科学院园艺研究所），陆贵锋（广西农业科学院园艺研究所）。

【照片拍摄者】陆贵锋（广西农业科学院园艺研究所）。

第八节　香蕉优异种质资源

001 | 金秀野蕉

【学　名】Musaceae（芭蕉科）*Musa*（芭蕉属）*Musa itinerans*（阿宽蕉）。

【采集地】广西来宾市金秀瑶族自治县。

【主要特征特性】假茎高178.0cm，基部粗34.5cm，黄绿色，带大片紫黑色斑，吸芽远离母株。叶姿开张，叶鞘无蜡粉，叶片基部两边圆，不对称，长135.0cm、宽55.0cm，叶面深绿色，叶背绿色，无蜡粉，叶柄沟槽直且边缘直立。雄蕾近椭圆形，外面紫色，内面黄色，开放后外卷。果实青果皮绿色，果形细长，微弯，果实不发育，无种子。

【农户认知】抗病，抗旱，耐贫瘠。

【优良特性】适应性强，抗病性好。

【适宜地区】广西等地。

【利用价值】假茎可喂猪，假茎心和花均可做菜；可用作育种亲本。

【濒危状况及保护措施建议】分布面积广，繁殖能力强，不过度砍伐即可。

【收集人】邓彪（广西农业科学院园艺研究所）。

【照片拍摄者】邓彪（广西农业科学院园艺研究所）。

002 灵川野蕉

【学　名】Musaceae（芭蕉科）*Musa*（芭蕉属）*Musa balbisiana*（野蕉）。

【采集地】广西桂林市灵川县。

【主要特征特性】假茎高235.0cm，基部粗49.0cm，黄绿色，无色斑。叶姿开张，叶鞘蜡粉中等，叶片基部两边圆，近对称，长160.0cm、宽58.0cm，叶面绿色，叶背浅绿色、无蜡粉，叶柄沟槽开张且边缘外展。雄蕾披针形，外面紫褐色，内面紫色，开放后不外卷。果实青果皮绿色，果形细长，微弯，果实基本不发育，少或无种子。

【农户认知】抗病，抗旱，耐贫瘠。

【优良特性】抗逆性强。

【适宜地区】广西桂林市及类似生态区。

【利用价值】可用作育种亲本。

【濒危状况及保护措施建议】数量较少，建议加大保护力度。

【收集人】邓彪（广西农业科学院园艺研究所）。

【照片拍摄者】邓彪（广西农业科学院园艺研究所）。

003 融水大蕉

【学　名】Musaceae（芭蕉科）*Musa*（芭蕉属）*Musa sapientum*（大蕉）。

【采集地】广西柳州市融水苗族自治县。

【主要特征特性】广西常见地方品种，植株性状基本相似，果实性状存在差异。假茎高146.0cm，基部粗54.0cm，绿色，有少量褐色色斑。叶姿开张，叶鞘蜡粉中等，叶片基部一侧圆一侧尖，不对称，长149.0cm、宽78.0cm，叶面深绿色，叶背绿色、无蜡粉，叶柄沟槽边缘向内弯。雄蕾披针形，外面紫褐色，内面红色，开放后外卷。果实青果皮灰绿色，果指棱角明显，微弯，熟果皮金黄色，无种子。

【农户认知】抗病，抗旱。

【优良特性】植株矮化，熟果甜、带微酸味，口感软滑，且单果较小，商品性好。

【适宜地区】广西中部地区。

【利用价值】大蕉具有较好的抗逆性，且果实粗纤维比一般香蕉高，对人体肠胃具有保护作用。

【濒危状况及保护措施建议】零星分布，农户少量种植，广西大蕉比较常见，但有些性状比较特异的需要及时收集保护。

【收集人】邓彪（广西农业科学院园艺研究所）。

【照片拍摄者】邓彪（广西农业科学院园艺研究所）。

第九节 葡萄优异种质资源

001 阳朔华东葡萄1号

【学　名】Vitaceae（葡萄科）*Vitis*（葡萄属）*Vitis pseudoreticulata*（华东葡萄）。

【采集地】广西桂林市阳朔县。

【主要特征特性】野生葡萄种质资源，大型藤本。生长在小河沟边，生长势极强，攀爬至乔木顶端，覆盖数株乔木。新梢黄白色，幼茎、嫩枝呈棱柱形，常带紫色纵纹，有显著棱角，疏被蛛丝状毛，老枝灰白色；卷须二叉，不连续着生；叶五角心形，叶尖急尖，叶基部矢形开张，叶缘有锯齿；雌株，花量大。

【农户认知】无。

【优良特性】该植株生长在小河沟边，土壤积水严重，雨季根系长期浸泡在水中，但是它仍然健康生长。根据其主干粗度估计应有5年以上树龄，可见它的耐湿能力之强。在南方高温多湿气候条件下葡萄易发生的裂果、根腐病、果实着色不良、营养吸收困难、可溶性固形物难以积累等问题，都有可能在华东葡萄种质创新利用中得到解决。华东葡萄种质，抗霜霉病和白粉病，耐湿热气候，是南方地区葡萄育种的重要种质资源。

【适宜地区】广西中部、北部地区。

【利用价值】可用作育种材料。

【濒危状况及保护措施建议】因为果实小，雌雄不同株，产量受气候影响较大，生长量大，容易覆盖其他作物，常被当成杂树砍掉。建议建立资源圃收集保存。

【收集人】黄羽（广西农业科学院葡萄与葡萄酒研究所）。

【照片拍摄者】黄竞（广西农业科学院葡萄与葡萄酒研究所）。

002 桂黑珍珠4号

【**学　名**】Vitaceae（葡萄科）*Vitis*（葡萄属）*Vitis adenoclada*（腺枝葡萄）。

【**采集地**】广西河池市罗城仫佬族自治县。

【**主要特征特性**】大型木质藤本，生长势极强，无固定树形，可以单主干或者多主干，棚架或者攀爬环境可以全程露地栽培；幼茎基部密生红色腺毛直到老熟变褐色，新梢淡粉红色，一年生枝条横切面近圆形；成龄叶卵形，中等大小，全缘，上表面初被脱落性丝毛，后期脱落，下表面密被灰白色丝毛；卷须间歇性；两性花，果穗中等，圆柱形中紧，粒重1.42g，穗重185.0g，出汁率66.7%，可溶性固形物含量13.5%～16.5%，总酸（以酒石酸计）含量9.6～12.5g/kg，充分成熟时紫黑色，果穗成熟期一致，可一次性采收；3月下旬至4月上旬萌芽，5月下旬至6月上旬开花，9月上中旬成熟，晚熟品种；果枝率80.1%，果枝平均穗数2.5个。

【**农户认知**】品质好，产量高，口感风味独特，容易栽培管理。

【**优良特性**】对葡萄黑痘病免疫，高抗葡萄炭疽病、白腐病、灰霉病、白粉病等病害，花序、幼果中感霜霉病，叶片中抗霜霉病，耐湿热、高温多雨、寡日照环境。

【**适宜地区**】广西中部、北部地区。

【**利用价值**】可直接用于经济种植，果实可以鲜食或加工成半甜型山葡萄酒、葡萄汁等特色产品；植株可以用于石漠化地区生态修复、庭院经济等；其两性花特点可以作为优良育种材料，选育两性花腺枝葡萄品种。

【**濒危状况及保护措施建议**】属于稀少的、具有优异特性的腺枝葡萄两性花资源，已申请新品种保护登记，建议建立资源圃收集保存。

【**培育人**】吴代东（广西农业科学院葡萄与葡萄酒研究所）。

【**照片拍摄者**】吴代东（广西农业科学院葡萄与葡萄酒研究所）。

003 阳朔毛葡萄2号

【学 名】Vitaceae（葡萄科）*Vitis*（葡萄属）*Vitis heyneana*（毛葡萄）。

【采集地】广西桂林市阳朔县。

【主要特征特性】野生葡萄种质资源，大型藤本，生长势强。新梢黄白色，密被灰白蛛丝状茸毛；叶片五角状心形，新叶铜红色，后转黄绿色，成龄叶绿色，新叶上表面有蛛丝状茸毛，后期脱落，下表面密被灰白色蛛丝状茸毛；叶柄、花序均有毛；卷须分叉，不连续分布；老熟枝条灰褐色，遍布脱落性絮状丝毛，枝条表皮有条状纵裂。开花量大，雌株。

【农户认知】农户从附近山上采挖回庭院种植，产量高，果串小，果粒小，酸甜可口，可酿酒。有时有霜霉病。

【优良特性】毛葡萄种质，抗霜霉病和白粉病，耐湿热气候，是南方地区葡萄育种的重要种质资源。

【适宜地区】广西中部、北部地区。

【利用价值】可用作育种材料。

【濒危状况及保护措施建议】因为雌雄不同株，产量受气候影响较大，生长量大，容易覆盖其他作物，常被当成杂树砍掉。建议建立资源圃收集保存。

【收集人】黄羽（广西农业科学院葡萄与葡萄酒研究所）。

【照片拍摄者】黄竟（广西农业科学院葡萄与葡萄酒研究所）。

第十节　百香果优异种质资源

001 台农一号

【学　名】Passifloraceae（西番莲科）*Passiflora*（西番莲属）*Passiflora edulis*（紫果西番莲）。

【采集地】广西南宁市。

【主要特征特性】叶片纸质，掌状3深裂，叶柄、藤、卷须绿色至紫绿色，成熟果的果皮紫红色。该品种为紫果西番莲与黄果西番莲的杂交品种，但性状偏向紫果西番莲。杂交亲和性好，具有较高的丰产性，果汁香气浓郁，为复合香型。对茎基部病、病毒病较为敏感，育苗时宜嫁接于黄果百香果砧木上以抗茎基腐病。相对耐冷，在广西南部产区果实可越冬成熟。高温影响花芽分化，广西南部地区夏季高温季节（7～8月）不容易成花。

【农户认知】耐冷，高产，不抗病。

【优良特性】花期4～11月，果期6月至翌年3月，单果重72g，糖度14.1～16.9Brix，酸度1.66%～2.52%，香气浓郁，是现有百香果品种中香气最丰富的品种。自交亲和性好，自然结实率在60%以上。耐冷，在海拔1000m的高山仍表现较好的丰产性。

【适宜地区】广西百香果产区均可种植，尤其适合600～1000m的高海拔地区。

【利用价值】适宜高山地区种植。丰产性、香气均表现优异，宜在未来改良其抗病性（茎基腐病、疫病、病毒病）。

【濒危状况及保护措施建议】该品种在未来仍然是我国的一个百香果主栽品种，在生产中仍可发挥重要作用。其种苗生产已经实现商业化、规模化。

【收集人】陈格（广西作物遗传改良生物技术重点开放实验室）。

【照片拍摄者】陈格（广西作物遗传改良生物技术重点开放实验室）。

002 钦果9号（曾用名"钦蜜9号"）

【**学　名**】Passifloraceae（西番莲科）*Passiflora*（西番莲属）*Passiflora edulis* f. *flavicarpa*（黄果西番莲）。

【**采集地**】广西钦州市。

【**主要特征特性**】叶片纸质，多数不裂，叶缘锯齿状，少数叶片2裂或掌状3深裂，叶柄、藤、卷须均为紫绿色。成熟果实果皮黄色。坐果率高，耐热，在广西南部8月盛夏高温季节仍可开花坐果，其果实糖度高、酸度低，为纯甜型黄金百香果。

【**农户认知**】高产，果皮由青绿色转为浅绿色时即可采收（俗称转白），此时果实甜度已经很高，与别的黄金百香果果皮发黄才能采收不同。夏季注意预防炭疽病。

【**优良特性**】果实近椭圆形，果实纵径与横径比值1.09，果实在果柄端呈锥形收紧，似梨形；果实糖分含量高，果汁可溶性固形物含量可达20.2%，总糖含量15.7g/100g，总酸含量17.82g/kg，维生素含量21.1mg/100g。因本品种果皮"转白"即可采收，货架期较其他百香果品种显著延长，深受果商欢迎。

【**适宜地区**】广西、海南、广东、云南、贵州、福建等南方省份，北方省份可在温室种植。

【**利用价值**】坐果率高，耐热，5～10月可持续开花坐果，种植效益高。

【**濒危状况及保护措施建议**】该品种是由广西农业科学院与广西钦赐农业科技有限公司联合选育的耐热型百香果新品种（植物新品种权号CNA20211005004），目前已成为我国百香果产业的支柱品种，建议进一步申请国际品种权保护，防范优良种质非法外流。

【**收集人**】陈格（广西作物遗传改良生物技术重点开放实验室）。

【**照片拍摄者**】陈格（广西作物遗传改良生物技术重点开放实验室）。

003 令当1号

【学　名】Passifloraceae（西番莲科）*Passiflora*（西番莲属）*Passiflora edulis* f. *flavicarpa*（黄果西番莲）。

【采集地】广西南宁市。

【主要特征特性】叶片及藤的性状呈现为紫果西番莲的典型性状，即叶片纸质，掌状3深裂，叶柄、藤、卷须绿色，无花青素，但成熟果的果皮黄色。该品种较为耐冷，在冬季的12月至翌年2月仍可开花，果实越冬可成熟。该品种是茎叶形态及开花结果性状偏向于紫果西番莲的黄金百香果品种，与现有黄金百香果品种有较大的差异。

【农户认知】耐冷，口感偏向紫果的黄金百香果品种。

【优良特性】花期1～12月，果期5月至翌年2月，单果重65～95g，糖度15.2～16.9Brix，酸度1.71%～2.85%。成熟果汁香气浓郁，其中柠果香味较为突出，果汁酸甜适中。越冬成熟的果实口感仍保持良好，与其他黄金百香果品种冬季低温后果实酸涩的特性形成鲜明对比。

【适宜地区】广西百香果产区。

【利用价值】可应用于广西百香果反季节栽培，在5～6月广西百香果断档期上市，实现"人无我有"，实现种植效益最大化。

【濒危状况及保护措施建议】新选育品种，仅在局部地区开展了少量试验性种植，正申请植物新品种保护。

【收集人】陈格（广西作物遗传改良生物技术重点开放实验室）。

【照片拍摄者】陈格（广西作物遗传改良生物技术重点开放实验室）。

第十一节　番石榴优异种质资源

001　珍珠番石榴

【学　名】Myrtaceae（桃金娘科）*Psidium*（番石榴属）*Psidium guajava*（番石榴）。

【采集地】广西南宁市。

【主要特征特性】树姿半直立，主干光滑；嫩梢黄绿色，老熟枝条黄褐色，枝条密度中等，年抽生新梢4或5次；叶长椭圆形，嫩叶黄绿色，成熟叶绿色；花单生；果实梨形，部分长椭圆形，果皮黄绿色，果肉淡黄色或白色、爽脆，果实可食率高，香气较淡，果实风味甜酸，果汁少，四季挂果。

【农户认知】高产，品质好，果实清甜酥脆。

【优良特性】植株生长势旺，果实单果质量较大，肉质脆爽，可溶性固形物含量高，种子少且种壳较薄脆，总糖含量7.1g/100g，维生素C含量113mg/100g，可滴定酸含量0.34g/100g，粗纤维含量1.6%。四季均可结果，口感良好，产量高，较耐寒，旱地、水田均可种植，综合评价上等。

【适宜地区】台湾、海南、福建南部、广西南部、广东、贵州南部等我国南亚热带地区。

【利用价值】市面上所销售的鲜果主力品种，亦可用于食品加工。

【濒危状况及保护措施建议】主栽品种之一，建议结合开展食品加工、保健品等相关产业的开发利用。

【收集人】陈豪军（广西壮族自治区亚热带作物研究所）。

【照片拍摄者】陈豪军（广西壮族自治区亚热带作物研究所）。

002 全红番石榴

【学　名】Myrtaceae（桃金娘科）*Psidium*（番石榴属）*Psidium guajava*（番石榴）。

【采集地】广西南宁市。

【主要特征特性】树姿直立，主干光滑；嫩梢紫红色，老熟枝条暗褐色，枝条密度中等，年抽生新梢4次；叶长椭圆形，嫩叶紫红色，成熟叶紫褐色；花单生；果实扁圆形，果皮紫红色，果肉红色，质地疏松，果实可食率高。花、叶、果实呈红色，果实中等偏小。

【农户认知】红叶，红花，红果。

【优良特性】植株叶片、花、果实均呈红色，观赏性极强，是优良庭院绿化树种；炭疽病等抗性强，可作为理想的遗传材料。

【适宜地区】台湾、海南、福建南部、广西南部、广东、贵州南部等我国南亚热带地区。

【利用价值】用于食品加工、观赏树种、杂交选育的遗传材料等。

【濒危状况及保护措施建议】少数农户零星种植，面积较少；建议结合食品加工、生态旅游等，扩大种植面积。

【收集人】陈豪军（广西壮族自治区亚热带作物研究所）。

【照片拍摄者】陈豪军（广西壮族自治区亚热带作物研究所）。

003 迷你番石榴

【学　名】Myrtaceae（桃金娘科）*Psidium*（番石榴属）*Psidium guajava*（番石榴）。

【采集地】广西南宁市。

【主要特征特性】树姿开张，主干光滑；嫩梢绿色，老熟枝条黄褐色，枝条密度中等；叶梭形，细小，嫩叶黄绿色，成熟叶绿色；花单生；果实单果重50g，果肉白色，果皮黄绿色，香气浓郁，可食率高。

【农户认知】香气浓郁，果实和叶片都很迷你。

【优良特性】植株耐旱性、耐寒性较强，叶片及果实均有浓郁香气，叶片适宜晾干烹茶，果实晾干亦可切片烹茶。

【适宜地区】原产于印度尼西亚，适宜在我国南亚热带地区，如台湾、海南、福建南部、广西南部、广东、贵州南部等地种植。

【利用价值】香气浓郁，可用于食品加工、保健品开发。

【濒危状况及保护措施建议】多为农户零星种植，规模化应用率低，建议结合开展食品加工、保健品等相关产业的开发利用，扩大种植面积。

【收集人】宁琳（广西壮族自治区亚热带作物研究所）。

【照片拍摄者】宁琳（广西壮族自治区亚热带作物研究所）。

第十二节 澳洲坚果优异种质资源

001 桂热1号

【学　名】Proteaceae（山龙眼科）*Macadamia*（澳洲坚果属）*Macadamia integrifolia*（澳洲坚果）。

【采集地】广西崇左市（龙州县广西南亚热带农业科学研究所坚果基地内的实生单株）。

【主要特征特性】树形呈半圆形，树冠直立，主干灰褐色，枝条长而粗壮，主干性强；3叶轮生，叶缘呈微波浪形，少刺，高温新梢黄化（气温降低一段时间后转为绿色），是该品种的一个显著特征；花色乳白，花穗长14～17cm，每穗小花数130～330朵，每穗挂果数4～7颗，最多达28颗；青皮果果实球形，果柄粗短，果颈短，果皮浅绿色、光滑，乳状突起不明显。生育期180～220天。定植后第3年少量结果，第8年进入丰产期。

【农户认知】高产，稳产，挂果成串。

【优良特性】树势旺盛，枝条疏朗，适应性广，具有早结、丰产、稳产、优质等特点。果实中等大、均匀，干壳果粒重8.9g，果仁粒重3.1g，出种率53.2%，出仁率33.1%，一级果仁率99.0%～99.5%。

【适宜地区】广西、广东、云南、贵州等地。

【利用价值】广西主栽品种。高级食用坚果，可用于制作各种高级点心原料；含油量高，坚果油可作为高级化妆品基础用油。

【濒危状况及保护措施建议】种质圃嫁接保存。

【收集人】赵大宣（广西南亚热带农业科学研究所），何铣扬（广西南亚热带农业科学研究所）。

【照片拍摄者】韦哲君（广西南亚热带农业科学研究所），王文林（广西南亚热带农业科学研究所）。

002 青山

【学　名】Proteaceae（山龙眼科）*Macadamia*（澳洲坚果属）*Macadamia integrifolia*（澳洲坚果）。

【采集地】广西崇左市龙州县。

【主要特征特性】阔圆形，树姿半开张，主干灰褐色，枝条中等，分枝能力较强，主干中庸；3叶轮生，倒披针形，叶尖急尖、叶基截形，叶缘极明显波浪状，叶缘刺较多，新梢淡红色，老熟叶绿色；花色乳白，花穗较短；青皮果果实卵圆形，果柄粗，果颈极明显，果顶乳状突起极明显，果皮绿色，光滑。生育期180～220天。4年树开始少量结果，第8年进入丰产期。

【优良特性】早结，青皮果中等大，皮薄，单果重17.8g，出种率51.7%。

【适宜地区】暂未开展区域性试验。

【利用价值】高级食用坚果，可用于制作各种高级点心原料；含油量高，坚果油可作为高级化妆品基础用油。

【濒危状况及保护措施建议】种质圃嫁接保存。

【收集人】王文林（广西南亚热带农业科学研究所），谭秋锦（广西南亚热带农业科学研究所）。

【照片拍摄者】韦哲君（广西南亚热带农业科学研究所），韦媛荣（广西南亚热带农业科学研究所）。

003 玛瑙纹

【学　名】Proteaceae（山龙眼科）*Macadamia*（澳洲坚果属）*Macadamia integrifolia*（澳洲坚果）。

【采集地】广西防城港市上思县实生单株。

【主要特征特性】阔圆锥形或半圆形，树姿开张，主干灰褐色，枝条长而粗壮，主干性强；3叶轮生，倒披针形，叶尖急尖，叶基渐尖，叶缘波浪状，叶缘刺多，新梢黄绿色，老熟叶绿色；花色乳白，花穗长18～23cm，每穗小花数230～280朵，初挂果树挂果成串，老挂果树多为单果；青皮果果实球形，果柄粗，果颈极明显，果顶乳状突起极明显，果皮绿色，光滑，果皮厚3.02～3.52cm，果壳斑纹多，集中在中部。生育期180～220天。3年树开始少量结果，第8年进入丰产期。

【优良特性】早结、丰产。早期挂果成串。青皮果个大，单果重25.8g，出种率55.6%。

【适宜地区】暂未开展区域性试验。

【利用价值】高级食用坚果，可用于制作各种高级点心原料；含油量高，坚果油可作为高级化妆品基础用油。

【濒危状况及保护措施建议】种质圃嫁接保存。

【收集人】王文林（广西南亚热带农业科学研究所），谭秋锦（广西南亚热带农业科学研究所）。

【照片拍摄者】韦哲君（广西南亚热带农业科学研究所），韦媛荣（广西南亚热带农业科学研究所）。

第十三节 黄皮优异种质资源

001 0014黄皮

【学　名】Rutaceae（芸香科）*Clausena*（黄皮属）*Clausena lansium*（黄皮）。

【采集地】广西贵港市覃塘区。

【主要特征特性】实生优良单株。成熟期7月上旬，果实椭圆形，单果重13.58g；皮较厚，成熟果皮黄色，肉蜡白色，果肉质地细嫩，果汁多，味酸甜，黄皮芳香味浓；种子1~3粒，多2粒；可溶性固形物含量25.76%，可食率48.54%。

【农户认知】香甜，果肉多。

【优良特性】树势中等，较开张，适应性强，果实品质风味佳，抗性强，主要鲜食，亦可加工。

【适宜地区】广西、广东、海南等地黄皮种植区。

【利用价值】可直接栽培利用，亦可作为黄皮特殊种质资源用于研究及育种。

【濒危状况及保护措施建议】少数农户零星种植，已很难收集到。建议异位妥善保存，并进行挖掘利用。

【收集人】任惠（广西农业科学院园艺研究所），黄章保（广西农业科学院园艺研究所）。

【照片拍摄者】任惠（广西农业科学院园艺研究所）。

002 0016黄皮

【学　名】Rutaceae（芸香科）*Clausena*（黄皮属）*Clausena lansium*（黄皮）。

【采集地】广西玉林市北流市。

【主要特征特性】成熟期7月上旬，果实长心形，单果重8.93g；果皮薄，成熟果皮古铜色，肉蜡黄色，果肉质地脆嫩，果汁中等，味酸甜，黄皮芳香味浓；种子无或1粒，无核率达49.9%；可溶性固形物含量19.36%，可食率64.26%。

【农户认知】果实种子少，香甜，果肉多。

【优良特性】树势中等，较开张，果实小，大小均匀，品质、风味优良，主要鲜食。

【适宜地区】广西、广东、海南等地黄皮种植区。

【利用价值】可直接栽培利用。

【濒危状况及保护措施建议】少数农户零星种植，已很难收集到。建议异位妥善保存，并进行挖掘利用。

【收集人】任惠（广西农业科学院园艺研究所），黄章保（广西农业科学院园艺研究所）。

【照片拍摄者】任惠（广西农业科学院园艺研究所）。

003 紫肉黄皮

【学　名】Rutaceae（芸香科）*Clausena*（黄皮属）*Clausena lansium*（黄皮）。

【采集地】广西梧州市藤县。

【主要特征特性】成熟期7月中下旬，果实椭圆形，单果重8.18g；皮较薄，成熟果皮古铜色，肉紫红色，果肉质地脆嫩，果汁多，味酸甜，有黄皮芳香味；种子2～4粒，多3粒；可溶性固形物含量17.9%，可食率57.6%。

【农户认知】果肉紫色，味道香甜。

【优良特性】树势中等，较开张，果实中等大，品质良好，耐储运，具有高产、抗病、抗虫等特性，主要鲜食，亦可加工。

【适宜地区】我国华南地区黄皮种植区。

【利用价值】可直接栽培利用，亦可作为黄皮特殊种质资源用于研究及育种。

【濒危状况及保护措施建议】目前已经在全国黄皮产区推广种植，同时作为优异资源已异位保存。

【收集人】任惠（广西农业科学院园艺研究所），黄章保（广西农业科学院园艺研究所）。

【照片拍摄者】任惠（广西农业科学院园艺研究所）。

004 桂研20号

【学　名】Rutaceae（芸香科）*Clausena*（黄皮属）*Clausena anisum-olens*（细叶黄皮）。

【采集地】广西崇左市。

【主要特征特性】中熟品种，树冠长圆头形，分枝角度小，斜向上生长，复叶长15～22cm；每复叶有小叶9～11片，互生，小叶长7～9cm、宽2.5～3.5cm，叶色浓绿、有光泽。枝条顶生圆锥花序，每穗有小花450～600朵，花穗长15～20cm，花柄、花梗、花序轴均有茸毛。幼果呈青绿色，成熟后变黄白色，果皮光滑无毛，有腺点，果实具有特殊香味。

【农户认知】高产，品质好，具有健脾、祛痰功效。

【优良特性】单果重2.84g，可食率78.9%，烘干率14.3%，果实大小均匀。早花早果，产量高，品质优良。

【适宜地区】广西崇左市、玉林市，广东省江门市。

【利用价值】特色香料，可直接栽培利用，用于食品加工和生态旅游。

【濒危状况及保护措施建议】少数农户零星种植，建议异位妥善保存的同时，结合发展保健品和生态旅游，扩大种植面积。

【收集人】赵大宣（广西南亚热带农业科学研究所），何铣扬（广西南亚热带农业科学研究所）。

【照片拍摄者】郑树芳（广西南亚热带农业科学研究所）。

005 桂研15号

【学　名】Rutaceae（芸香科）*Clausena*（黄皮属）*Clausena anisum-olens*（细叶黄皮）。

【采集地】广西崇左市。

【主要特征特性】中熟品种，树冠扁圆头形，分枝角度小，斜向上生长，复叶长15～20cm；每复叶有小叶9～11片，互生，小叶长6～9cm、宽2.2～2.9cm，叶色浓绿、有光泽。枝条顶生圆锥花序，每穗有小花400～600朵，花穗长13～19cm，花柄、花梗、花序轴均有茸毛。幼果呈青绿色，成熟后变黄白色，果皮光滑无毛，有腺点，果实具有特殊香味。

【农户认知】高产，品质好，具有健脾、祛痰功效。

【优良特性】单果重2.48g，可食率75.6%，烘干率16%，果实大小均匀。早花早果，产量高，品质优良。

【适宜地区】广西崇左市、玉林市，广东省江门市。

【利用价值】特色香料，可直接栽培利用，用于食品加工和生态旅游。

【濒危状况及保护措施建议】少数农户零星种植，建议异位妥善保存的同时，结合发展保健品和生态旅游，扩大种植面积。

【收集人】赵大宣（广西南亚热带农业科学研究所），何铣扬（广西南亚热带农业科学研究所）。

【照片拍摄者】郑树芳（广西南亚热带农业科学研究所），张涛（广西南亚热带农业科学研究所）。

006 玉玲珑

【学　名】Rutaceae（芸香科）Clausena（黄皮属）Clausena anisum-olens（细叶黄皮）。

【采集地】广西崇左市。

【主要特征特性】早熟品种，树冠半圆头形，生长势中下，植株较矮化。叶片较小，长披针形，叶缘上卷微波状，叶尖细长、渐尖，叶质较硬，复叶长14～25cm，小叶长4～8cm、宽2～3cm，每复叶有小叶9～11片，互生，叶色淡绿。幼果呈青绿色，成熟后变黄白色，果皮光滑无毛，有腺点，果实具有特殊香味。

【农户认知】病虫害少，较耐旱，丰产性好，具有健脾、祛痰功效。

【优良特性】单果重2.1g，可食率77.5%，烘干率12%，果实大小均匀。早花早果，产量高，品质优良。

【适宜地区】广西崇左市、玉林市，广东省江门市。

【利用价值】特色香料，可直接栽培利用，用于食品加工和生态旅游。

【濒危状况及保护措施建议】少数农户零星种植，建议异位妥善保存的同时，结合发展保健品和生态旅游，扩大种植面积。

【收集人】赵大宣（广西南亚热带农业科学研究所），何铣扬（广西南亚热带农业科学研究所）。

【照片拍摄者】郑树芳（广西南亚热带农业科学研究所），张涛（广西南亚热带农业科学研究所）。

第十四节　乌榄优异种质资源

001 桂榄1号

【学　名】Burseraceae（橄榄科）*Canarium*（橄榄属）*Canarium pimela*（乌榄）。

【采集地】广西崇左市龙州县。

【主要特征特性】果实近椭圆形，单果重10.8g，果实纵径4.08cm、横径2.15cm，果形指数1.89，果顶圆突，果基浑圆，果面沟纹不明显，果皮光滑，未成熟时皮色青绿，成熟后果皮紫黑色，被中等白蜡粉。果肉中等厚，淡黄色，较易离核，可食率62.0%；肉质软糯，化渣，香气浓，回味好。果核坚硬，红褐色，大小中等，种仁乳白色。广西崇左市在8月中旬果实成熟。

【农户认知】早熟，丰产，口感好。

【优良特性】早熟，丰产，稳产，可食率高，果肉化渣、香气浓、回味好。

【适宜地区】广西、广东、福建等地。

【利用价值】果肉、果仁均可食用；可作为栽培品种在生产上应用，亦可作为亲本育种。

【濒危状况及保护措施建议】新选育品种，在广西崇左市、梧州市推广获得农户、水果收购商的一致好评，是目前最具发展潜力的新品种。建议扩大推广种植面积。

【收集人】何铣扬（广西南亚热带农业科学研究所），覃振师（广西南亚热带农业科学研究所）。

【照片拍摄者】覃振师（广西南亚热带农业科学研究所）。

002 桂榄3号

【学　名】Burseraceae（橄榄科）*Canarium*（橄榄属）*Canarium pimela*（乌榄）。

【采集地】广西崇左市龙州县。

【主要特征特性】果实长椭圆形，单果重12.9g，果实纵径4.62cm、横径2.37cm，果形指数1.95，果顶浑圆，果基浑圆，果面沟纹不明显，果皮较光滑，未成熟时皮色青绿，成熟后果皮紫黑色，被厚白蜡粉。果肉较厚，淡黄色，较易离核，可食率62.1%；肉质软糯，化渣，香气浓，回味好。广西崇左市在8月下旬果实成熟。

【农户认知】丰产，果大，口感好。

【优良特性】早结，丰产，稳产，果大，可食率高，果肉化渣、香气浓、回味好。

【适宜地区】广西、广东、福建等地。

【利用价值】果肉、果仁均可食用；可作为栽培品种在生产上应用，亦可作为亲本育种。

【濒危状况及保护措施建议】新选育品种，仅在局部地区开展了少量试验性种植，建议申请植物新品种保护或品种登记。

【收集人】覃振师（广西南亚热带农业科学研究所）。

【照片拍摄者】覃振师（广西南亚热带农业科学研究所）。

003 先锋1号

【学　名】Burseraceae（橄榄科）*Canarium*（橄榄属）*Canarium pimela*（乌榄）。

【采集地】广西崇左市龙州县。

【主要特征特性】果实弯月形，单果重10.8g，果实纵径4.15cm、横径1.96cm，果形指数2.11，果顶圆突，果基浑圆，沟纹明显，果皮光滑，未成熟时皮色青绿，成熟后果皮紫黑色，被中等白蜡粉。果肉中等厚，淡黄色，较易离核，可食率58.6%；肉质软糯，较易化渣，香气淡，回味好。果核坚硬，红褐色，大小中等，种仁乳白色。广西崇左市在8月下旬果实成熟。

【农户认知】早熟，丰产。

【优良特性】早结，丰产，稳产，肉质软糯。

【适宜地区】广西、广东、福建等地。

【利用价值】果肉、果仁均可食用；可作为栽培品种在生产上应用，亦可作为亲本育种。

【濒危状况及保护措施建议】少数农户零星种植，已很难收集到。建议异位妥善保存，并进行挖掘利用。

【收集人】覃振师（广西南亚热带农业科学研究所），贺鹏（广西南亚热带农业科学研究所）。

【照片拍摄者】贺鹏（广西南亚热带农业科学研究所）。

第十五节 油梨优异种质资源

001 腾龙

【学　名】Lauraceae（樟科）*Persea*（鳄梨属）*Persea americana*（鳄梨）。

【采集地】广西崇左市龙州县。

【主要特征特性】A型花，果实椭圆形，果形指数1.44，单果重512g，可食率79%；可溶性固形物含量5.6%，干物质含量19.3%，脂肪含量14.6%，蛋白质含量0.84g/100g，维生素C含量9.23mg/100g，总糖含量1.54g/100g。

【农户认知】高产，稳产。

【优良特性】可食率高，高产，肉质细腻。

【适宜地区】广西崇左市、南宁市。

【利用价值】鲜食，也可用作育种材料。

【濒危状况及保护措施建议】广西崇左市有规模种植，建议建立种质圃保存。

【收集人】广西南亚热带农业科学研究所油梨课题组。

【照片拍摄者】汤秀华（广西南亚热带农业科学研究所）。

002 紫金

【学　名】Lauraceae（樟科）*Persea*（鳄梨属）*Persea americana*（鳄梨）。

【采集地】广西崇左市内购买种子播种育苗，父母本不详。

【主要特征特性】A型花，果实长椭圆形，果形指数1.26，单果重623g，可食率80%，果皮厚1.18mm，可溶性固形物含量13.5%，干物质含量22%。

【农户认知】早熟，糯，大果。

【优良特性】可食率高，口感糯，早熟。

【适宜地区】广西崇左市。

【利用价值】鲜食，也可用作育种材料。

【濒危状况及保护措施建议】建议建立种质圃保存。

【收集人】广西南亚热带农业科学研究所油梨课题组。

【照片拍摄者】汤秀华（广西南亚热带农业科学研究所），徐丽［农业农村部植物新品种测试（儋州）分中心］。

003 桂龙3号

【学　名】Lauraceae（樟科）*Persea*（鳄梨属）*Persea americana*（鳄梨）。

【采集地】广西崇左市。

【主要特征特性】B型花，果实梨形，果形指数1.42，单果重460g，可食率77%，果皮厚1.1mm，果肉厚20mm，可溶性固形物含量7.8%，干物质含量19%。

【农户认知】高产。

【优良特性】高产，稳产。

【适宜地区】广西崇左市。

【利用价值】鲜食。

【濒危状况及保护措施建议】建议建立资源圃保存。

【收集人】广西南亚热带农业科学研究所油梨课题组。

【照片拍摄者】汤秀华（广西南亚热带农业科学研究所），徐丽［农业农村部植物新品种测试（儋州）分中心］。

第十六节 李优异种质资源

001 龙滩珍珠李

【学 名】Rosaceae（蔷薇科）*Prunus*（李属）*Prunus salicina*（中国李）。

【采集地】广西河池市天峨县。

【主要特征特性】特晚熟，2月中下旬初花，8月上旬果实成熟。自花结实，丰产、稳产，抗逆性强，品质优异。果实近圆形，缝合线深凹下陷；果实中等大，单果重21.0g，整齐度好。肉质爽脆，酸甜适中，有香味，风味好，可溶性固形物含量12.9%，可食率97.6%，完全离核。

【农户认知】品质优异，风味极佳，可饱食而不腻。

【优良特性】自花结实，丰产、稳产，品质好，风味佳。

【适宜地区】广西河池市、柳州市、百色市、来宾市海拔800～1200m地带。

【利用价值】高档鲜食水果，可商业种植。

【濒危状况及保护措施建议】易感染炭疽病，造成叶片焦枯、脱落，发展严重至枝条干枯、整株败死。建议在生产种植中加强农业防治，预防发病。

【收集人】罗瑞鸿（广西农业科学院园艺研究所）。

【照片拍摄者】罗瑞鸿（广西农业科学院园艺研究所）。

002 南丹黄腊李

【学　名】Rosaceae（蔷薇科）*Prunus*（李属）*Prunus salicina*（中国李）。

【采集地】广西河池市南丹县。

【主要特征特性】果大，果皮金黄色，果肉质地细嫩，有香味，品质优，风味好。

【农户认知】品质优，风味佳。

【优良特性】果较大，单果重53.2g，果形匀称，色泽鲜艳。果皮金黄色，被薄蜡粉，成熟时有鲜红晕。果肉淡黄色，肉质厚，质地细嫩，纤维少，有浓郁香味，可溶性固形物含量10%～12%，总糖含量8.2%，维生素C含量5.71mg/100g。较耐储运，常温储存6～8天。抗逆性强。

【适宜地区】广西河池市、柳州市、百色市、来宾市海拔800～1200m地带。

【利用价值】高档鲜食水果，可商业种植。

【濒危状况及保护措施建议】自花结实率低，需配栽授粉树。

【收集人】罗瑞鸿（广西农业科学院园艺研究所）。

【照片拍摄者】罗瑞鸿（广西农业科学院园艺研究所）。

003 | 凌云牛心李

【学　名】Rosaceae（蔷薇科）*Prunus*（李属）*Prunus salicina*（中国李）。

【采集地】广西百色市凌云县。

【主要特征特性】自花授粉结实率高，丰产。果实中等大，品质优，有蜜糖香味。

【农户认知】品质优，风味佳。

【优良特性】果实近心脏形，果中等大，单果重30.2g。果皮黄绿色，有红色晕斑，有果粉。果肉橙黄色，肉质细嫩爽脆，多汁，清甜，有蜜糖香味，核小，黏核。可溶性固形物含量12.1%，可食率95%。早熟，2月中下旬初花，6月上旬成熟。自花结实，稳产、丰产，抗逆性强。

【适宜地区】广西河池市、柳州市、百色市、来宾市海拔600～1200m地带。

【利用价值】高档鲜食水果，可商业种植。

【濒危状况及保护措施建议】谢花后易大量落果而造成只开花不结果的"华而不实"现象，建议在生产种植中注重做好保果措施。

【收集人】罗瑞鸿（广西农业科学院园艺研究所）。

【照片拍摄者】罗瑞鸿（广西农业科学院园艺研究所）。

第十七节　大果山楂优异种质资源

001 靖西大果山楂

【学　名】Rosaceae（蔷薇科）*Crataegus*（山楂属）*Crataegus scabrifolia*（云南山楂）。

【采集地】广西百色市靖西市。

【主要特征特性】果大，平均单果重145g，最大350g。含钙量特别高，每100g果肉含钙263.6mg，是其他山楂种的3.1倍。单株产量、品质在全国发现的山楂品种中位居榜首。

【农户认知】保健性好，抗"三高"食材。

【优良特性】植株高大，成年树高度通常4~6m，最高可达20m。冠幅不大，10年生植株冠幅2.2~2.5m。果大，果径4.4~5.9cm。有香气。果汁可溶性固形物含量10%~11%，可食率90%，汁多。果实钙含量高，每100g果肉含钙263.6mg。

【适宜地区】年平均气温16~20℃、最热月平均气温23~27℃、最冷月平均气温8~11℃，年降水量900~1300mm，日照140天以上如广西西北部、北部的亚热带地区。

【利用价值】花、果实、叶可用于开发具有降血脂、保肝、降压、助消化、强心、抗氧化、抗肿瘤的饮品和食品。

【濒危状况及保护措施建议】由于易感裂皮病而严重影响植株健康和果实产量，已成为资源保存与商业种植的限制因素。建议做好预防，注重综合防治。

【收集人】罗瑞鸿（广西农业科学院园艺研究所）。

【照片拍摄者】罗瑞鸿（广西农业科学院园艺研究所），邓培彬（广西靖西瑞泰食品有限公司）。

第十八节　柿优异种质资源

001 广西百色乐业县野生柿-1

【学　名】Ebenaceae（柿科）*Diospyros*（柿属）*Diospyros kaki*（柿）。

【采集地】广西百色市乐业县。

【主要特征特性】植株生长势强，树姿开张，树冠自然半圆形。果实扁圆形，果皮橙黄色，果粉少，软化后易剥离，果肉黄色，肉质松脆，软化后汁液多。果实纵径5.61cm、横径7.32cm，单果重132.14g，维生素C含量28.70mg/100g，总糖含量14.78%，总酸含量0.19%，可溶性固形物含量18.80%。花期3～4月，果实成熟期11～12月。

【农户认知】高产，病虫害少。

【优良特性】果实肉质松脆，软化后汁液多，高产，病虫害少，抗旱，耐贫瘠。

【适宜地区】广西百色市、河池市海拔900～1000m区域。

【利用价值】可加工成柿饼、柿子糕等产品，也可为种质创新、培育优良品种提供新的种质材料。

【濒危状况及保护措施建议】房前屋后零星分布，建议收集并于资源圃保存。

【收集人】李一伟（广西农业科学院园艺研究所）。

【照片拍摄者】李一伟（广西农业科学院园艺研究所）。

002 广西百色乐业县野生柿-2

【学　名】Ebenaceae（柿科）*Diospyros*（柿属）*Diospyros kaki*（柿）。

【采集地】广西百色市乐业县。

【主要特征特性】植株树势强健，树姿直立，树冠圆头形。果实长椭圆形，果皮红色，果面光滑，果肉橙红色，肉质细密，软化后汁液多，纤维较少。果实纵径6.31cm、横径3.56cm，单果重79.20g，总糖含量16.92%，总酸含量0.16%，可溶性固形物含量19.10%。花期3月，果实成熟期11～12月。

【农户认知】丰产，病虫害少。

【优良特性】果实肉质细密，丰产，抗病性强，耐贫瘠。

【适宜地区】广西百色市、河池市海拔900～1000m区域。

【利用价值】主要鲜食，可直接栽培利用，也可为品种选育提供新的种质材料。

【濒危状况及保护措施建议】散生于房前屋后，处于野生状态，基本失管，建议收集并于资源圃保存。

【收集人】姜新（广西农业科学院园艺研究所）。

【照片拍摄者】李一伟（广西农业科学院园艺研究所）。

003 广西柳州市三江县野生柿-1

【学　名】Ebenaceae（柿科）*Diospyros*（柿属）*Diospyros oleifera*（油柿）。

【采集地】广西柳州市三江侗族自治县。

【主要特征特性】植株树势中庸，树姿较为开张，树冠自然圆头形。果实近圆形，果皮橙黄色，果面有蜡质光泽，覆盖果粉，果肉黄色，肉质松软，软化后汁液多。果实纵径6.03cm、横径5.94cm，单果重136.20g，维生素C含量23.02mg/100g，总糖含量13.67%，总酸含量0.28%，可溶性固形物含量17.40%。花期3～4月，果实成熟期11月中下旬。

【农户认知】高产，病虫害少。

【优良特性】果实肉质松软，较为丰产，病虫害少，抗旱，耐贫瘠。

【适宜地区】广西柳州市三江侗族自治县、龙胜各族自治县海拔400～600m区域。

【利用价值】宜鲜食，可加工成柿饼，直接栽培利用，也可用作育种材料。

【濒危状况及保护措施建议】散生于乡村窄道、半坡地，处于野生状态，基本失管，建议收集并于资源圃保存。

【收集人】李一伟（广西农业科学院园艺研究所）。

【照片拍摄者】李一伟（广西农业科学院园艺研究所）。

第四章

经济作物优异种质资源

本章所述经济作物包括花生、大豆、甘薯、木薯、淮山、葛、旱藕、麻类作物、茶树等，在植物学分类上包含豆科、旋花科、大戟科、薯蓣科、美人蕉科、锦葵科、大麻科、天门冬科、山茶科等。在对广西经济作物种质资源开展全面系统调查、收集及鉴定评价基础上，筛选了一批优异种质资源，包括花生7份、大豆8份、甘薯6份、木薯5份、淮山5份、葛9份、旱藕5份、麻类作物18份、茶树10份。本章对这些优异种质资源的主要特征特性、农户认知及其优良特性等进行了详细描述，为进一步创新利用奠定基础。

第一节　花生优异种质资源

001 官庄花生

【学　名】Fabaceae（豆科）*Arachis*（落花生属）*Arachis hypogaea*（落花生）。

【采集地】广西桂林市灌阳县。

【主要特征特性】珍珠豆型花生，在南宁市春季种植生育期122天。株型直立型，疏枝，连续开花。荚果普通形，果嘴中等，荚果网纹中等，籽仁柱形，种皮粉红色。主茎高50.4cm，第一对侧枝长55.6cm，总分枝数8.7条；单株结果数18.2个，单株生产力26.5g。

【农户认知】果大，产量高，花生油香味浓郁。

【优良特性】耐旱，中抗叶斑病、锈病。百果重183.20g，百仁重81.30g，出仁率70.00%。粗脂肪含量51.68%，粗蛋白质含量25.60%，油酸含量48.42%，亚油酸含量34.12%，油酸与亚油酸比值1.42，蔗糖含量31.14mg/g。荚果大粒、壳中等，籽仁饱满。

【适宜地区】广西各地及华南地区其他花生产区。

【利用价值】生产上可直接应用，或用作大果、高产、优质花生品种选育的亲本。

【濒危状况及保护措施建议】农户零星种植，种植面积少。建议做好品种资源收集保存的同时，打造地方特色花生品牌，扩大种植面积。

【收集人】钟瑞春（广西农业科学院经济作物研究所）。

【照片拍摄者】钟瑞春（广西农业科学院经济作物研究所）。

002 龙水红花生

【学　名】Fabaceae（豆科）*Arachis*（落花生属）*Arachis hypogaea*（落花生）。

【采集地】广西桂林市全州县。

【主要特征特性】珍珠豆型花生，在南宁市春季种植生育期118天。株型直立型，疏枝，连续开花。荚果茧形，果嘴轻微，荚果网纹中等，籽仁圆形，种皮红色。主茎高72.6cm，第一对侧枝长85.4cm，总分枝数8.1条；单株结果数16.9个，单株生产力18.1g。

【农户认知】壳薄，食用口感好，补血。

【优良特性】耐旱，中抗叶斑病、锈病。百果重107.30g，百仁重45.35g，出仁率74.58%。粗脂肪含量52.32%，粗蛋白质含量26.33%，油酸含量56.70%，亚油酸含量21.85%，油酸与亚油酸比值2.59。荚果小粒、壳薄。

【适宜地区】广西各地及华南地区其他花生产区。

【利用价值】生产上可直接应用，或用作花生品种选育的亲本。

【濒危状况及保护措施建议】农户零星种植，种植面积少。建议异位妥善保存的同时，结合发展花生食品，扩大种植面积。

【收集人】钟瑞春（广西农业科学院经济作物研究所）。

【照片拍摄者】钟瑞春（广西农业科学院经济作物研究所）。

003 福记花生

【学　名】Fabaceae（豆科）*Arachis*（落花生属）*Arachis hypogaea*（落花生）。

【采集地】广西百色市德保县。

【主要特征特性】珍珠豆型花生，在南宁市春季种植生育期120天。株型直立型，疏枝，连续开花。荚果普通形，果嘴弱，荚果网纹中到粗糙，籽仁圆形，种皮红色。主茎高55.0cm，第一对侧枝长56.7cm，总分枝数6.6条；单株结果数15.5个，单株生产力26.6g。

【农户认知】壳薄，食用口感好，补血，出油率高。

【优良特性】耐旱，中抗叶斑病、锈病。百果重145.40g，百仁重62.35g，出仁率71.60%。粗脂肪含量52.55%，粗蛋白质含量25.37%，油酸含量51.53%，亚油酸含量33.54%，油酸与亚油酸比值1.54，蔗糖含量31.12mg/g。荚果整齐，壳薄。

【适宜地区】广西各地及华南地区其他花生产区。

【利用价值】生产上可直接应用，或用作优质花生品种选育的亲本。

【濒危状况及保护措施建议】农户零星种植，种植面积少。建议做好品种资源收集保存的同时，打造地方特色花生品牌，扩大种植面积。

【收集人】钟瑞春（广西农业科学院经济作物研究所）。

【照片拍摄者】钟瑞春（广西农业科学院经济作物研究所）。

004 里仰花生

【学 名】Fabaceae（豆科）*Arachis*（落花生属）*Arachis hypogaea*（落花生）。

【采集地】广西来宾市合山市。

【主要特征特性】珍珠豆型花生，在南宁市种植生育期118天，株型直立型，疏枝，连续开花。荚果普通形，果嘴弱，荚果网纹中等，籽仁圆柱形，种皮红色。主茎高57.6cm，第一对侧枝长58.8cm，总分枝数5.5条，单株结果数10.5个，单株生产力22.1g。

【农户认知】壳薄，食用口感好，花生油香。

【优良特性】中抗叶斑病、锈病，百果重166.20g，百仁重68.33g，出仁率73.51%。粗脂肪含量50.31%，粗蛋白质含量27.44%，油酸含量43.35%，亚油酸含量39.60%，油酸与亚油酸比值1.09，蔗糖含量24.12mg/g。荚果中等，壳薄，亚油酸含量高。

【适宜地区】广西各地及华南地区其他花生产区。

【利用价值】生产上可直接应用，或用作优质花生品种选育的亲本。

【濒危状况及保护措施建议】农户零星种植，种植面积少。建议做好品种资源收集保存的同时，打造地方特色花生品牌，扩大种植面积。

【收集人】石梅（广西来宾市合山市农业农村局）。

【照片拍摄者】钟瑞春（广西农业科学院经济作物研究所）。

005 上松花生

【学　名】Fabaceae（豆科）*Arachis*（落花生属）*Arachis hypogaea*（落花生）。

【采集地】广西崇左市宁明县。

【主要特征特性】多粒型花生，在南宁市种植生育期119天，株型直立型，疏枝，连续开花。荚果串珠形，果嘴明显，荚果网纹中到粗糙，籽仁柱形，种皮红色。主茎高51.1cm，第一对侧枝长61.9cm，总分枝数7.9条，单株结果数23.2个，单株生产力19.8g。

【农户认知】壳薄，食用口感好，单株果多。

【优良特性】中抗叶斑病、锈病。百果重136.00g，百仁重67.00g，出仁率71.00%。粗脂肪含量52.02%，粗蛋白质含量27.34%，油酸含量51.47%，亚油酸含量34.14%，油酸与亚油酸比值1.51，蔗糖含量23.28mg/g。

【适宜地区】广西各地及华南地区其他花生产区。

【利用价值】生产上可直接应用，或用作优质多粒型花生品种选育的亲本。

【濒危状况及保护措施建议】农户零星种植，种植面积少。建议做好品种资源收集保存的同时，打造地方特色花生品牌，扩大种植面积。

【收集人】柳塘镜（广西农业科学院园艺研究所）。

【照片拍摄者】钟瑞春（广西农业科学院经济作物研究所）。

006 古麦花生

【学　名】Fabaceae（豆科）*Arachis*（落花生属）*Arachis hypogaea*（落花生）。

【采集地】广西来宾市忻城县。

【主要特征特性】珍珠豆型花生，在南宁市种植生育期116天，株型直立型，疏枝，连续开花。荚果茧形，果嘴中，果腰中，荚果网纹中等，籽仁柱形，种皮红色。主茎高55.5cm，第一对侧枝长60.1cm，总分枝数7.4条，单株结果数12.9个，单株生产力22.0g。

【农户认知】壳薄饱满，食用甜香，花生油香。

【优良特性】中抗叶斑病、锈病。百果重156.21g，百仁重64.30g，出仁率73.47%。粗脂肪含量51.05%，粗蛋白质含量31.59%，油酸含量42.13%，亚油酸含量42.00%，油酸与亚油酸比值1.00，蔗糖含量34.00mg/g。荚果中等，壳薄。

【适宜地区】广西各地及华南地区其他花生产区。

【利用价值】生产上可直接应用，或用作优质鲜食花生品种选育的亲本。

【濒危状况及保护措施建议】农户零星种植，种植面积少。建议做好品种资源收集保存的同时，打造地方特色花生品牌，扩大种植面积。

【收集人】莫济瑜（广西来宾市忻城县种子管理站）。

【照片拍摄者】钟瑞春（广西农业科学院经济作物研究所）。

007 彩林花生

【学　名】Fabaceae（豆科）*Arachis*（落花生属）*Arachis hypogaea*（落花生）。

【采集地】广西防城港市上思县。

【主要特征特性】珍珠豆型花生，在南宁市种植生育期120天，株型直立型，疏枝，连续开花。荚果普通形，果腰中，果嘴弱，荚果网纹中等，籽仁柱形，种皮粉红色。主茎高40.55cm，第一对侧枝长51.4cm，总分枝数8条，单株结果数13.5个，单株生产力19.8g。

【农户认知】壳薄，油率高，花生油香味浓郁。

【优良特性】中抗青枯病、叶斑病、锈病。百果重155.20g，百仁重653.00g，出仁率72.90%。粗脂肪含量52.37%，粗蛋白质含量26.39%，油酸含量50.19%，亚油酸含量34.13%，油酸与亚油酸比值1.47。荚果中等、整齐，壳薄。

【适宜地区】广西各地及华南地区其他花生产区。

【利用价值】生产上可直接应用，或用作优质花生品种选育的亲本。

【濒危状况及保护措施建议】零星种植，种植面积少。建议做好品种资源收集保存的同时，打造地方特色花生品牌，扩大种植面积。

【收集人】郭元元（广西农业科学院蔬菜研究所）。

【照片拍摄者】钟瑞春（广西农业科学院经济作物研究所）。

第二节 大豆优异种质资源

001 巴马黑豆

【学　名】Fabaceae（豆科）Papilionoideae（蝶形花亚科）*Glycine*（大豆属）*Glycine max*（大豆）。

【采集地】广西河池市巴马瑶族自治县。

【主要特征特性】南方夏大豆类型。在南宁市种植生育期96天。有限结荚习性，株型直立型，株高54.4cm，底荚高18.3cm，主茎节数12.8节，有效分枝数2.5个，叶椭圆形，白花，棕毛，荚黄褐色，单株荚数29.1个，单株粒数53.2个，籽粒椭圆形，种皮黑色，有光泽，种脐黑色，百粒重20.2g。

【农户认知】具有乌发、补气、补血、补肾壮阳、明目及延年益寿等功效。

【优良特性】田间表现高抗花叶病毒病，中感霜霉病，抗倒伏，落叶性好，不裂荚；蛋白质含量42.74%，脂肪含量18.06%。在巴马五谷杂粮中，巴马黑豆为"养生主食之最"，是长寿老人食用的主要食品之一。

【适宜地区】广西河池市等地。

【利用价值】特色豆，除了日常用作豆制品菜肴，多作滋补品炖药食用，也可用于保健食品加工和生态旅游。

【濒危状况及保护措施建议】少数农户零星种植，已很难收集到。建议异位妥善保存的同时，结合发展保健食品加工和生态旅游，扩大种植面积。

【收集人】陈怀珠（广西农业科学院经济作物研究所），曾维英（广西农业科学院经济作物研究所）。

【照片拍摄者】陈文杰（广西农业科学院经济作物研究所）。

002 横县黑豆-2

【学　名】Fabaceae（豆科）Papilionoideae（蝶形花亚科）*Glycine*（大豆属）*Glycine max*（大豆）。

【采集地】广西南宁市横州市。

【主要特征特性】南方春大豆类型。在南宁市种植生育期84天，有限结荚习性，株型直立型，株高55.0cm，主茎节数14.2节，有效分枝数3.8个，叶椭圆形，紫花，棕毛，荚黄褐色，单株荚数53.8个，单株粒数91.7粒，种皮黑色，籽粒椭圆形，子叶黄色，种脐黑色，百粒重14.2g。

【农户认知】抗病，耐阴，早熟，适合与玉米、甘蔗等高秆作物间套种，具有乌发功效。

【优良特性】极耐荫蔽，高抗花叶病毒SC15株系、中抗SC18株系，生育期只有84天，特早熟，为春大豆早熟黑豆品种，适合与甘蔗、玉米、木薯等高秆作物间套作。

【适宜地区】广西南宁市等地。

【利用价值】特色豆，抗病性和耐阴性强，可用作间套作育种核心亲本和大豆响应荫蔽胁迫及抗花叶病毒研究的基础材料，也可用于发展保健食品加工。

【濒危状况及保护措施建议】少数农户零星种植，已很难收集到。建议异位妥善保存的同时，结合发展间套作种植和保健食品加工，扩大种植面积。

【收集人】陈怀珠（广西农业科学院经济作物研究所），曾维英（广西农业科学院经济作物研究所）。

【照片拍摄者】陈文杰（广西农业科学院经济作物研究所），曾维英（广西农业科学院经济作物研究所）。

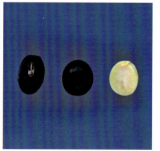

003 靖西早黄豆

【学　名】Fabaceae（豆科）Papilionoideae（蝶形花亚科）*Glycine*（大豆属）*Glycine max*（大豆）。

【采集地】广西百色市靖西市。

【主要特征特性】南方春大豆类型。生育期100天，有限结荚习性，株型直立型、半开张，株高40.8cm，主茎节数10.6节，有效分枝数4.8个，叶椭圆形，紫花，棕毛，荚黄褐色，单株荚数30.6个，单株粒数51.8粒，种皮黄色，籽粒椭圆形，种脐淡褐色，百粒重11.6g。

【农户认知】耐旱，耐阴，丰产性好，适应性广，抗病性强。

【优良特性】广西主要春大豆产区靖西市地方品种，曾在靖西市及周边地区种植多年，20世纪70年代后期年种植面积达25万亩。分枝多，结荚紧而密，耐旱，丰产性好，适应性广，耐阴，宜间套混种。

【适宜地区】广西西部地区。

【利用价值】综合性状优良，可用作育种亲本，已利用该品种作为亲本育成7个春大豆品种。

【濒危状况及保护措施建议】少数农户零星种植，已很难收集到。建议异位妥善保存的同时，在原分布地推广高效节本栽培技术，提高种豆效益，激发农户种豆积极性，扩大种植面积。

【收集人】陈怀珠（广西农业科学院经济作物研究所），曾维英（广西农业科学院经济作物研究所）。

【照片拍摄者】陈文杰（广西农业科学院经济作物研究所）。

004 玉林大黄豆

【学　名】Fabaceae（豆科）Papilionoideae（蝶形花亚科）*Glycine*（大豆属）*Glycine max*（大豆）。

【采集地】不详。

【主要特征特性】春大豆类型。在南宁市种植生育期100天。有限结荚习性，株型直立型、较开张，株高49.1cm，底荚高18.3cm，主茎节数12.8个，有效分枝数2.5个，单株粒重13.3g，叶椭圆形，紫花，棕毛，荚黄褐色，单株荚数29.1个，单株粒数53.2个，籽粒扁椭圆形，种皮黄白色、有光泽，种脐淡褐色，百粒重25.8g。

【农户认知】高产，适应性广。

【优良特性】20世纪70～80年代广西春大豆主栽品种，曾在广西许多春大豆产区得到广泛的种植利用，也是1990年以前广西大豆区试的对照品种。蛋白质含量41.50%，脂肪含量19.80%，田间表现抗病虫、抗倒伏、落叶性好、不裂荚，喜肥、耐湿、适应性广、丰产性好，综合农艺性状好。

【适宜地区】广西东南部、南部和中部地区。

【利用价值】综合性状优良，可用作育种骨干亲本，已利用该品种为祖先亲本育成春大豆品种11个、夏大豆品种2个。

【濒危状况及保护措施建议】少数农户零星种植，已很难收集到。建议异位妥善保存的同时，在原分布地推广高效节本栽培技术，提高种豆效益，激发农户种豆积极性，扩大种植面积。

【收集人】陈怀珠（广西农业科学院经济作物研究所），曾维英（广西农业科学院经济作物研究所）。

【照片拍摄者】陈文杰（广西农业科学院经济作物研究所）。

005 都结黑豆

【学　名】Fabaceae（豆科）Papilionoideae（蝶形花亚科）*Glycine*（大豆属）*Glycine max*（大豆）。

【采集地】广西南宁市隆安县。

【主要特征特性】南方夏大豆类型。在南宁市种植生育期94天，有限结荚习性，株型直立型，株高92.8cm，底荚高18.6cm，主茎节数18.0节，有效分枝数1.7个，叶卵圆形，紫花，灰毛，单株荚数47.2个，荚褐色，单株粒数91.2粒，单株粒重10.7g，种皮黑色，籽粒扁椭圆形，子叶黄色，种脐黑色，百粒重13.4g。

【农户认知】种植历史悠久，加工的豆腐品质好。

【优良特性】蛋白质含量43.27%，脂肪含量21.75%。以豆粒为原料制作的都结豆腐营养丰富、鲜嫩可口、耐煮耐煎，在隆安县乃至南宁市内外是知名品种之一，多次被推崇为中国—东盟博览会、南宁市非物质文化遗产代表性项目名录中的传统技艺产品进行展示和推介。

【适宜地区】广西南宁市等地。

【利用价值】特色豆，用于豆腐加工和生态旅游。

【濒危状况及保护措施建议】少数农户零星种植，已很难收集到。建议异位妥善保存的同时，结合发展都结乡豆腐加工和生态旅游，扩大种植面积。

【收集人】陈怀珠（广西农业科学院经济作物研究所），曾维英（广西农业科学院经济作物研究所）。

【照片拍摄者】陈文杰（广西农业科学院经济作物研究所）。

006 马渭秋黄豆

【学　名】Fabaceae（豆科）Papilionoideae（蝶形花亚科）*Glycine*（大豆属）*Glycine max*（大豆）。

【采集地】广西桂林市平乐县。

【主要特征特性】中早熟秋大豆品种。在南宁市夏播生育期92天。有限结荚习性，株型直立型，株高66.8cm，底荚高22.0cm，主茎节数14.5节，有效分枝数1.3个，叶椭圆形，白花，灰毛，荚黄褐色，单株荚数20.7个，单株粒数43.3粒，单株粒重8.7g，籽粒圆形，种皮黄色，种脐淡褐色，百粒重21.9g。

【农户认知】优质，抗病虫。

【优良特性】蛋白质含量47.65%，比国家规定的高蛋白指标（45.0%）高2.65个百分点，脂肪含量18.18%。脂肪与蛋白质含量之和为65.83%，为高蛋白品种，亦为双高品种。

【适宜地区】广西桂林市等地。

【利用价值】高蛋白大豆品种，可用作高蛋白育种亲本，也可用于制作豆腐、腐竹、腐乳、酱油等食品。

【濒危状况及保护措施建议】少数农户零星种植，已很难收集到。建议异位妥善保存的同时，在原分布地推广高效节本栽培技术，提高种豆效益，激发农户种豆积极性，结合发展豆制品加工，扩大种植面积。

【收集人】陈怀珠（广西农业科学院经济作物研究所），曾维英（广西农业科学院经济作物研究所）。

【照片拍摄者】陈文杰（广西农业科学院经济作物研究所）。

007 天南黑豆

【学　名】Fabaceae（豆科）Papilionoideae（蝶形花亚科）*Glycine*（大豆属）*Glycine max*（大豆）。

【采集地】广西崇左市天等县。

【主要特征特性】南方夏大豆类型。在南宁市种植生育期93天，亚有限结荚习性，株型直立型，株高117.9cm，主茎节数19.1节，有效分枝数4.2个，叶卵圆形，紫花，棕毛，荚褐色，单株荚数44.3个，单株粒数93.8粒，单株粒重15.8g，种皮黑色，籽粒扁椭圆形，子叶黄色，种脐黑色，百粒重30.3g。

【农户认知】乡村振兴扶贫产品，是当地的脱贫"致富豆"，石头缝里种出"黑珍珠"。

【优良特性】特色高油品种，蛋白质含量41.95%，脂肪含量22.27%。早熟，籽粒大，田间表现抗旱、耐贫瘠，产量高，抗倒伏，抗裂荚，落叶性好。近年，在政府相关部门的大力支持下，天等县建立了黑豆加工厂，成立了黑豆种植协会及合作社，大力发展天南黑豆种植。

【适宜地区】广西崇左市等地。

【利用价值】脱贫攻坚战打响以来，天南村突出发展天南黑豆特色产业，并从2020年开始举办"天南黑豆养生节"，让游客进一步了解天南村黑豆特色产品，带动当地经济发展。

【濒危状况及保护措施建议】少数农户零星种植，已很难收集到。建议异位妥善保存的同时，结合发展黑豆食品加工和生态旅游，扩大种植面积。

【收集人】陈怀珠（广西农业科学院经济作物研究所），曾维英（广西农业科学院经济作物研究所）。

【照片拍摄者】陈文杰（广西农业科学院经济作物研究所）。

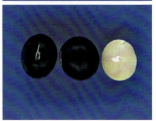

008 隆林蛇场本地豆

【学　名】Fabaceae（豆科）Papilionoideae（蝶形花亚科）*Glycine*（大豆属）*Glycine max*（大豆）。

【采集地】广西百色市隆林各族自治县。

【主要特征特性】南方春大豆类型。生育期84天，有限结荚习性，株型直立型、紧凑，株高49.8cm，主茎节数13.9节，有效分枝数3.6个，叶椭圆形，白花，棕毛，荚黑色，单株荚数57.4个，单株粒数102.2粒，种皮黑色，籽粒椭圆形，子叶黄色，种脐黑色，百粒重14.3g。

【农户认知】早熟，抗病性强。

【优良特性】高抗花叶病毒SC15株系和SC18株系。

【适宜地区】广西百色市等地。

【利用价值】抗病毒性强，可用作抗病毒育种亲本和抗花叶病毒研究的基础材料，还可用于黑豆食品加工。

【濒危状况及保护措施建议】少数农户零星种植，已很难收集到。建议异位妥善保存的同时，在原分布地推广高效节本栽培技术，提高种豆效益，激发农户种豆积极性，结合发展黑豆食品加工，扩大种植面积。

【收集人】陈怀珠（广西农业科学院经济作物研究所），曾维英（广西农业科学院经济作物研究所）。

【照片拍摄者】陈文杰（广西农业科学院经济作物研究所）。

第三节 甘薯优异种质资源

001 三江板栗薯

【**学 名**】Convolvulaceae（旋花科）*Ipomoea*（番薯属）*Ipomoea batatas*（番薯）。

【**采集地**】广西柳州市三江侗族自治县。

【**主要特征特性**】株型匍匐型，顶芽和顶叶黄绿色，成叶绿色，叶形浅裂复缺刻；叶脉和叶脉基部紫色，叶柄和柄基绿色，茎主色绿色、次色紫色，分布在茎节部；叶片大小108.9cm²，节间长2.3cm，茎直径5.5mm，基部分枝数5.0条，最长蔓长125.0cm。薯形有纺锤形和长纺锤形，薯皮黄色，薯肉紫蓝色带白色并随甘薯生育期及种植季节不同表现略有差异：夏季收获及生育期较长、个头较大的薯块，薯肉主色白色、次色浅紫蓝色，呈斑点分布；秋季种植、冬季收获的薯块，薯肉主色紫蓝色、次色白色，呈斑点分布。

【**农户认知**】口感好，味道似板栗，故称板栗薯。由于薯肉呈紫蓝色或蓝色，又称蓝心薯。

【**优良特性**】食味粉、香、甜，薯块干物率31.6%，属于优质食用型及淀粉型品种。

【**适宜地区**】全国甘薯产区。

【**利用价值**】可用于鲜食或加工甘薯粉丝，也可作为食用型及淀粉型甘薯新品种选育的亲本材料。

【**濒危状况及保护措施建议**】三江侗族自治县零星种植，已很难收集到。建议异位妥善保存，鼓励当地适当扩大种植面积，采用采集单位及国家圃保存等多种渠道相结合的保存方式。

【**收集人**】广西农业科学院玉米研究所薯类研究室。

【**照片拍摄者**】黄咏梅（广西农业科学院玉米研究所）。

002 黑叶

【学　名】Convolvulaceae（旋花科）*Ipomoea*（番薯属）*Ipomoea batatas*（番薯）。

【采集地】广西南宁市江南区。

【主要特征特性】株型匍匐型，顶芽和顶叶黄绿色，成叶墨绿色，叶心形或心形带齿；叶脉、叶脉基部、叶柄、柄基及茎均为绿色；叶片大小109.1cm²，节间长2.0cm，茎直径7.5mm，基部分枝数10.6条，最长蔓长142.3cm。薯形有纺锤形和长纺锤形，薯皮颜色白色或浅黄色，薯肉白色，薯皮颜色随生育期及收获时间略有差异：生育期短且收获的新鲜薯块，薯皮呈白色；生育期长及收获后保留时间较长的薯块，薯皮呈浅黄色。

【农户认知】叶菜专用型品种。因叶墨绿色，故称黑叶。

【优良特性】较耐旱，分枝多，嫩茎产量较高，一般为4500kg/亩，鲜薯产量1826.8kg/亩，薯块干物率23.2%。作为蔬菜食用，味甜、软滑，且叶片较耐煮、不烂，食味好。

【适宜地区】全国甘薯产区。

【利用价值】可用作叶菜专用型甘薯新品种选育的亲本材料。

【濒危状况及保护措施建议】广西各地零星种植。建议异位妥善保存，鼓励当地适当扩大种植面积，采用采集单位及国家圃保存等多种渠道相结合的保存方式。

【收集人】广西农业科学院玉米研究所薯类研究室。

【照片拍摄者】黄咏梅（广西农业科学院玉米研究所）。

003 贺州紫叶薯

【学　名】Convolvulaceae（旋花科）*Ipomoea*（番薯属）*Ipomoea batatas*（番薯）。

【采集地】广西贺州市八步区。

【主要特征特性】株型匍匐型，顶芽和顶叶黄绿色，成叶正面灰绿带紫色，背面紫色；叶形深裂复缺刻；叶脉、叶脉基部、叶柄及柄基均为紫色，茎主色紫色、次色绿色，分布在茎端；叶片大小 131.0cm²，节间长 2.3cm，茎直径 5.9mm，基部分枝数 8.8 条，最长蔓长 155.4cm。薯形有纺锤形和长纺锤形，薯皮在不同的种植批次表现略有不同，大部分表现为黄色，偶尔有黄色带浅红色，浅红色分布于薯块两端，薯肉浅黄色。

【农户认知】口感好，适宜加工甘薯薯脯。

【优良特性】鲜食口感甜糯，薯块干物率24.8%；加工成甘薯薯脯，口感软、甜、糯，属于优质食用型及薯脯加工型品种。

【适宜地区】全国甘薯产区。

【利用价值】可用作鲜食甘薯，也可用于食用型甘薯新品种选育的亲本材料。另外，叶片颜色比较艳丽，同时甘薯生长势强，还可作为园林绿化植物加以利用。

【濒危状况及保护措施建议】采集地零星种植，已很难收集到。建议异位妥善保存，鼓励当地适当扩大种植面积，采用采集单位及国家圃保存等多种渠道相结合的保存方式。

【收集人】广西农业科学院玉米研究所薯类研究室。

【照片拍摄者】黄咏梅（广西农业科学院玉米研究所）。

004 红姑娘三号

【学　名】Convolvulaceae（旋花科）*Ipomoea*（番薯属）*Ipomoea batatas*（番薯）。

【采集地】广西防城港市东兴市。

【主要特征特性】株型攀缘型，顶芽黄绿带紫色，顶叶黄绿色，边缘带褐色，成叶绿色；叶片浅裂单缺刻；叶脉浅紫色、叶脉基部紫色，叶柄、柄基及茎均为绿色；叶片大小113.5cm²，节间长6.0cm，茎直径4.4mm，基部分枝数7.0条，最长蔓长348.1cm，水肥过于充足或生育期比较长时，最长蔓长可达5m甚至以上。薯形长纺锤形，薯皮紫红色，薯肉白色。

【农户认知】鲜食口感好。

【优良特性】鲜食甜、粉、香味浓郁，食味品质佳。鲜薯粗蛋白质含量2.32%，粗纤维含量0.59%，可溶性糖含量3.63%，薯块干物率33.8%，属于优质食用型及淀粉型品种。

【适宜地区】广西防城港市东兴市。

【利用价值】可作鲜食甘薯，也可用作食用型及淀粉型甘薯新品种选育的亲本材料。

【濒危状况及保护措施建议】广西防城港市东兴市主栽品种。建议异位妥善保存的同时，采用采集单位及国家圃保存等多种渠道相结合的保存方式。

【收集人】广西农业科学院玉米研究所薯类研究室。

【照片拍摄者】黄咏梅（广西农业科学院玉米研究所），刘义明（广西防城港市农业技术推广服务中心）。

红姑娘三号

005 假姑娘

【学　名】Convolvulaceae（旋花科）*Ipomoea*（番薯属）*Ipomoea batatas*（番薯）。

【采集地】广西北海市合浦县。

【主要特征特性】株型匍匐型，顶芽褐色，顶叶褐色或褐带绿色，成叶绿色；顶叶深裂复缺刻，成叶深裂复缺刻或多缺刻；叶脉和叶脉基部紫色，叶柄绿色，柄基紫色，茎主色绿色、次色紫色，分布在茎节部；叶片大小122.9cm²，节间长3.5cm，茎直径5.6mm，基部分枝数5.8条，最长蔓长149.6cm。薯形有纺锤形和长纺锤形，薯皮紫红色，薯肉白色。

【农户认知】鲜食口感粉、香、甜，品质好。薯皮紫红色，薯肉白色，与防城港市的姑娘薯十分相似，但不是真正的姑娘薯，故称之为假姑娘。

【优良特性】鲜食粉、香、甜，口感好，薯块干物率32.7%，属于优质食用型及淀粉型品种。

【适宜地区】广西等地。

【利用价值】可作鲜食甘薯，也可用作食用型及淀粉型甘薯新品种选育的亲本材料。

【濒危状况及保护措施建议】在采集地零星种植，已很难收集到。建议异位妥善保存，鼓励当地适当扩大种植面积，采用采集单位及国家圃保存等多种渠道相结合的保存方式。

【收集人】广西农业科学院玉米研究所薯类研究室。

【照片拍摄者】黄咏梅（广西农业科学院玉米研究所）。

006 亡命结

【学　名】Convolvulaceae（旋花科）*Ipomoea*（番薯属）*Ipomoea batatas*（番薯）。

【采集地】广西柳州市柳江区。

【主要特征特性】株型匍匐型，顶芽和顶叶黄绿色，成叶绿色；叶片心齿形；叶脉、叶脉基部、叶柄、柄基及茎均为绿色；叶片大小137.4cm²，节间长5.2cm，茎直径5.1mm，基部分枝数4.2条，最长蔓长322.0cm。薯形有纺锤形及长纺锤形，在不同的种植季节及种植批次薯皮和薯肉颜色略有差异。薯皮橘黄色或黄色；薯肉有时表现为橘黄色，有时表现为黄带橘黄色或橘红色。

【农户认知】口感好。"亡命"，在当地有"拼命、不停"之意，因该品种结薯性好，不停地结薯，故称之为"亡命结"。

【优良特性】鲜食味甜、细腻软滑，口感好，产量高，结薯性好，一般产量2000～2500kg/亩，薯块干物率23.7%，属于优质食用型及薯脯加工型品种。

【适宜地区】全国甘薯产区。

【利用价值】可作为鲜食品种，亦可用作食用型甘薯新品种选育的亲本材料。

【濒危状况及保护措施建议】在采集地零星种植，已很难收集到。建议异位妥善保存，鼓励当地适当扩大种植面积，采用采集单位及国家圃保存等多种渠道相结合的保存方式。

【收集人】广西农业科学院玉米研究所薯类研究室。

【照片拍摄者】黄咏梅（广西农业科学院玉米研究所）。

第四节　木薯优异种质资源

001 岭南木薯

【学　名】Euphorbiaceae（大戟科）*Manihot*（木薯属）*Manihot esculenta*（木薯）。

【采集地】广西来宾市。

【主要特征特性】株型直立型，株高2.5～3.5m；顶端嫩叶浅紫色，成叶绿色，掌状深裂，裂片9片，裂片倒卵披针形，叶柄紫红色；成熟主茎中下部外皮灰褐色，内皮浅绿色；块根水平分布，薯形纺锤形，块根外皮黄褐色、内皮白色，薯肉白色。自然栽培条件下未见开花结实。

【农户认知】株型好，淀粉含量较高。

【优良特性】氢氰酸含量较低、简单处理后可食用，也可用作工业原料。

【适宜地区】广西等地。

【利用价值】食用或用作淀粉类加工原料等。

【濒危状况及保护措施建议】积极开发利用，扩大种植面积。

【收集人】曹升（广西农业科学院经济作物研究所）。

【照片拍摄者】陆柳英（广西农业科学院经济作物研究所）。

002 锣圩木薯

【学　名】Euphorbiaceae（大戟科）*Manihot*（木薯属）*Manihot esculenta*（木薯）。

【采集地】广西南宁市。

【主要特征特性】株型直立型，株高2.5～4.0m；顶端嫩叶黄绿色，成叶绿色，掌状深裂，裂片9片，裂片披针形，叶柄黄带红色；成熟主茎中下部外皮灰褐色，内皮深绿色；块根水平分布，薯形圆柱-圆锥形，块根外皮黄褐色、内皮粉红色，薯肉橙黄色。在广西少量开花结实。

【农户认知】株型好，食用口感脆甜。

【优良特性】氢氰酸含量低，淀粉含量较低，可溶性糖含量高。

【适宜地区】广西等地。

【利用价值】蒸煮食用或制作木薯汁等。

【濒危状况及保护措施建议】积极开发利用，扩大种植面积。

【收集人】曾文丹（广西农业科学院经济作物研究所）。

【照片拍摄者】陆柳英（广西农业科学院经济作物研究所）。

003 三合木薯

【学　名】Euphorbiaceae（大戟科）*Manihot*（木薯属）*Manihot esculenta*（木薯）。

【采集地】广西钦州市浦北县。

【主要特征特性】株型紧凑型，株高2.5～3.5m；顶端嫩叶紫色，成叶绿色，掌状深裂，裂片7～9片，裂片披针形，叶柄紫红色；成熟主茎中下部外皮红褐色，内皮浅绿色；块根水平分布，薯形圆柱－圆锥形，块根外皮褐色、内皮乳黄色，薯肉白色。自然栽培条件下未见开花结实。

【农户认知】蒸煮食用口感好，也可提供给淀粉厂收购。

【优良特性】氢氰酸含量较低。

【适宜地区】广西等地。

【利用价值】蒸煮食用或作为工业原料生产淀粉、变性淀粉等。

【濒危状况及保护措施建议】积极开发利用，扩大种植面积。

【收集人】陆柳英（广西农业科学院经济作物研究所）。

【照片拍摄者】陆柳英（广西农业科学院经济作物研究所）。

004 小芝麻木薯

【**学　名**】Euphorbiaceae（大戟科）*Manihot*（木薯属）*Manihot esculenta*（木薯）。

【**采集地**】广西北海市合浦县。

【**主要特征特性**】株型紧凑型，株高2.0～3.5m；顶端嫩叶浅绿色，成叶绿色，掌状深裂，裂片7片，裂片披针形，叶柄黄绿色，叶脉浅绿色；成熟主茎中下部外皮灰白色，内皮深绿色；结薯集中，掌状平伸，薯形纺锤形或圆柱-圆锥形，块根外皮褐色，内皮乳黄色，薯肉淡黄色。圆锥花序，花萼淡黄色，子房绿色，蒴果椭圆状，果皮绿色，成熟种子扁圆形，种皮黑色、硬壳质、具花纹。

【**农户认知**】食用口感好，香、糯、粉。

【**优良特性**】氢氰酸含量低，食用综合品质优良。

【**适宜地区**】广西等地。

【**利用价值**】特色薯类杂粮，适宜蒸煮食用和食品加工。

【**濒危状况及保护措施建议**】积极开发利用，扩大种植面积。

【**收集人**】严华兵（广西农业科学院经济作物研究所）。

【**照片拍摄者**】陆柳英（广西农业科学院经济作物研究所）。

005 彬桥木薯

【学　名】Euphorbiaceae（大戟科）*Manihot*（木薯属）*Manihot esculenta*（木薯）。

【采集地】广西崇左市龙州县。

【主要特征特性】株型直立型，株高2.5～3.5m；顶端嫩叶浅紫色，成叶绿色，掌状深裂，裂片9片，裂片披针形，叶柄紫红色，叶脉浅红色；成熟主茎中下部外皮灰白色，内皮浅绿色；块根水平分布，薯形为圆柱-圆锥形，块根外皮黄褐色、内皮乳黄色，块根肉质、白色。自然栽培条件下未见开花结实。

【农户认知】株型好，淀粉含量较高。

【优良特性】氢氰酸含量较低，简单处理后可食用，也可用于工业原料。

【适宜地区】广西等地。

【利用价值】蒸煮食用或作为工业原料生产淀粉、变性淀粉等。

【濒危状况及保护措施建议】积极开发利用，扩大种植面积。

【收集人】曹升（广西农业科学院经济作物研究所）。

【照片拍摄者】陆柳英（广西农业科学院经济作物研究所）。

第五节 淮山优异种质资源

001 邕宁淮山

【学　名】Dioscoreaceae（薯蓣科）*Dioscorea*（薯蓣属）*Dioscorea persimilis*（褐苞薯蓣）。

【采集地】广西南宁市邕宁区。

【主要特征特性】晚熟品种，在南宁市种植生育期210～240天。茎右旋、圆棱形、紫绿色，茎基部有刺；叶心形、叶尖锐尖、深绿色、有蜡质层，叶序下部互生、上中部对生；叶腋间长零余子；薯块圆柱形，薯长65.0cm，薯径6.7cm；薯皮浅褐色，根毛少、大多在头部；薯块横切面乳白色，光滑，胶质多；单株薯重1.5kg。

【农户认知】抗病，品质好，产量高。

【优良特性】抗病性强，产量高，淀粉含量高。鲜样主要物质含量：水分65.50%、淀粉28.10%、铁2.90mg/kg、锌1.44mg/kg、蛋白质2.63%、总皂苷0.06%、氨基酸总量1.78%。

【适宜地区】广西等地。

【利用价值】营养丰富全面，粮菜药兼用；加工脱水成干片、干粉，作为原料广泛应用于食品、工业等行业。

【濒危状况及保护措施建议】有大户、散户等种植，但利用薯块繁殖种性容易退化，建议利用零余子进行快繁或利用茎叶节扦插快繁、脱毒快繁等技术来提纯复壮以保持其优良种性。

【收集人】韦本辉（广西农业科学院经济作物研究所）。

【照片拍摄者】周灵芝（广西农业科学院经济作物研究所）。

002 贵港淮山

【学　名】Dioscoreaceae（薯蓣科）*Dioscorea*（薯蓣属）*Dioscorea persimilis*（褐苞薯蓣）。

【采集地】广西贵港市港南区。

【主要特征特性】晚熟品种，在南宁市种植生育期220～240天。茎右旋、圆棱形、紫绿色；叶心形、叶尖锐尖、深绿色、有蜡质层，叶序下部互生、上中部对生；叶腋间长零余子；薯块圆柱形，薯长52.5cm，薯径5.3cm；薯皮褐色，根毛少、大多在头部；薯块横切面乳白色，光滑，胶质多；单株薯重1.3kg。

【农户认知】长势旺，抗病，薯形漂亮。

【优良特性】薯条长直，商品性好；鲜样主要物质含量：水分77.90%、淀粉17.10%、铁1.44mg/kg、锌1.15mg/kg、蛋白质2.62%、总皂苷0.04%、氨基酸总量1.95%。

【适宜地区】广西等地。

【利用价值】营养丰富全面，药食同源，粮菜药兼用。

【濒危状况及保护措施建议】有大户、散户等种植，但利用薯块繁殖种性容易退化，建议利用零余子进行快繁或利用茎叶节扦插快繁、脱毒快繁等技术来提纯复壮以保持其优良种性。

【收集人】甘秀芹（广西农业科学院经济作物研究所）。

【照片拍摄者】周灵芝（广西农业科学院经济作物研究所）。

003 北流淮山

【学　名】Dioscoreaceae（薯蓣科）*Dioscorea*（薯蓣属）*Dioscorea persimilis*（褐苞薯蓣）。

【采集地】广西玉林市北流市。

【主要特征特性】晚熟品种，在南宁市种植生育期210～240天。茎右旋、圆棱形、紫绿色；叶心形、叶尖锐尖、深绿色、有蜡质层，叶序下部互生、上中部对生；叶腋间长零余子；薯块圆柱形，薯长80.6cm，薯径5.3cm；薯皮褐色，根毛少、大多在头部；薯块横切面乳白色，光滑，胶质多；单株薯重1.4kg。

【农户认知】薯形漂亮，商品性好。

【优良特性】薯条长直，商品性好，淀粉含量较高；鲜样主要物质含量：水分71.00%、淀粉23.60%、铁9.97mg/kg、锌1.35mg/kg、蛋白质2.41%、总皂苷0.07%、氨基酸总量1.64%。

【适宜地区】广西等地。

【利用价值】营养全面丰富，粮菜药兼用；淀粉含量较高，可加工成干片、干粉。

【濒危状况及保护措施建议】有大户、散户等种植，但利用薯块繁殖种性容易退化，建议利用零余子进行快繁或利用茎叶节扦插快繁、脱毒快繁等技术来提纯复壮以保持其优良种性。

【收集人】韦本辉（广西农业科学院经济作物研究所）。

【照片拍摄者】周灵芝（广西农业科学院经济作物研究所）。

004 藤县淮山

【学　名】Dioscoreaceae（薯蓣科）*Dioscorea*（薯蓣属）*Dioscorea persimilis*（褐苞薯蓣）。

【采集地】广西梧州市藤县。

【主要特征特性】中晚熟品种，在南宁市种植生育期200～210天。茎右旋、圆棱形、紫绿色，茎基部有刺；叶心形、叶尖锐尖、深绿色、有蜡质层，叶序下部互生、上中部对生；叶腋间长零余子；薯块圆柱形，薯长61.6cm，薯径6.8cm；薯皮褐色，根毛少、大多在头部；薯块横切面乳白色，光滑，胶质多；单株薯重1.8kg。

【农户认知】抗病能力强，产量高。

【优良特性】薯茎均匀长直，商品率高，产量高，淀粉含量高；鲜样主要物质含量：水分64.80%、淀粉26.30%、铁8.84mg/kg、锌1.13mg/kg、蛋白质2.74%、总皂苷0.06%、氨基酸总量1.90%。

【适宜地区】广西等地。

【利用价值】营养丰富全面，粮菜药兼用；加工脱水成干片、干粉，作为原料广泛应用于食品、工业等行业。

【濒危状况及保护措施建议】有大户、散户等种植，但利用薯块繁殖种性容易退化，建议利用零余子进行快繁或利用茎叶节扦插快繁、脱毒快繁等技术来提纯复壮以保持其优良种性。

【收集人】周灵芝（广西农业科学院经济作物研究所）。

【照片拍摄者】周灵芝（广西农业科学院经济作物研究所）。

005 荔浦淮山

【学　名】Dioscoreaceae（薯蓣科）*Dioscorea*（薯蓣属）*Dioscorea persimilis*（褐苞薯蓣）。

【采集地】广西桂林市荔浦市。

【主要特征特性】中晚熟品种，在南宁市种植生育期200～230天。茎右旋、圆棱形、紫绿色；叶心形、叶尖锐尖、深绿色、有蜡质层，叶序下部互生、上中部对生；叶腋间长零余子；薯块圆柱形，薯长73.4cm，薯径5.6cm；薯皮浅褐色，根毛少；薯块横切面乳白色，光滑，胶质多；单株薯重1.5kg。

【农户认知】抗病，品质好，产量高。

【优良特性】产量高，淀粉含量较高；鲜样主要物质含量：水分69.90%、淀粉22.80%、铁7.17mg/kg、锌1.94mg/kg、蛋白质2.86%、总皂苷0.05%、氨基酸总量2.08%。

【适宜地区】广西等地。

【利用价值】营养全面丰富，粮菜药兼用；其淀粉作为原料广泛应用于食品、工业等行业。

【濒危状况及保护措施建议】有大户、散户等种植，但利用薯块繁殖种性容易退化，建议利用零余子进行快繁或利用茎叶节扦插快繁、组培苗快繁等技术来提纯复壮以保持其优良种性。

【收集人】李艳英（广西农业科学院经济作物研究所）。

【照片拍摄者】周灵芝（广西农业科学院经济作物研究所）。

第六节　葛优异种质资源

001 梧州藤县粉葛

【学　名】Fabaceae（豆科）*Pueraria*（葛属）*Pueraria montana* var. *thomsonii*（粉葛）。

【采集地】广西梧州市藤县。

【主要特征特性】草质藤本，三出复叶，叶片有裂缺，叶片冬季全脱落，种植当年不开花，膨大块根长纺锤形，薯肉白色，表皮薄。块根含淀粉，供食用。

【农户认知】品质好，口感极粉，无渣。自20世纪90年代即在当地大规模种植，是至今收集到的种植历史最久的一个粉葛品种。

【优良特性】高淀粉无渣粉葛品种。干样淀粉含量77.32%，鲜样淀粉含量36.69%，干样葛根素含量0.12%。蒸食口感极粉、无渣。薯长41.80cm、宽10.23cm，亩产2.5～3.0t。

【适宜地区】广西等地。

【利用价值】适宜炒食、煲汤，提取淀粉加工成葛粉、葛面、葛酒等。当地有大规模的葛鲜薯储藏仓库，且集成一套成熟的鲜薯储藏技术，可错峰销售至广东、香港等地。

【濒危状况及保护措施建议】广西梧州市藤县大规模种植，建议原位妥善保存的同时，结合发展食品加工，扩大种植面积。

【收集人】严华兵（广西农业科学院经济作物研究所），尚小红（广西农业科学院经济作物研究所），曹升（广西农业科学院经济作物研究所）。

【照片拍摄者】尚小红（广西农业科学院经济作物研究所）。

002 来宾象州粉葛

【学　名】Fabaceae（豆科）*Pueraria*（葛属）*Pueraria montana* var. *thomsonii*（粉葛）。

【采集地】广西来宾市象州县。

【主要特征特性】草质藤本，三出复叶，叶片有裂缺，叶片冬季全脱落，种植当年不开花，块根长纺锤形，薯肉白色，皮薄，块根含淀粉。

【农户认知】品质好，蒸食口感极粉，无渣，微甜。在当地种植有20多年历史，当地老百姓主要散种，少量自留做菜，大量由当地的小作坊或合作社用来加工成葛根粉等产品。

【优良特性】高淀粉粉葛品种，干样淀粉含量75.10%，鲜样淀粉含量29.85%，干样葛根素含量0.05%。蒸食口感极粉，无渣，微甜。薯长39.85cm、宽11.73cm，亩产2.5～3.0t。

【适宜地区】广西各地，广东及我国其他粉葛种植区。

【利用价值】适宜炒食、煲汤，提取淀粉或全粉加工成葛粉、葛面、葛酒等。

【濒危状况及保护措施建议】广西来宾市象州县大规模种植，建议原位妥善保存的同时，结合发展食品加工，扩大种植面积。

【收集人】严华兵（广西农业科学院经济作物研究所），尚小红（广西农业科学院经济作物研究所），曹升（广西农业科学院经济作物研究所）。

【照片拍摄者】尚小红（广西农业科学院经济作物研究所）。

003 桂平紫荆粉葛

【学　名】Fabaceae（豆科）*Pueraria*（葛属）*Pueraria montana* var. *thomsonii*（粉葛）。

【采集地】广西贵港市桂平市。

【主要特征特性】草质藤本，三出复叶，叶片有裂缺，种植当年不开花，叶片冬季半脱落，植株上端有少许老叶，膨大块根纺锤形，薯肉白色，皮薄，块根含淀粉。

【农户认知】品质好，蒸食口感极粉，无渣。

【优良特性】高淀粉高葛根素粉葛品种。干样淀粉含量72.8%，鲜样淀粉含量30.82%，干样葛根素含量0.42%，蒸食口感极粉，无渣。薯长38.85cm、宽10.63cm，亩产2.5～3.0t。

【适宜地区】广西等地。

【利用价值】适宜炒食、煲汤、提取淀粉或全粉加工；葛根素含量符合有关标准，亦可用作药材。

【濒危状况及保护措施建议】当地农户种植，难以收集。建议异位妥善保存的同时，结合发展葛根保健品和食品加工，扩大种植面积。

【收集人】严华兵（广西农业科学院经济作物研究所），尚小红（广西农业科学院经济作物研究所），曹升（广西农业科学院经济作物研究所）。

【照片拍摄者】曹升（广西农业科学院经济作物研究所）。

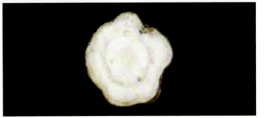

004 崇左龙州野葛

【学　名】Fabaceae（豆科）*Pueraria*（葛属）*Pueraria montana* var. *lobata*（野葛）。

【采集地】广西崇左市龙州县。

【主要特征特性】草质藤本，三出复叶，叶片有裂缺，种植当年开蓝紫色大花，花量非常大，叶片冬季半脱落，具大量细长块根，块根淀粉含量少。

【农户认知】尚未规模种植。

【优良特性】高葛根素野葛品种。当年种植葛根素含量可达2.9%，花量极大，可用于开发葛花茶。

【适宜地区】广西等地。

【利用价值】相对于粉葛及其他葛麻姆种质，该种质种植当年即可大范围开花，且花期长、花量大，适合用来开发葛花茶。因葛根素含量符合《中华人民共和国药典　2020年版　一部》标准，故亦可用作药材。

【濒危状况及保护措施建议】野生种质，尚未规模种植。建议异位妥善保存的同时，结合发展葛根保健品，扩大种植面积。

【收集人】曹升（广西农业科学院经济作物研究所），赖大欣（广西农业科学院经济作物研究所），陆柳英（广西农业科学院经济作物研究所）。

【照片拍摄者】尚小红（广西农业科学院经济作物研究所）。

005 | 桂平罗蛟野葛

【**学　名**】Fabaceae（豆科）*Pueraria*（葛属）*Pueraria montana* var. *lobata*（野葛）。

【**采集地**】广西贵港市桂平市。

【**主要特征特性**】路边野生种质，采集时有多年生的长块根。经扦插种植一年后鉴定，该种质薯形不规则，薯数多，薯细长。种植当年开蓝紫色大花。叶片冬季全脱落，具大量膨大细长块根。

【**农户认知**】尚未规模种植。

【**优良特性**】中淀粉高葛根素野葛品种。干样淀粉含量48.64%，鲜样淀粉含量22.70%，干样葛根素含量2.50%。薯长55.40cm、宽3.21cm，亩产0.5～1.0t。

【**适宜地区**】广西等地。

【**利用价值**】块根膨大性一般，鲜食纤维素含量高，口感渣，但因其葛根素含量高，达到了《中华人民共和国药典　2020年版　一部》野葛中葛根素含量的标准，因此适合做药材。

【**濒危状况及保护措施建议**】野生种质，尚未规模种植。建议异位妥善保存的同时，结合发展保健品加工，扩大种植面积。

【**收集人**】尚小红（广西农业科学院经济作物研究所），曹升（广西农业科学院经济作物研究所）。

【**照片拍摄者**】尚小红（广西农业科学院经济作物研究所）。

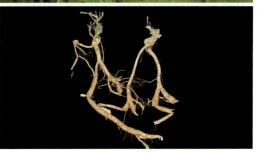

006 百色平果野葛

【学　名】Fabaceae（豆科）*Pueraria*（葛属）*Pueraria montana* var. *lobata*（野葛）。

【采集地】广西百色市平果市。

【主要特征特性】草质藤本，三出复叶，叶片有裂缺。种植当年开蓝紫色大花。叶片冬季半脱落，具大量膨大细长块根。

【农户认知】尚未规模种植。

【优良特性】葛根素含量2.72%，薯长53.32cm、宽3.68cm，亩产0.5～1.0t。

【适宜地区】广西等地。

【利用价值】块根膨大性一般，鲜食纤维素含量高，口感渣，但因其葛根素含量高，达到了《中华人民共和国药典　2020年版　一部》野葛中葛根素含量的标准，因此适合做药材。

【濒危状况及保护措施建议】野生种质，尚未规模种植。建议异位妥善保存的同时，结合发展保健品和食品加工，扩大种植面积。

【收集人】曹升（广西农业科学院经济作物研究所）。

【照片拍摄者】尚小红（广西农业科学院经济作物研究所）。

007 柳州三江葛麻姆

【学　名】Fabaceae（豆科）*Pueraria*（葛属）*Pueraria montana*（葛麻姆）。

【采集地】广西柳州市三江侗族自治县。

【主要特征特性】种植当年开紫红色小花，结实性超强。叶片冬季不脱落，全绿，具大量细长根，块根几乎不膨大，淀粉含量未检测出，葛根素含量0.18%，块根几乎无利用价值。

【农户认知】尚未规模种植。

【优良特性】花量大，开花时间从9月中下旬一直持续到11月上旬。

【适宜地区】广西各地，以及我国其他葛麻姆种植区。

【利用价值】相对于粉葛及其他葛麻姆种质，该种质种植当年即可大范围开花，且花期长、花量大，适合用来开发葛花茶。

【濒危状况及保护措施建议】野生种质，尚未规模种植。建议异位妥善保存的同时，结合发展葛花茶加工，扩大种植面积。

【收集人】曹升（广西农业科学院经济作物研究所），赖大欣（广西农业科学院经济作物研究所）。

【照片拍摄者】尚小红（广西农业科学院经济作物研究所）。

008 来宾白花葛麻姆

【学　名】Fabaceae（豆科）*Pueraria*（葛属）*Pueraria montana*（葛麻姆）。

【采集地】广西来宾市武宣县。

【主要特征特性】草质藤本，三出复叶，叶片全缘，叶片冬季半脱落，种植当年开白色小花，花香气味浓郁，花量大、花期长，初花在6月，一直持续到11月上旬。具细长根，块根不膨大，无淀粉，葛根素含量未测出，块根几乎无利用价值。

【农户认知】尚未规模种植。

【优良特性】花色洁白，花香独特，花气浓郁，花期长且量大，开花时间从6月初一直持续到11月上旬。

【适宜地区】广西各地，以及我国其他葛麻姆种植区。

【利用价值】相对于粉葛及其他葛麻姆种质，该种质种植当年即可大范围开花，且花香独特、花期长、花量大，适合用来开发葛花茶。

【濒危状况及保护措施建议】野生葛麻姆种质，尚未规模种植。建议异位妥善保存的同时，结合发展葛花茶加工，扩大种植面积。

【收集人】严华兵（广西农业科学院经济作物研究所），曹升（广西农业科学院经济作物研究所）。

【照片拍摄者】尚小红（广西农业科学院经济作物研究所）。

009 百色田林葛麻姆

【学　名】Fabaceae（豆科）*Pueraria*（葛属）*Pueraria montana*（葛麻姆）。

【采集地】广西百色市田林县。

【主要特征特性】草质藤本，三出复叶，叶片全缘，种植当年开紫红色小花，叶片冬季不脱落，全绿，具大量细长根，块根不膨大，无淀粉，葛根素含量0.03%，块根几乎无利用价值。

【农户认知】尚未规模种植。

【优良特性】花色独特，花量大。

【适宜地区】广西各地，以及我国其他葛麻姆种植区。

【利用价值】相对于粉葛及其他葛麻姆种质，该种质种植当年即可大范围开花，且花色独特、花量大，适合用来开发葛花茶。

【濒危状况及保护措施建议】野生葛麻姆种质，尚未规模种植。建议异位妥善保存的同时，结合发展葛花茶加工，扩大种植面积。

【收集人】曹升（广西农业科学院经济作物研究所），尚小红（广西农业科学院经济作物研究所）。

【照片拍摄者】尚小红（广西农业科学院经济作物研究所）。

第七节　旱藕②优异种质资源

001 永平旱藕

【学　名】Cannaceae（美人蕉科）Canna（美人蕉属）Canna indica 'Edulis'（蕉芋）。

【采集地】广西河池市都安瑶族自治县。

【主要特征特性】加工型旱藕，生育期240天。株型半紧凑型，分蘖数15个；叶紫边绿叶，叶长46.2cm、宽28.7cm，叶脉粗；茎节数11个，株高261.4cm，茎粗21.5mm，花红色；块茎单株重6.1kg，淀粉含量23.0%。

【农户认知】产量高，淀粉含量高。

【适宜地区】在年均气温15℃以上、年降水量800mm以上区域的各类土壤均可种植。

【利用价值】块茎淀粉含量高，直接应用于生产，用于加工粉丝、提取淀粉或加工饲料等，也可作为高淀粉育种亲本材料。

【濒危状况及保护措施建议】少数农户零星种植，建议结合发展淀粉、饲料加工业和美化环境等，扩大种植面积。

【收集人】樊吴静（广西农业科学院经济作物研究所）。

【照片拍摄者】钟瑞春（广西农业科学院经济作物研究所），樊吴静（广西农业科学院经济作物研究所）。

---

② 旱藕既可作为粮食作物种植，亦可作为蔬菜作物食用。基于开发利用和经济用途的考虑，本书将旱藕列入经济作物进行介绍。

002 马脚塘旱藕

【学　名】Cannaceae（美人蕉科）*Canna*（美人蕉属）*Canna indica* 'Edulis'（蕉芋）。

【采集地】广西南宁市宾阳县。

【主要特征特性】食用型旱藕，生育期300天。株型半紧凑型，植株高大，分蘖数20个；叶浅绿色，叶长66.4cm、宽34.8cm，叶脉细；茎节数12个，株高352.5cm，茎粗24.1mm，花红色；块茎产量高，单株重8.3kg，淀粉含量14.6%。

【农户认知】抗性强，植株高大，产量高，品质好，煮食口味佳。

【适宜地区】在年均气温15℃以上、年降水量800mm以上区域的各类土壤均可种植。

【利用价值】块茎淀粉含量低、糖分高，生产上种植主要鲜食或炒食，也可作为食用型旱藕育种亲本材料。

【濒危状况及保护措施建议】少数农户零星种植，建议结合发展特色美食、保健品和美化环境等，扩大种植面积。

【收集人】樊吴静（广西农业科学院经济作物研究所）。

【照片拍摄者】钟瑞春（广西农业科学院经济作物研究所），樊吴静（广西农业科学院经济作物研究所）。

003 毛洞旱藕

【学　名】Cannaceae（美人蕉科）*Canna*（美人蕉属）*Canna indica* 'Edulis'（蕉芋）。

【采集地】广西百色市乐业县。

【主要特征特性】药用型旱藕，生育期210天。株型半紧凑型，植株小，分蘖数6个；叶紫色，叶长33.2cm、宽19.4cm；茎节数7个，株高130.7cm，茎粗15.6mm，花深红色；块茎产量低，单株重2.4kg，淀粉含量15.9%。

【农户认知】食用可缓解冷汗虚汗、肠胃不适等状况，效果好。

【适宜地区】在年均气温15℃以上、年降水量800mm以上区域的各类土壤均可种植。

【利用价值】现直接应用于生产，主要作为药材，块茎煮食，可缓解冷汗虚汗、肠胃不适等状况，也可作为旱藕药用功能研究的基础材料。

【濒危状况及保护措施建议】少数农户零星种植，建议结合发展保健品和制药产业，扩大种植面积。

【收集人】樊吴静（广西农业科学院经济作物研究所）。

【照片拍摄者】钟瑞春（广西农业科学院经济作物研究所），樊吴静（广西农业科学院经济作物研究所）。

004 合作旱藕

【学　名】Cannaceae（美人蕉科）*Canna*（美人蕉属）*Canna indica* 'Edulis'（蕉芋）。

【采集地】广西南宁市马山县。

【主要特征特性】加工型旱藕，生育期270天。株型半紧凑型，分蘖数13个；叶绿色，叶长48.5cm、宽30.3cm；茎节数11个，株高306.8cm，茎粗28.7mm，花红色；块茎单株重6.2kg，淀粉含量19.2%。

【农户认知】抗性强，植株高大，产量高。

【适宜地区】在年均气温15℃以上、年降水量800mm以上区域的各类土壤均可种植。

【利用价值】用于提取淀粉或加工饲料等，也可作为育种亲本材料。

【濒危状况及保护措施建议】少数农户零星种植，建议结合发展淀粉、饲料加工业和美化环境等，扩大种植面积。

【收集人】樊吴静（广西农业科学院经济作物研究所）。

【照片拍摄者】钟瑞春（广西农业科学院经济作物研究所），樊吴静（广西农业科学院经济作物研究所）。

005 刘屋坳旱藕

【学　名】Cannaceae（美人蕉科）*Canna*（美人蕉属）*Canna indica* 'Edulis'（蕉芋）。

【采集地】广西钦州市钦北区。

【主要特征特性】加工型旱藕，生育期270天。株型半紧凑型，分蘖数15个；叶片肥厚，紫边绿叶，叶长40.1cm、宽29.8cm，叶脉粗；茎节数10个，株高263.7cm，茎粗27.6mm，花红色；块茎单株重7.8kg，淀粉含量21.5%。

【农户认知】抗性强，产量高。

【适宜地区】在年均气温15℃以上、年降水量800mm以上区域的各类土壤均可种植。

【利用价值】块茎淀粉含量高，现直接应用于生产，用于提取淀粉、加工饲料等，也可作为高淀粉育种亲本材料。

【濒危状况及保护措施建议】少数农户零星种植，建议结合发展淀粉、饲料加工业和美化环境等，扩大种植面积。

【收集人】樊吴静（广西农业科学院经济作物研究所）。

【照片拍摄者】钟瑞春（广西农业科学院经济作物研究所），樊吴静（广西农业科学院经济作物研究所）。

第八节 麻类作物优异种质资源

001 红麻 GH1866A

【学 名】Malvaceae（锦葵科）*Hibiscus*（木槿属）*Hibiscus cannabinus*（大麻槿）。

【来 源】F3A×GH1866B。

【主要特征特性】红麻细胞质雄性不育系，中熟，光周期敏感。植株为绿茎、全叶；花冠黄色，花喉红色，柱头高出雄蕊管1～3mm；花药瘦瘪，开裂率<0.1%；开裂花药有少量空瘪花粉、花粉残壁或极少数充实花粉，不育度>99.9%，不育株率100%，染败率和典败率100%，圆败率0，无可育花粉；绿色桃形蒴果，种子三角形，种皮灰褐色。保持系GH1866B，中熟，光周期敏感，植株为绿茎、全叶；花冠黄色，花喉红色。

【优良特性】雄性不育，耐寒性、抗病性强，不育率100%。

【适宜地区】黄河以南地区。

【利用价值】可制作纺织品，亦可用作杂交亲本或杂种优势利用研究。

【濒危状况及保护措施建议】不属于濒危品种，建议加大功能开发力度。

【培育人】赵艳红（广西农业科学院经济作物研究所），侯文焕（广西农业科学院经济作物研究所），廖小芳（广西农业科学院经济作物研究所），唐兴富（广西农业科学院经济作物研究所）。

【照片拍摄者】侯文焕（广西农业科学院经济作物研究所），赵艳红（广西农业科学院经济作物研究所），唐兴富（广西农业科学院经济作物研究所），廖小芳（广西农业科学院经济作物研究所）。

002 红麻GH1867A

【学　名】Malvaceae（锦葵科）*Hibiscus*（木槿属）*Hibiscus cannabinus*（大麻槿）。

【来　源】F3A×GH1867B。

【主要特征特性】红麻细胞质雄性不育系，中熟，光周期敏感。植株为绿茎、裂叶；花冠紫色，花喉红色，柱头高出雄蕊管1～3mm；花药瘦瘪，开裂率<0.1%；开裂花药有少量空瘪花粉、花粉残壁或极少数充实花粉，不育度>99.9%，不育株率100%，染败率和典败率100%，圆败率0，无可育花粉；绿色桃形蒴果，种子三角形，种皮灰褐色。保持系GH1867B，中熟，光周期敏感，植株为绿茎、裂叶；花冠紫色，花喉红色。

【优良特性】雄性不育，耐寒性、抗病性强，不育率100%。

【适宜地区】黄河以南地区。

【利用价值】可制作纺织品，亦可用作杂交亲本和杂种优势利用研究。

【濒危状况及保护措施建议】不属于濒危品种，建议加大功能开发力度。

【培育人】赵艳红（广西农业科学院经济作物研究所），侯文焕（广西农业科学院经济作物研究所），廖小芳（广西农业科学院经济作物研究所），唐兴富（广西农业科学院经济作物研究所）。

【照片拍摄者】赵艳红（广西农业科学院经济作物研究所），侯文焕（广西农业科学院经济作物研究所），唐兴富（广西农业科学院经济作物研究所）。

003 桂杂红3号

【学　名】Malvaceae（锦葵科）*Hibiscus*（木槿属）*Hibiscus cannabinus*（大麻槿）。

【来　源】P4A×H1302。

【主要特征特性】红麻杂交种，中熟，光周期敏感，生育期169天。植株为红茎、裂叶；花冠黄色，花喉红色；株高413.6cm，茎粗19.88mm，皮厚1.33mm；绿色桃形蒴果，种子三角形，种皮灰褐色，千粒重27.53g。

【优良特性】杂交种，高产，杂种优势明显，生长势整齐一致，单株鲜皮重0.28kg，单株鲜骨重0.32kg，单株干皮重62.65g，单株干骨重122.59g，皮晒干率22.7%，骨晒干率38.4%，干皮产量543.45kg/亩，干骨产量1066.50kg/亩。

【适宜地区】黄淮海、长江中下游及华南地区。

【利用价值】用于造纸，制作工艺绳、麻织品、麻地膜。

【濒危状况及保护措施建议】不属于濒危品种，建议加大功能开发力度。

【培育人】赵艳红（广西农业科学院经济作物研究所），侯文焕（广西农业科学院经济作物研究所），廖小芳（广西农业科学院经济作物研究所），李初英（广西农业科学院经济作物研究所），唐兴富（广西农业科学院经济作物研究所），劳赏业（合浦县农业科学研究所），李荣云（合浦县农业科学研究所）。

【照片拍摄者】侯文焕（广西农业科学院经济作物研究所），赵艳红（广西农业科学院经济作物研究所），唐兴富（广西农业科学院经济作物研究所），廖小芳（广西农业科学院经济作物研究所）。

004 甘圩圆叶

【学　名】Malvaceae（锦葵科）*Hibiscus*（木槿属）*Hibiscus cannabinus*（大麻槿）。

【采集地】广西南宁市武鸣区。

【主要特征特性】地方品种，中熟，光周期敏感，生育期175天。植株为绿茎、全叶；花冠黄色，花喉红色；株高430.7cm，茎粗14.00mm，皮厚1.36mm；绿色近圆形蒴果，种子三角形，种皮灰褐色。

【优良特性】高产，抗病，广亲和性。单株鲜皮重0.26kg，单株鲜骨重0.34kg，单株干皮重54.1g，单株干骨重107.9g，皮晒干率21.2%，骨晒干率31.7%，干皮产量378.7kg/亩，干骨产量755.3kg/亩。

【适宜地区】黄淮海、长江中下游及华南地区。

【利用价值】用作育种亲本，用于造纸，制作工艺绳、麻地膜。

【濒危状况及保护措施建议】不属于濒危品种，建议加大功能开发力度。

【收集人】赵艳红（广西农业科学院经济作物研究所），李初英（广西农业科学院经济作物研究所）。

【照片拍摄者】侯文焕（广西农业科学院经济作物研究所），赵艳红（广西农业科学院经济作物研究所），唐兴富（广西农业科学院经济作物研究所）。

005 隆安洋麻

【学　名】Malvaceae（锦葵科）*Hibiscus*（木槿属）*Hibiscus cannabinus*（大麻槿）。

【采集地】广西南宁市隆安县。

【主要特征特性】地方品种，中熟，光周期敏感，生育期175天。植株为绿茎、裂叶；花冠黄色，花喉红色；株高378.05cm，茎粗20.10mm，皮厚1.34mm；绿色桃形蒴果，种子三角形，种皮灰褐色。

【优良特性】抗病，单株鲜皮重0.21kg，单株鲜骨重0.30kg，单株干皮重60.7g，单株干骨重126.4g，皮晒干率29.1%，骨晒干率42.4%，干皮产量414kg/亩，干骨产量755kg/亩。

【适宜地区】黄淮海、长江中下游及华南地区。

【利用价值】用于造纸，制作工艺绳、麻地膜。

【濒危状况及保护措施建议】不属于濒危品种，建议加大功能开发力度。

【收集人】李初英（广西农业科学院经济作物研究所）。

【照片拍摄者】侯文焕（广西农业科学院经济作物研究所），赵艳红（广西农业科学院经济作物研究所），唐兴富（广西农业科学院经济作物研究所）。

006 府城麻菜

【学　名】Malvaceae（锦葵科）*Corchorus*（黄麻属）*Corchorus capsularis*（圆果种黄麻）。

【采集地】广西南宁市武鸣区。

【主要特征特性】地方品种，早熟，圆果种菜用黄麻，生育期150天。茎红色，叶柄红色，叶脉绿色，叶绿色、披针形，托叶红色，花萼红色，花瓣和花药黄色，有腋芽，分生侧枝能力强，节上着生红色球形蒴果，种皮棕色，种子千粒重3.20g。株高193.25cm，打顶后株高89.38cm，第一分枝高52.38cm，茎粗9.79mm，分枝数8.75个，叶长112.49mm、宽48.66mm，叶柄长54.50mm。

【农户认知】口感极佳，嫩茎质地脆爽，嫩叶软滑清香，抗病，抗虫。

【优良特性】耐盐，耐寒，高产，抗病虫。中耐NaCl、Na$_2$SO$_4$，嫩茎叶产量1171.96kg/亩，种子产量46kg/亩。

【适宜地区】黄淮海及长江中下游地区。

【利用价值】用作特色蔬菜，制作麻茶、高膳食纤维类食品。

【濒危状况及保护措施建议】不属于濒危品种，建议加大功能开发力度。

【收集人】李初英（广西农业科学院经济作物研究所）。

【照片拍摄者】侯文焕（广西农业科学院经济作物研究所），赵艳红（广西农业科学院经济作物研究所），唐兴富（广西农业科学院经济作物研究所），廖小芳（广西农业科学院经济作物研究所）。

007 宁明那禄

【学　名】Malvaceae（锦葵科）*Corchorus*（黄麻属）*Corchorus capsularis*（圆果种黄麻）。

【采集地】广西崇左市宁明县。

【主要特征特性】地方品种，中熟，圆果种菜用黄麻，生育期178天。茎亮红色，叶柄亮红色，叶脉红色，叶绿色、披针形，托叶红色，花萼红色，花瓣和花药黄色，有腋芽，分生侧枝能力强，节上着生红色球形蒴果，种皮棕色，种子千粒重2.87g。株高156.00cm，打顶后株高78.0cm，第一分枝高6.25cm，茎粗9.08mm，分枝数15.63个，叶片长124.48mm、宽50.76mm，叶柄长67.29mm。

【农户认知】口感极佳，嫩茎质地脆爽，嫩叶软滑清香，抗病，抗虫。

【优良特性】高产，抗病虫。嫩茎叶产量1233.33kg/亩，种子产量50kg/亩。

【适宜地区】黄淮海及长江中下游地区。

【利用价值】用作特色蔬菜，制作麻茶、高膳食纤维类食品。

【濒危状况及保护措施建议】不属于濒危品种，建议加大功能开发力度。

【收集人】赵艳红（广西农业科学院经济作物研究所）。

【照片拍摄者】赵艳红（广西农业科学院经济作物研究所），侯文焕（广西农业科学院经济作物研究所），唐兴富（广西农业科学院经济作物研究所），廖小芳（广西农业科学院经济作物研究所）。

008 宁明蔗园

【学　名】Malvaceae（锦葵科）*Corchorus*（黄麻属）*Corchorus capsularis*（圆果种黄麻）。

【采集地】广西崇左市宁明县。

【主要特征特性】地方品种，中熟，圆果种菜用黄麻，生育期173天。茎暗红色，叶柄深暗红色，叶脉绿色，叶绿色、披针形，托叶红色，花萼红色，花瓣和花药黄色，有腋芽，分生侧枝能力强，节上着生红色球形蒴果，种皮棕色，种子千粒重2.99g。株高154.2cm，打顶后株高74.0cm，第一分枝高10.25cm，茎粗12.29mm，分枝数10.75个，叶片长137.89mm、宽60.89mm，叶柄长74.87mm。

【农户认知】口感极佳，嫩茎质地脆爽，嫩叶软滑清香，抗病，抗虫。

【优良特性】高产，抗病虫。嫩茎叶产量1116.82kg/亩，种子产量48.27kg/亩。

【适宜地区】黄淮海及长江中下游地区。

【利用价值】用作特色蔬菜，制作麻茶、高膳食纤维类食品。

【濒危状况及保护措施建议】不属于濒危品种，建议加大功能开发力度。

【收集人】赵艳红（广西农业科学院经济作物研究所）。

【照片拍摄者】侯文焕（广西农业科学院经济作物研究所），赵艳红（广西农业科学院经济作物研究所），唐兴富（广西农业科学院经济作物研究所），廖小芳（广西农业科学院经济作物研究所）。

009 田东黄麻

【学　名】Malvaceae（锦葵科）*Corchorus*（黄麻属）*Corchorus olitorius*（长果种黄麻）。

【采集地】广西百色市田东县。

【主要特征特性】地方品种，中熟，长果种菜用黄麻，生育期168天。茎绿色，叶柄绿色，叶脉绿色，叶绿色、卵圆形，托叶绿色，花萼绿色，花瓣和花药黄色，有腋芽，分生侧枝能力强，节上着生绿色长柱形蒴果，种皮墨绿色，种子千粒重1.84g。株高283.3cm，打顶后株高160.5cm，第一分枝高127.2cm，茎粗11.31mm，分枝数6.5个，叶片长151.55mm、宽60.80mm，叶柄长52.23mm。

【农户认知】口感极佳，嫩茎质地脆爽，嫩叶软滑清香，抗病，抗虫。

【优良特性】高产，抗病虫。嫩茎叶产量1450kg/亩，种子产量49.0kg/亩。

【适宜地区】黄淮海及长江中下游地区。

【利用价值】用作特色蔬菜，制作麻茶、高膳食纤维类食品。

【濒危状况及保护措施建议】不属于濒危品种，建议加大功能开发力度。

【收集人】侯文焕（广西农业科学院经济作物研究所）。

【照片拍摄者】侯文焕（广西农业科学院经济作物研究所），赵艳红（广西农业科学院经济作物研究所），唐兴富（广西农业科学院经济作物研究所），廖小芳（广西农业科学院经济作物研究所）。

010 金陵黄麻

【学　名】Malvaceae（锦葵科）*Corchorus*（黄麻属）*Corchorus capsularis*（圆果种黄麻）。

【采集地】广西南宁市西乡塘区。

【主要特征特性】地方品种，中熟，圆果种菜用黄麻，生育期178天。茎红色，叶柄红色，叶脉绿色，叶绿色、披针形，托叶红色，花萼红色，花瓣和花药黄色，有腋芽，分生侧枝能力强，节上着生红色球形蒴果，种皮棕色，种子千粒重2.89g。株高185.7cm，打顶后株高79.3cm，第一分枝高24.2cm，茎粗10.12mm，分枝数9.33个，叶片长133.24mm、宽54.28mm，叶柄长67.16mm。

【农户认知】口感极佳，嫩茎质地脆爽，嫩叶软滑清香，抗病，抗虫。

【优良特性】高产，抗病虫。嫩茎叶产量1150kg/亩，种子产量50kg/亩。

【适宜地区】黄淮海及长江中下游地区。

【利用价值】用作特色蔬菜，制作麻茶、高膳食纤维类食品。

【濒危状况及保护措施建议】不属于濒危品种，建议加大功能开发力度。

【收集人】侯文焕（广西农业科学院经济作物研究所）。

【照片拍摄者】赵艳红（广西农业科学院经济作物研究所），侯文焕（广西农业科学院经济作物研究所），唐兴富（广西农业科学院经济作物研究所），廖小芳（广西农业科学院经济作物研究所）。

011 巴马火麻

【学　名】Cannabinaceae（大麻科）*Cannabis*（大麻属）*Cannabis sativa*（大麻）。

【采集地】广西河池市巴马瑶族自治县。

【主要特征特性】地方品种，中熟，雌雄异株，生育期145天。雄株叶绿色，茎绿色、表面粗糙，雄花绿色丛生，雄花萼片表面光滑，花药淡黄色，花粉黄白色。雌株叶绿色，茎绿色，雌花黄绿色，柱头白色，分枝性强。种子卵圆形，种皮有花纹、浅褐色，成熟后期脱离母体能力强。雄株株高242.40cm，分枝高55.20cm，分枝数28个，茎粗16.28mm。雌株株高197.60cm，分枝高74.80cm，分枝数19个，茎粗11.56mm。千粒重21.68g。

【农户认知】抗病性强，含油量高，耐贫瘠。

【适宜地区】广西河池市等地。

【利用价值】药食两用，制作巴马火麻油、火麻蛋白、火麻汤、火麻糊等特色食品。

【濒危状况及保护措施建议】不属于濒危品种，建议加大功能开发力度。

【收集人】侯文焕（广西农业科学院经济作物研究所）。

【照片拍摄者】侯文焕（广西农业科学院经济作物研究所），赵艳红（广西农业科学院经济作物研究所），唐兴富（广西农业科学院经济作物研究所），廖小芳（广西农业科学院经济作物研究所）。

012 玫瑰茄MG1501-10-1-2

【学　名】Malvaceae（锦葵科）*Hibiscus*（木槿属）*Hibiscus sabdariffa*（玫瑰茄）。

【来　源】M3×M5。

【主要特征特性】玫红花萼类型，生育期196天，鲜果产量977.46kg/亩，鲜花萼产量649.14kg/亩，干花萼产量54.40kg/亩。株高185.60cm，茎粗13.48mm，有效分枝数6.20个，无效分枝数10.10个，单株果数24.10个，单株鲜果重351.60g，单株鲜花萼重233.51g，单株干花萼重19.57g，种子千粒重46.74g。紫红茎，黄花，叶深绿色，掌状5浅裂，裂片披针形（上部叶型），花萼桃形、玫红色，种子亚肾形、褐色。

【适宜地区】广西、广东、福建、云南、海南等地。

【利用价值】提取花色素，用作食品、药品、保健品原料。

【濒危状况及保护措施建议】不属于濒危品种，建议加大功能开发力度。

【培育人】赵艳红（广西农业科学院经济作物研究所），侯文焕（广西农业科学院经济作物研究所），廖小芳（广西农业科学院经济作物研究所），唐兴富（广西农业科学院经济作物研究所），李初英（广西农业科学院经济作物研究所）。

【照片拍摄者】赵艳红（广西农业科学院经济作物研究所），侯文焕（广西农业科学院经济作物研究所），唐兴富（广西农业科学院经济作物研究所），廖小芳（广西农业科学院经济作物研究所）。

013 玫瑰茄 MG1501-23

【学　名】Malvaceae（锦葵科）*Hibiscus*（木槿属）*Hibiscus sabdariffa*（玫瑰茄）。

【来　源】M3×M5。

【主要特征特性】紫红花萼类型，生育期196天，鲜果产量1092.60kg/亩，鲜花萼产量625.85kg/亩，干花萼产量59.09kg/亩。株高205.94cm，茎粗10.89mm，有效分枝数8.44个，无效分枝数7.94个，单株果数46.25个，单株鲜果重393.02g，单株鲜花萼重225.12g，单株干花萼重21.25g，种子千粒重33.76g。紫红茎，粉红花，叶深绿色，掌状5深裂，裂片披针形（上部叶型），花萼杯形、深紫红色，种子亚肾形、褐色。

【适宜地区】广西、广东、福建、云南、海南等地。

【利用价值】提取花色素，用作食品、药品、保健品原料。

【濒危状况及保护措施建议】不属于濒危品种，建议加大功能开发力度。

【培育人】侯文焕（广西农业科学院经济作物研究所），赵艳红（广西农业科学院经济作物研究所），廖小芳（广西农业科学院经济作物研究所），唐兴富（广西农业科学院经济作物研究所），李初英（广西农业科学院经济作物研究所）。

【照片拍摄者】侯文焕（广西农业科学院经济作物研究所），赵艳红（广西农业科学院经济作物研究所），唐兴富（广西农业科学院经济作物研究所），廖小芳（广西农业科学院经济作物研究所）。

014 玫瑰茄MG1504-8

【学　名】Malvaceae（锦葵科）*Hibiscus*（木槿属）*Hibiscus sabdariffa*（玫瑰茄）。

【来　源】M13变异单株。

【主要特征特性】紫红花萼类型，生育期184天，鲜果产量994.41kg/亩，鲜花萼产量564.60kg/亩，干花萼产量52.66kg/亩。株高162.10cm，茎粗11.06mm，有效分枝数7.40个，无效分枝数7.20个，单株果数42.50个，单株鲜果重357.70g，单株鲜花萼重203.09g，单株干花萼重18.94g，种子千粒重32.30g。紫红茎，粉红花，叶深绿色，掌状5深裂，裂片披针形（上部叶型），花萼杯形、紫红色，种子亚肾形、褐色。

【适宜地区】广西、广东、福建、云南、海南等地。

【利用价值】提取花色素，用作食品、药品、保健品原料。

【濒危状况及保护措施建议】不属于濒危品种，建议加大功能开发力度。

【培育人】赵艳红（广西农业科学院经济作物研究所），廖小芳（广西农业科学院经济作物研究所），侯文焕（广西农业科学院经济作物研究所），唐兴富（广西农业科学院经济作物研究所），李初英（广西农业科学院经济作物研究所）。

【照片拍摄者】赵艳红（广西农业科学院经济作物研究所），侯文焕（广西农业科学院经济作物研究所），唐兴富（广西农业科学院经济作物研究所），廖小芳（广西农业科学院经济作物研究所）。

015 白玫瑰茄

【学　名】Malvaceae（锦葵科）*Hibiscus*（木槿属）*Hibiscus sabdariffa*（玫瑰茄）。

【采集地】广西南宁市。

【主要特征特性】特异种质，花萼白色，生育期175天。株高174.67cm，茎粗12.15mm，有效分枝数9.33个，单株果数30.40个，单株鲜果重359.33g，单株鲜花萼重230.43g。绿色茎，黄花，叶深绿色，掌状5浅裂，裂片披针形（上部叶型），花萼桃形、白色，种子亚肾形、褐色。

【适宜地区】广西、广东、福建、云南、海南等地。

【利用价值】用作食品、药品、保健品原料。

【濒危状况及保护措施建议】不属于濒危品种，建议加大功能开发力度。

【收集人】侯文焕（广西农业科学院经济作物研究所），赵艳红（广西农业科学院经济作物研究所）。

【照片拍摄者】赵艳红（广西农业科学院经济作物研究所），侯文焕（广西农业科学院经济作物研究所），唐兴富（广西农业科学院经济作物研究所），廖小芳（广西农业科学院经济作物研究所）。

016 玫瑰茄MG7

【学　名】Malvaceae（锦葵科）*Hibiscus*（木槿属）*Hibiscus sabdariffa*（玫瑰茄）。

【采集地】广西玉林市陆川县。

【主要特征特性】特异种质，紫红色长花萼，生育期175天。株高165.37cm，茎粗11.60mm，有效分枝数13.60个，单株果数78.60个，单株鲜果重1263.89g，单株鲜花萼重786.00g，单株干花萼重71.42g；紫红色茎，粉红花，叶深绿色，掌状5浅裂，裂片披针形（上部叶型），花萼杯形、紫红色，种子亚肾形、褐色。花萼长度达5cm，较普通品种花萼（3cm）长2cm。

【适宜地区】广西、广东、福建、云南、海南等地。

【利用价值】提取花色素，用作食品、药品、保健品原料。

【濒危状况及保护措施建议】不属于濒危品种，建议加大功能开发力度。

【收集人】侯文焕（广西农业科学院经济作物研究所），唐兴富（广西农业科学院经济作物研究所），赵艳红（广西农业科学院经济作物研究所），李初英（广西农业科学院经济作物研究所）。

【照片拍摄者】侯文焕（广西农业科学院经济作物研究所），赵艳红（广西农业科学院经济作物研究所），唐兴富（广西农业科学院经济作物研究所），廖小芳（广西农业科学院经济作物研究所）。

017 桂麻1号

【学　名】Asparagaceae（天门冬科）*Agave*（龙舌兰属）*Agave sisalana*（剑麻）。

【采集地】广西崇左市扶绥县。

【主要特征特性】植株高大，株高210～250cm；叶片刚直、宽而长，叶长130～150cm、宽14～16cm；叶色灰绿，叶面蜡粉少；叶缘无刺，叶顶有锐刺；生命周期10～15年，周期展叶600～650片，年展叶45～55片；叶片纤维含量4.5%，纤维细而均匀，长度110cm，束纤维强力825N；番麻皂素含量中等。花期5～6月。田间表现耐寒，耐旱，耐贫瘠。

【农户认知】抗病，高产，纤维拉力强。

【优良特性】生命周期较长，周期展叶量大，纤维含量较高。

【适宜地区】广西南部地区，云南省文山壮族苗族自治州、德宏傣族景颇族自治州，广东西部地区，海南。

【利用价值】主要用于提取纤维，麻头可做燃料或用于酿酒等。

【濒危状况及保护措施建议】不属于濒危品种，建议积极开展该品种的健康种苗标准化繁育，在我国广东、广西、云南及东盟国家进行大力推广。

【收集人】陈涛（广西壮族自治区亚热带作物研究所）。

【照片拍摄者】陈涛（广西壮族自治区亚热带作物研究所）。

018 广西76416号

【学　名】Asparagaceae（天门冬科）*Agave*（龙舌兰属）*Agave sisalana*（剑麻）。

【采集地】广西南宁市。

【主要特征特性】植株高大，株高210～250cm；叶片刚直、宽而长，叶长130～150cm、宽14～16cm；叶色灰绿，叶面蜡粉少；叶缘无刺，叶顶有锐刺；生命周期10～15年，周期展叶500～550片，年展叶45～55片；叶片纤维含量4.5%，纤维细而均匀，长度110cm，束纤维强力825N；番麻皂素含量高。花期5～6月。田间表现中抗斑马纹病，耐寒，耐旱，耐贫瘠。

【农户认知】抗斑马纹病，适宜在斑马纹病严重地区进行补植。

【优良特性】具有较强的抗斑马纹病能力，且速生快长，适应性强，富含剑麻皂素和番麻皂素。

【适宜地区】广西南部地区，云南省文山壮族苗族自治州、德宏傣族景颇族自治州，广东西部地区。

【利用价值】主要用于提取纤维、剑麻皂素。

【濒危状况及保护措施建议】保存于广西壮族自治区亚热带作物研究所、中国热带农业科学院、广东农垦热带农业研究院有限公司等单位，不属于濒危品种。建议采取离体保存、健康种苗标准化繁育等措施保持该品种的优良特性。

【收集人】陈涛（广西壮族自治区亚热带作物研究所）。

【照片拍摄者】陈涛（广西壮族自治区亚热带作物研究所），覃旭（广西壮族自治区亚热带作物研究所），黄显雅（广西壮族自治区亚热带作物研究所）。

第九节　茶树优异种质资源

001 红叶茶

【学　名】Theaceae（山茶科）*Camellia*（山茶属）*Camellia sinensis*（茶）。

【采集地】广西百色市。

【主要特征特性】芽叶红色，芽叶茸毛少，叶片稍上斜，小叶，叶形椭圆形，叶色绿色，叶面隆起，叶身平，叶质硬，叶齿锐度中，叶齿密度中，叶齿深度中，叶基楔形，叶尖渐尖，叶缘平。果实球形、肾形、三角形，种子球形、半球形、不规则形，种皮褐色，百粒重76g。花萼绿色，花萼茸毛无，花瓣淡黄色，花瓣质地中，子房被茸毛，花柱裂位中，雌蕊高，萼片5枚，花瓣6或7枚，柱头3裂。

【农户认知】制成的红茶滋味醇和，香气高爽，叶色漂亮，抗病，品质好。

【优良特性】春茶一芽二叶含茶多酚23.0%、氨基酸2.7%、咖啡碱3.2%、水浸出物44.2%。叶色在秋、冬季更显红色。适合制作红茶，具有薯香，滋味醇厚、汤色橙红，叶底红亮，叶质柔软。

【适宜地区】我国热带、亚热带地区。

【利用价值】属于芽叶颜色特异的茶树种质资源。3月中下旬春芽萌发，叶色特殊，可用于研究茶叶叶色多变机理，选育红叶栽培茶种。

【濒危状况及保护措施建议】零星分布，较难收集到。建议异位妥善保存。

【收集人】温立香（广西壮族自治区亚热带作物研究所）。

【照片拍摄者】彭靖茹（广西壮族自治区亚热带作物研究所）。

002 紫芽茶

【学　名】Theaceae（山茶科）*Camellia*（山茶属）*Camellia sinensis*（茶）。

【采集地】广西百色市。

【主要特征特性】芽叶紫色，芽叶茸毛少，叶片上斜，中叶，叶形长椭圆形，叶色深绿色，叶面隆起，叶身内折，叶质柔软，叶齿锐度钝，叶齿密度稀，叶齿深度浅，叶基楔形，叶尖渐尖，叶缘微波。果实球形、半球形、锥形、不规则形、种子球形、半球形，种皮褐色，百粒重90g。花萼绿色，花萼茸毛无，花瓣淡绿色，花瓣质地中，子房被茸毛，花柱裂位高，雌蕊高，萼片5枚，花瓣6或7枚，柱头3裂。

【农户认知】制成的红茶滋味醇和，香气高爽，发芽早，叶色漂亮，抗病，品质好。

【优良特性】一芽三四叶叶色都为紫色，老叶绿色。持嫩性较强。耐旱。春茶一芽二叶含茶多酚21.4%、氨基酸2.8%、咖啡碱2.0%、水浸出物42.8%。雌雄蕊等高。红茶甜，花果香，醇厚，汤色红亮，叶底红亮。

【适宜地区】我国热带、亚热带地区。

【利用价值】属于芽叶颜色特异的茶树种质资源。3月初春芽萌发，叶色特殊，可用于研究茶叶叶色多变机理，选育紫叶栽培茶种。

【濒危状况及保护措施建议】零星分布，较难收集到。建议异位妥善保存。

【收集人】黄寿辉（广西壮族自治区亚热带作物研究所）。

【照片拍摄者】彭靖茹（广西壮族自治区亚热带作物研究所）。

003 红茎茶

【学　名】Theaceae（山茶科）*Camellia*（山茶属）*Camellia sinensis*（茶）。

【采集地】广西来宾市。

【主要特征特性】芽叶绿黄带紫色，茎红色，芽叶茸毛少，叶片上斜，小叶，叶形椭圆形，叶色深绿色，叶面平，叶身内折，叶质硬，叶齿锐度锐，叶齿密度稀，叶齿深度中，叶基楔形，叶尖钝尖，叶缘平。果实球形、肾形、三角形，种子球形、半球形、似肾形，种皮褐色，百粒重80g。花萼绿色，花萼茸毛无，花瓣淡绿色，花瓣质地厚，子房被茸毛，花柱裂位低，雌蕊低，萼片5枚，花瓣6或7枚，柱头3裂。

【农户认知】制成的红茶、绿茶滋味醇厚，香气高爽。发芽早，耐旱，品质好。

【优良特性】发芽早，2月中下旬发芽，茎红色，花青苷特异，耐旱。春茶一芽二叶含茶多酚26.0%、氨基酸3.1%、咖啡碱3.6%、水浸出物44.9%。适合制作红茶、绿茶。红茶甜香，滋味醇厚，汤色红亮，叶底红亮；绿茶香气特殊，滋味醇厚，汤色黄绿，叶底绿黄带紫。

【适宜地区】我国热带、亚热带地区。

【利用价值】属于新梢叶柄基部及茎花青苷特异的茶树种质资源。2月中下旬春芽萌发，属于早发芽种。可用于选育特早发芽茶树品种，选育红茶、绿茶兼制茶树品种。

【濒危状况及保护措施建议】零星分布，较难收集到。建议异位妥善保存。

【收集人】彭靖茹（广西壮族自治区亚热带作物研究所）。

【照片拍摄者】张芬（广西壮族自治区亚热带作物研究所）。

004 粉红花茶

【学　名】Theaceae（山茶科）*Camellia*（山茶属）*Camellia sinensis*（茶）。

【采集地】广西百色市凌云县。

【主要特征特性】芽叶粉红色，芽叶茸毛少，叶片上斜，小叶，叶形长椭圆形，叶色深绿色，叶面平，叶身内折，叶质硬，叶齿锐度钝，叶齿密度稀，叶齿深度浅，叶基楔形，叶尖渐尖，叶缘平。果实球形、肾形、三角形、四方形，种子球形、半球形，种皮褐色，百粒重95g。花萼绿色，花萼茸毛无，花瓣淡红色，花瓣质地中，子房被茸毛，花柱裂位中，雌蕊低，萼片5枚，花瓣6或7枚，柱头3裂。

【农户认知】晾干制成白茶滋味醇甜。发芽较早，耐旱，品质好。

【优良特性】发芽较早，3月上中旬发芽，耐旱，抗病。春茶一芽二叶含茶多酚27.7%、氨基酸3.0%、咖啡碱2.7%、水浸出物42.7%。红茶番薯香，滋味醇甜鲜爽，汤色橙红，叶底红亮。

【适宜地区】我国热带、亚热带地区。

【利用价值】属于新梢叶柄基部及茎花青苷特异的茶树种质资源。可用于选育花青苷特异的红茶、白茶兼制茶树品种。

【濒危状况及保护措施建议】零星分布，较难收集到。建议异位妥善保存。

【收集人】温立香（广西壮族自治区亚热带作物研究所）。

【照片拍摄者】彭靖茹（广西壮族自治区亚热带作物研究所）。

005 高咖啡碱茶

【学 名】Theaceae（山茶科）*Camellia*（山茶属）*Camellia sinensis*（茶）。

【采集地】广西桂林市。

【主要特征特性】芽叶黄绿色，芽叶茸毛适中，叶片上斜，大叶，叶形椭圆形，叶色绿色，叶面平，叶身平，叶质中等，叶齿锐度钝，叶齿密度稀，叶齿深度浅，叶基楔形，叶尖钝尖，叶缘平、微波。果实球形、肾形，种子球形、半球形、似肾形，种皮褐色，百粒重115g。花萼绿色，花萼茸毛无，花瓣白色，花瓣质地中，子房被茸毛，花柱裂位浅，雌雄蕊等高，萼片5或6枚，花瓣6或7枚，柱头3裂。

【农户认知】制成红茶甜花香，滋味鲜爽，耐泡，持嫩性好，耐寒。

【优良特性】咖啡碱含量高，发芽较晚，发芽密度高，桂林地区3月下旬至4月上旬发芽，耐寒。春茶一芽二叶含茶多酚22.0%、氨基酸4.2%、咖啡碱5.8%、水浸出物45.1%。红茶花香明显，滋味鲜爽，汤色红黄明亮，叶底红亮。

【适宜地区】我国热带、亚热带地区。

【利用价值】咖啡碱含量≥5.0%，属于咖啡碱特异的茶树种质资源，可用于选育高咖啡碱茶树品种。适合制作乌龙茶、红茶。

【濒危状况及保护措施建议】群体种突变株，建议异位妥善保存。

【收集人】彭靖茹（广西壮族自治区亚热带作物研究所）。

【照片拍摄者】温立香（广西壮族自治区亚热带作物研究所）。

006 低咖啡碱厚轴茶

【学　名】Theaceae（山茶科）*Camellia*（山茶属）*Camellia crassicolumna*（厚轴茶）。

【采集地】广西百色市。

【主要特征特性】乔木型。芽叶黄绿色，芽叶茸毛多，叶片上斜，特大叶，叶形椭圆形，叶色绿色，叶面隆起，叶身平，叶质软，叶齿锐度中，叶齿密度中，叶齿深度浅，叶基楔形，叶尖急尖，叶缘平、微波。果实球形、肾形，种子不规则形，种皮棕色，百粒重126g。花萼绿色，花萼茸毛无，花瓣白色，花瓣质地薄，子房被茸毛，花柱裂位浅，雌雄蕊等高，萼片5或6枚，花瓣9～12枚，柱头3～5裂。

【农户认知】制成的红茶、白茶甜香，持嫩性好，耐寒。

【优良特性】咖啡碱含量低，发芽较晚，发芽密度高，3月上中旬发芽。春茶一芽二叶含茶多酚15.8%、氨基酸3.0%、咖啡碱0.5%、水浸出物43.0%。红茶显花香，滋味醇甜，汤色橙黄明亮，叶底红亮；白茶清甜。

【适宜地区】我国热带、亚热带地区。

【利用价值】咖啡碱含量≤1.5%，属于咖啡碱特异的茶树种质资源，可用于选育低咖啡碱茶树品种。适合制作白茶、红茶。

【濒危状况及保护措施建议】面临农户开荒，乱砍滥伐、损伤和贩卖危险，建议异位妥善保存。

【收集人】彭靖茹（广西壮族自治区亚热带作物研究所）。

【照片拍摄者】彭靖茹（广西壮族自治区亚热带作物研究所）。

007 凌龙1号

【**学 名**】Theaceae（山茶科）*Camellia*（山茶属）*Camellia sinensis* var. *pubilimba*（白毛茶）。

【**采集地**】广西百色市凌云县。

【**主要特征特性**】灌木型到小乔木，树姿半开张，分枝能力较强，茂密，叶片多呈水平着生，叶长13.5cm、宽4.5cm，叶形呈窄椭圆形，叶色中等绿色，叶隆起中等，叶缘呈中等波状，叶身内折，叶质柔软，叶脉12对，叶尖渐尖。芽叶中等绿色，茸毛密，持嫩性强，一芽三叶长6.8cm，一芽三叶重140.5g/百芽。

【**农户认知**】传统名优茶，品质风味佳。

【**优良特性**】抗小绿叶蝉，感炭疽病。晚生种。春季新梢芽叶浅绿色，适合制作绿茶、红茶。制作绿茶，外形壮结、扭曲、披毫、隐绿，汤色嫩绿明亮，香气清高、有嫩香、有花香，滋味尚浓醇、甘甜，叶底肥厚显芽。制作红茶，外形卷曲、金毫满披，汤色红明亮，香气较甜，滋味浓醇、甘爽，叶底嫩厚、有芽、红亮。水浸出物含量49.1%，茶多酚含量21.6%，游离氨基酸含量2.8%，咖啡碱含量4.0%。

【**适宜地区**】广西等地。

【**利用价值**】广西传统名优茶，可用于茶叶加工和生态旅游。

【**濒危状况及保护措施建议**】广西南亚热带农业科学研究所采用系统选育法筛选所得品种，仅在茶树资源圃内定植。建议结合发展茶叶新品和生态旅游，扩大种植面积。

【**收集人**】韦锦坚（广西南亚热带农业科学研究所），陈远权（广西南亚热带农业科学研究所）。

【**照片拍摄者**】陈远权（广西南亚热带农业科学研究所）。

008 壮茶1号

【学　名】Theaceae（山茶科）*Camellia*（山茶属）*Camellia sinensis* var. *pubilimba*（白毛茶）。

【采集地】广西柳州市三江侗族自治县。

【主要特征特性】小乔木，树姿半开张，生长势中等，分枝稀，叶片多呈水平着生，叶长9.2cm、宽2.7cm，叶形呈披针形，叶色中等绿色，叶隆起无或弱，叶缘无波状，叶身平展，叶质柔软，叶尖急尖。芽叶紫绿色，茸毛密，持嫩性强，一芽三叶长6.8cm，一芽三叶重71.0g/百芽。

【农户认知】野生茶，品质风味佳。

【优良特性】感小绿叶蝉，高抗炭疽病。晚生种。春季新梢芽叶紫绿色，适合制作绿茶、红茶。制作绿茶，外形条索紧细，色泽乌润，显毫，汤色浅靛、透亮，花香持久，滋味醇厚回甘，叶底靛青，匀整。制作红茶，外形条索紧结，色泽褐红，有毫，汤色紫红明亮，香气高爽，滋味浓醇，叶底紫绿、匀整。水浸出物含量53.3%，茶多酚含量26.0%，游离氨基酸含量2.6%，咖啡碱含量4.0%。

【适宜地区】广西等地。

【利用价值】三江野生茶，可用于茶叶加工和生态旅游。

【濒危状况及保护措施建议】广西南亚热带农业科学研究所采用系统选育法筛选所得品种，仅在茶树资源圃内定植。建议结合发展茶叶新品和生态旅游，扩大种植面积。

【收集人】韦锦坚（广西南亚热带农业科学研究所），覃宏宇（广西南亚热带农业科学研究所）。

【照片拍摄者】覃宏宇（广西南亚热带农业科学研究所）。

009 龙蕊1号

【学　名】Theaceae（山茶科）*Camellia*（山茶属）*Camellia sinensis* var. *pubilimba*（白毛茶）。

【采集地】广西南宁市横州市。

【主要特征特性】小乔木，中叶型，树姿半开张，分枝能力较强，叶片多呈水平着生，叶长11.2cm、宽4cm，叶形呈椭圆形，叶色黄绿，叶微隆起，叶缘呈微波浪形，叶身内折，叶质柔软，叶片厚度中等，叶脉10对，叶脉细，叶尖钝尖。芽叶黄绿带紫色，茸毛中等，持嫩性强，一芽三叶长5.8cm，一芽三叶重90.3g/百芽，适合制作红茶、六堡茶。

【农户认知】圣种茶树，品质、风味佳。

【优良特性】感小绿叶蝉，高抗炭疽病。早生种，在崇左市一芽二叶期为3月上旬，比本地主栽品种金萱早8天。春季新梢芽叶紫绿色，适合制作红茶、乌龙茶。制作红茶，外形卷曲紧结、乌润，汤色红艳带金圈，香气浓郁甜香，带花香、奶香，滋味醇厚。制作乌龙茶，外形紧实，乌润，汤色橙黄明亮，香气为花香，滋味醇厚。水浸出物含量51.6%，茶多酚含量25.0%，游离氨基酸含量2.4%，咖啡碱含量5.5%。

【适宜地区】广西等地。

【利用价值】广西传统名优茶，可用于茶叶加工和生态旅游。

【濒危状况及保护措施建议】该品种为圣种古茶树之一。广西南亚热带农业科学研究所在2005年采集保存该植株穗条，保留无性系后代。结合发展茶叶新品和生态旅游，扩大种植面积。

【收集人】韦锦坚（广西南亚热带农业科学研究所），陈远权（广西南亚热带农业科学研究所）。

【照片拍摄者】陈远权（广西南亚热带农业科学研究所）。

010 紫脉龙韵

【学　名】Theaceae（山茶科）*Camellia*（山茶属）*Camellia sinensis* var. *pubilimba*（白毛茶）。

【采集地】广西南宁市横州市。

【主要特征特性】小乔木，中叶型，树姿半开张，分枝能力一般，叶片多呈近水平状着生，叶长13.2cm、宽4.2cm，叶形呈披针形，叶色绿，叶面微隆起，叶缘微波状，叶身稍平，叶质中等，叶脉14对，叶脉细，叶尖渐尖。芽叶绿带紫色（红梗，红叶脉），茸毛短密，光泽强，持嫩性中，一芽三叶长7.1cm，一芽三叶重107.9g/百芽。适合制作特殊茶类。

【农户认知】圣种茶树，品质风味佳。

【优良特性】抗寒性和抗旱性强，中抗小绿叶蝉，高抗炭疽病。植株生长势旺，分枝密度大，产量高，在崇左市一芽二叶期为3月上旬。春季新梢芽叶紫绿色，花青苷显色。制作红茶，外形卷曲紧结、乌润，有锋苗；汤色橙红；滋味醇厚回甘，苦茶碱滋味显；叶底红亮。水浸出物含量53.2%，茶多酚含量25.8%，游离氨基酸含量3.4%，咖啡碱含量3.4%，苦茶碱含量2.1%，可可碱含量0.4%。

【适宜地区】广西等地。

【利用价值】功能性茶类，可用于茶叶加工和生态旅游。

【濒危状况及保护措施建议】该品种为圣种古茶树实生后代。广西南亚热带农业科学研究所采用系统选育法，因其苦茶碱含量高，筛选为特异种质。结合发展茶叶保健和生态旅游，扩大种植面积。

【收集人】韦锦坚（广西南亚热带农业科学研究所），陈远权（广西南亚热带农业科学研究所）。

【照片拍摄者】陈远权（广西南亚热带农业科学研究所）。

第五章

甘蔗优异种质资源

甘蔗原产于热带和亚热带地区,是我国重要的糖料作物。广西属于亚热带季风气候区,由于地形地貌复杂,气候生态环境差异大,是我国甘蔗野生资源主要分布地区。甘蔗野生种质资源主要有割手密、斑茅、河八王、芒。

2015~2020年,在实施"第三次全国农作物种质资源普查与收集行动"和"广西农作物种质资源收集鉴定与保存"项目期间,完成了广西14个地级市75个县(市、区)的甘蔗种质资源系统调查与收集工作。本章收录了30份甘蔗优异种质资源,包括割手密20份、河八王5份、斑茅5份,从采集地、主要特征特性、农户认知、优良特性、利用价值、濒危状况及保护措施建议等方面对资源进行描述,以期为挖掘新基因、创新甘蔗种质提供重要参考。

第一节 割手密优异种质资源

001 洪岭割手密

【学　名】Poaceae（禾本科）*Saccharum*（甘蔗属）*Saccharum spontaneum*（割手密）。

【采集地】广西崇左市天等县。

【主要特征特性】株高220.0cm，茎径0.66cm，叶长91.0cm、宽1.1cm，花序灰白色，圆锥形，空心，无57号毛群，厚蜡粉带，无气根，茎形直立，无木栓，根点排列不规则，无芽沟，生长带突出，难脱叶，无水裂，叶姿挺直，叶尖下垂，芽椭圆形，曝光前节间黄色，曝光后节间黄色，平芽位，节间圆锥形。

【农户认知】田间杂草，嫩枝叶可用作饲料。

【优良特性】植株高大，锤度9.0%，节间长度14.3cm，分蘖力强。

【适宜地区】广西等地。

【利用价值】可用作甘蔗育种亲本，用于高产、强分蘖品种的选育。

【濒危状况及保护措施建议】割手密靠种子和地下横走茎繁殖，由于开垦荒地使用除草剂等化学药剂，割手密群落已消失，只零星分布在田埂边、公路旁、池塘边。

【收集人】段维兴（广西农业科学院甘蔗研究所），丘立杭（广西农业科学院甘蔗研究所），杨翠芳（广西农业科学院甘蔗研究所）。

【照片拍摄者】刘丽敏（广西农业科学院甘蔗研究所）。

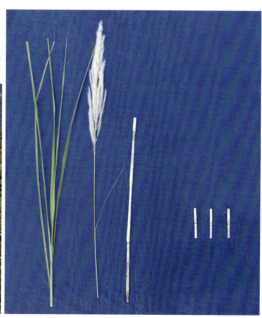

002 荣华割手密

【学　名】Poaceae（禾本科）*Saccharum*（甘蔗属）*Saccharum spontaneum*（割手密）。

【采集地】广西崇左市天等县。

【主要特征特性】株高167.5cm，茎径0.49cm，叶长68.0cm、宽0.6cm，花序灰白色，圆锥形，实心，无57号毛群，薄蜡粉带，无气根，茎形直立，无木栓，根点排列不规则，深芽沟，生长带不突出，难脱叶，无水裂，叶姿挺直，叶尖下垂，芽三角形，曝光前节间黄绿色，曝光后节间黄色，上芽位，节间圆锥形。

【农户认知】田间杂草，嫩枝叶可用作饲料。

【优良特性】植株较高，锤度9.0%，节间长度7.3cm，实心，分蘖力强。

【适宜地区】广西等地。

【利用价值】可用作甘蔗育种亲本，用于高产、强分蘖品种的选育。

【濒危状况及保护措施建议】割手密靠种子和地下横走茎繁殖，由于开垦荒地使用除草剂等化学药剂，割手密群落已消失，只零星分布在田埂边、公路旁、池塘边。

【收集人】段维兴（广西农业科学院甘蔗研究所），丘立杭（广西农业科学院甘蔗研究所），杨翠芳（广西农业科学院甘蔗研究所）。

【照片拍摄者】刘丽敏（广西农业科学院甘蔗研究所）。

003 南务割手密

【学　名】Poaceae（禾本科）*Saccharum*（甘蔗属）*Saccharum spontaneum*（割手密）。

【采集地】广西崇左市天等县。

【主要特征特性】株高199.0cm，茎径0.69cm，叶长57.0cm、宽0.4cm，花序灰白色，圆锥形，实心，无57号毛群，薄蜡粉带，无气根，茎形直立，无木栓，根点排列成行，浅芽沟，生长带不突出，难脱叶，无水裂，叶姿挺直，叶尖下垂，芽三角形，曝光前节间黄色，曝光后节间红色，上芽位，节间圆锥形。

【农户认知】田间杂草，嫩枝叶可用作饲料。

【优良特性】植株较高，锤度11.0%，节间长度12.6cm，实心。

【适宜地区】广西等地。

【利用价值】可用作甘蔗育种亲本，用于高产品种的选育。

【濒危状况及保护措施建议】割手密靠种子和地下横走茎繁殖，由于开垦荒地使用除草剂等化学药剂，割手密群落已消失，只零星分布在田埂边、公路旁、池塘边。

【收集人】段维兴（广西农业科学院甘蔗研究所），丘立杭（广西农业科学院甘蔗研究所），杨翠芳（广西农业科学院甘蔗研究所）。

【照片拍摄者】刘丽敏（广西农业科学院甘蔗研究所）。

004 中和割手密

【学　名】Poaceae（禾本科）*Saccharum*（甘蔗属）*Saccharum spontaneum*（割手密）。

【采集地】广西崇左市天等县。

【主要特征特性】株高178.0cm，茎径0.61cm，叶长59.0cm、宽0.8cm，花序灰白色，圆锥形，实心，无57号毛群，薄蜡粉带，无气根，茎形直立，无木栓，根点排列不规则，无芽沟，生长带不突出，难脱叶，无水裂，叶姿挺直，芽三角形，曝光前节间黄绿色，曝光后节间黄绿色，上芽位，节间圆锥形。

【农户认知】田间杂草，嫩枝叶可用作饲料。

【优良特性】植株较高，锤度15.0%，节间长度9.0cm，实心。

【适宜地区】广西等地。

【利用价值】可用作甘蔗育种亲本，用于高产、高糖品种的选育。

【濒危状况及保护措施建议】割手密靠种子和地下横走茎繁殖，由于开垦荒地使用除草剂等化学药剂，割手密群落已消失，只零星分布在田埂边、公路旁、池塘边。

【收集人】段维兴（广西农业科学院甘蔗研究所），丘立杭（广西农业科学院甘蔗研究所），杨翠芳（广西农业科学院甘蔗研究所）。

【照片拍摄者】刘丽敏（广西农业科学院甘蔗研究所）。

005 新振割手密

【学　名】Poaceae（禾本科）*Saccharum*（甘蔗属）*Saccharum spontaneum*（割手密）。

【采集地】广西崇左市大新县。

【主要特征特性】株高201.0cm，茎径0.71cm，叶长68.0cm、宽1.4cm，花序灰白色，圆锥形，蒲心中，无57号毛群，厚蜡粉带，无气根，茎形直立，无木栓，根点排列不规则，无芽沟，生长带突出，易脱叶，无水裂，叶姿披散，芽菱形，曝光前节间黄绿色，曝光后节间深绿色，平芽位，节间圆锥形。

【农户认知】田间杂草，嫩枝叶可用作饲料。

【优良特性】植株高大，锤度8.0%，节间长度20.5cm，分蘖力强。

【适宜地区】广西等地。

【利用价值】可用作甘蔗育种亲本，用于高产、强分蘖品种的选育。

【濒危状况及保护措施建议】割手密靠种子和地下横走茎繁殖，由于开垦荒地使用除草剂等化学药剂，割手密群落已消失，只零星分布在田埂边、公路旁、池塘边。

【收集人】邓宇驰（广西农业科学院甘蔗研究所），贤武（广西农业科学院甘蔗研究所）。

【照片拍摄者】谭芳（广西农业科学院甘蔗研究所）。

006 新华割手密

【学　名】Poaceae（禾本科）*Saccharum*（甘蔗属）*Saccharum spontaneum*（割手密）。

【采集地】广西崇左市大新县。

【主要特征特性】株高193.0cm，茎径0.51cm，叶长86.0cm、宽1.0cm，花序灰白色，圆锥形，实心，无57号毛群，厚蜡粉带，无气根，茎形直立，无木栓，根点排列不规则，无芽沟，生长带突出，难脱叶，无水裂，叶姿挺直，叶尖下垂，芽菱形，曝光前节间黄绿色，曝光后节间黄绿色，上芽位，节间圆锥形。

【农户认知】田间杂草，嫩枝叶可用作饲料。

【优良特性】植株较高，锤度6.5%，节间长度14.5cm，实心。

【适宜地区】广西等地。

【利用价值】可用作甘蔗育种亲本，用于高产品种的选育。

【濒危状况及保护措施建议】割手密靠种子和地下横走茎繁殖，由于开垦荒地使用除草剂等化学药剂，割手密群落已消失，只零星分布在田埂边、公路旁、池塘边。

【收集人】邓宇驰（广西农业科学院甘蔗研究所），贤武（广西农业科学院甘蔗研究所）。

【照片拍摄者】谭芳（广西农业科学院甘蔗研究所）。

007 长田割手密

【学　名】Poaceae（禾本科）*Saccharum*（甘蔗属）*Saccharum spontaneum*（割手密）。

【采集地】广西桂林市兴安县。

【主要特征特性】株高203.0cm，茎径0.82cm，叶长85.0cm、宽0.6cm，花序灰白色，圆锥形，空心，无57号毛群，厚蜡粉带，无气根，茎形直立，无木栓，根点排列不规则，浅芽沟，生长带不突出，易脱叶，无水裂，叶姿披散，芽菱形，曝光前节间黄绿色，曝光后节间黄绿色，上芽位，节间细腰形。

【农户认知】田间杂草，嫩枝叶可用作饲料。

【优良特性】植株高大，锤度13.2%，节间长度11.5cm。

【适宜地区】广西等地。

【利用价值】可用作甘蔗育种亲本，用于高产品种的选育。

【濒危状况及保护措施建议】割手密靠种子和地下横走茎繁殖，由于开垦荒地使用除草剂等化学药剂，割手密群落已消失，只零星分布在田埂边、公路旁、池塘边。

【收集人】邓宇驰（广西农业科学院甘蔗研究所），罗霆（广西农业科学院甘蔗研究所），韦金菊（广西农业科学院甘蔗研究所）。

【照片拍摄者】谭芳（广西农业科学院甘蔗研究所）。

008 三桂割手密

【学　名】Poaceae（禾本科）*Saccharum*（甘蔗属）*Saccharum spontaneum*（割手密）。

【采集地】广西桂林市兴安县。

【主要特征特性】株高115.0cm，茎径0.65cm，叶长105.0cm、宽0.8cm，花序灰白色，圆锥形，空心，无57号毛群，厚蜡粉带，无气根，茎形直立，无木栓，根点排列不规则，深芽沟，生长带不突出，易脱叶，无水裂，叶姿披散，芽菱形，曝光前节间黄色，曝光后节间黄绿色，上芽位，节间细腰形。

【农户认知】田间杂草，嫩枝叶可用作饲料。

【优良特性】锤度15.4%，节间长度11.0cm。

【适宜地区】广西等地。

【利用价值】可用作甘蔗育种亲本，用于高糖品种的选育。

【濒危状况及保护措施建议】割手密靠种子和地下横走茎繁殖，由于开垦荒地使用除草剂等化学药剂，割手密群落已消失，只零星分布在田埂边、公路旁、池塘边。

【收集人】罗霆（广西农业科学院甘蔗研究所），邓宇驰（广西农业科学院甘蔗研究所），韦金菊（广西农业科学院甘蔗研究所）。

【照片拍摄者】谭芳（广西农业科学院甘蔗研究所）。

009 塘堡割手密

【学　名】Poaceae（禾本科）*Saccharum*（甘蔗属）*Saccharum spontaneum*（割手密）。

【采集地】广西桂林市兴安县。

【主要特征特性】株高189.0cm，茎径0.52cm，叶长77.0cm、宽1.1cm，花序灰白色，圆锥形，空心，无57号毛群，厚蜡粉带，无气根，茎形直立，无木栓，根点排列成行，无芽沟，生长带突出，易脱叶，无水裂，叶姿披散，芽菱形，曝光前节间黄色，曝光后节间黄绿色，平芽位，节间圆筒形。

【农户认知】田间杂草，嫩枝叶可用作饲料。

【优良特性】植株较高，锤度16.0%，节间长度11.5cm。

【适宜地区】广西等地。

【利用价值】可用作甘蔗育种亲本，用于高产、高糖品种的选育。

【濒危状况及保护措施建议】割手密靠种子和地下横走茎繁殖，由于开垦荒地使用除草剂等化学药剂，割手密群落已消失，只零星分布在田埂边、公路旁、池塘边。

【收集人】邓宇驰（广西农业科学院甘蔗研究所），罗霆（广西农业科学院甘蔗研究所），韦金菊（广西农业科学院甘蔗研究所）。

【照片拍摄者】谭芳（广西农业科学院甘蔗研究所）。

010 柏桥割手密

【学　名】Poaceae（禾本科）*Saccharum*（甘蔗属）*Saccharum spontaneum*（割手密）。

【采集地】广西桂林市全州县。

【主要特征特性】株高220.0cm，茎径0.50cm，叶长98.0cm、宽1.4cm，花序灰白色，圆锥形，空心，无57号毛群，厚蜡粉带，无气根，茎形直立，无木栓，根点排列不规则，深芽沟，生长带突出，易脱叶，无水裂，叶姿披散，芽菱形，曝光前节间黄绿色，曝光后节间深绿色，上芽位，节间圆筒形。

【农户认知】田间杂草，嫩枝叶可用作饲料。

【优良特性】植株高大，锤度6.5%，节间长度14.8cm。

【适宜地区】广西等地。

【利用价值】可用作甘蔗育种亲本，用于高产品种的选育。

【濒危状况及保护措施建议】割手密靠种子和地下横走茎繁殖，由于开垦荒地使用除草剂等化学药剂，割手密群落已消失，只零星分布在田埂边、公路旁、池塘边。

【收集人】邓宇驰（广西农业科学院甘蔗研究所），罗霆（广西农业科学院甘蔗研究所），韦金菊（广西农业科学院甘蔗研究所）。

【照片拍摄者】谭芳（广西农业科学院甘蔗研究所）。

011 绍南割手密

【学　名】Poaceae（禾本科）*Saccharum*（甘蔗属）*Saccharum spontaneum*（割手密）。

【采集地】广西桂林市全州县。

【主要特征特性】株高185.0cm，茎径0.68cm，叶长126.0cm、宽1.2cm，花序灰白色，圆锥形，空心，无57号毛群，厚蜡粉带，无气根，茎形直立，无木栓，根点排列不规则，无芽沟，生长带突出，易脱叶，无水裂，叶姿挺直，叶尖下垂，芽菱形，曝光前节间黄绿色，曝光后节间深绿色，平芽位，节间圆筒形。

【农户认知】田间杂草，嫩枝叶可用作饲料。

【优良特性】植株较高，锤度12.3%，节间长度15.2cm，分蘖力强。

【适宜地区】广西等地。

【利用价值】可用作甘蔗育种亲本，用于高产、强分蘖品种的选育。

【濒危状况及保护措施建议】割手密靠种子和地下横走茎繁殖，由于开垦荒地使用除草剂等化学药剂，割手密群落已消失，只零星分布在田埂边、公路旁、池塘边。

【收集人】邓宇驰（广西农业科学院甘蔗研究所），罗霆（广西农业科学院甘蔗研究所），韦金菊（广西农业科学院甘蔗研究所）。

【照片拍摄者】谭芳（广西农业科学院甘蔗研究所）。

012 白竹塘割手密

【学　名】Poaceae（禾本科）*Saccharum*（甘蔗属）*Saccharum spontaneum*（割手密）。

【采集地】广西桂林市全州县。

【主要特征特性】株高198.0cm，茎径0.95cm，叶长96.0cm、宽1.3cm，花序灰白色，圆锥形，实心，无57号毛群，厚蜡粉带，无气根，茎形直立，无木栓，根点排列不规则，浅芽沟，生长带突出，易脱叶，无水裂，叶姿挺直，叶尖下垂，芽菱形，曝光前节间黄色，曝光后节间黄绿色，上芽位，节间圆筒形。

【农户认知】田间杂草，嫩枝叶可用作饲料。

【优良特性】植株较高，锤度13.0%，节间长度17.0cm，实心，分蘖力强。

【适宜地区】广西等地。

【利用价值】可用作甘蔗育种亲本，用于高产、强分蘖品种的选育。

【濒危状况及保护措施建议】割手密靠种子和地下横走茎繁殖，由于开垦荒地使用除草剂等化学药剂，割手密群落已消失，只零星分布在田埂边、公路旁、池塘边。

【收集人】邓宇驰（广西农业科学院甘蔗研究所），罗霆（广西农业科学院甘蔗研究所），韦金菊（广西农业科学院甘蔗研究所）。

【照片拍摄者】谭芳（广西农业科学院甘蔗研究所）。

013 大广塘割手密

【学　名】Poaceae（禾本科）*Saccharum*（甘蔗属）*Saccharum spontaneum*（割手密）。

【采集地】广西桂林市全州县。

【主要特征特性】株高198.0cm，茎径0.55cm，叶长73.0cm、宽0.7cm，花序灰白色，圆锥形，空心，无57号毛群，厚蜡粉带，无气根，茎形直立，无木栓，根点排列不规则，深芽沟，生长带突出，难脱叶，无水裂，叶姿披散，芽三角形，曝光前节间黄色，曝光后节间黄绿色，上芽位，节间圆锥形。

【农户认知】田间杂草，嫩枝叶可用作饲料。

【优良特性】植株较高，锤度11.2%，节间长度13.2cm，分蘖力强。

【适宜地区】广西等地。

【利用价值】可用作甘蔗育种亲本，用于高产、强分蘖品种的选育。

【濒危状况及保护措施建议】割手密靠种子和地下横走茎繁殖，由于开垦荒地使用除草剂等化学药剂，割手密群落已消失，只零星分布在田埂边、公路旁、池塘边。

【收集人】罗霆（广西农业科学院甘蔗研究所），邓宇驰（广西农业科学院甘蔗研究所），韦金菊（广西农业科学院甘蔗研究所）。

【照片拍摄者】谭芳（广西农业科学院甘蔗研究所）。

014 竹梅割手密

【学　名】Poaceae（禾本科）*Saccharum*（甘蔗属）*Saccharum spontaneum*（割手密）。

【采集地】广西贺州市钟山县。

【主要特征特性】株高264.0cm，茎径1.00cm，叶长114.0cm、宽1.3cm，花序灰白色，圆锥形，实心，无57号毛群，厚蜡粉带，无气根，茎形直立，无木栓，根点排列不规则，浅芽沟，生长带不突出，易脱叶，无水裂，叶姿挺直，叶尖下垂，芽三角形，曝光前节间黄绿色，曝光后节间深绿色，上芽位，节间圆筒形。

【农户认知】田间杂草，嫩枝叶可用作饲料。

【优良特性】植株高大，锤度11.6%，节间长度20.0cm，实心，分蘖力强。

【适宜地区】广西等地。

【利用价值】可用作甘蔗育种亲本，用于高产、强分蘖品种的选育。

【濒危状况及保护措施建议】割手密靠种子和地下横走茎繁殖，由于开垦荒地使用除草剂等化学药剂，割手密群落已消失，只零星分布在田埂边、公路旁、池塘边。

【收集人】邓宇驰（广西农业科学院甘蔗研究所），罗霆（广西农业科学院甘蔗研究所），韦金菊（广西农业科学院甘蔗研究所）。

【照片拍摄者】谭芳（广西农业科学院甘蔗研究所）。

015 铜盘割手密

【学　名】Poaceae（禾本科）*Saccharum*（甘蔗属）*Saccharum spontaneum*（割手密）。

【采集地】广西贺州市钟山县。

【主要特征特性】株高303.0cm，茎径1.04cm，叶长98.0cm、宽1.3cm，花序灰白色，圆锥形，实心，无57号毛群，厚蜡粉带，无气根，茎形直立，斑块木栓，根点排列不规则，无芽沟，生长带突出，易脱叶，无水裂，叶姿挺直，叶尖下垂，芽菱形，曝光前节间黄绿色，曝光后节间深绿色，上芽位，节间圆筒形。

【农户认知】田间杂草，嫩枝叶可用作饲料。

【优良特性】植株高大，锤度13.4%，节间长度15.7cm，实心，分蘖力强。

【适宜地区】广西等地。

【利用价值】可用作甘蔗育种亲本，用于高产、强分蘖品种的选育。

【濒危状况及保护措施建议】割手密靠种子和地下横走茎繁殖，由于开垦荒地使用除草剂等化学药剂，割手密群落已消失，只零星分布在田埂边、公路旁、池塘边。

【收集人】罗霆（广西农业科学院甘蔗研究所），邓宇驰（广西农业科学院甘蔗研究所），韦金菊（广西农业科学院甘蔗研究所）。

【照片拍摄者】谭芳（广西农业科学院甘蔗研究所）。

016 新里割手密

【学　名】Poaceae（禾本科）*Saccharum*（甘蔗属）*Saccharum spontaneum*（割手密）。

【采集地】广西贺州市钟山县。

【主要特征特性】株高162.0cm，茎径0.70cm，叶长97.0cm、宽0.6cm，花序灰白色，圆锥形，空心，无57号毛群，厚蜡粉带，无气根，茎形直立，无木栓，根点排列不规则，无芽沟，生长带突出，易脱叶，无水裂，叶姿挺直，叶尖下垂，芽菱形，曝光前节间黄绿色，曝光后节间深绿色，上芽位，节间圆筒形。

【农户认知】田间杂草，嫩枝叶可用作饲料。

【优良特性】植株较高，锤度18.0%，节间长度17.7cm。

【适宜地区】广西等地。

【利用价值】可用作甘蔗育种亲本，用于高糖品种的选育。

【濒危状况及保护措施建议】割手密靠种子和地下横走茎繁殖，由于开垦荒地使用除草剂等化学药剂，割手密群落已消失，只零星分布在田埂边、公路旁、池塘边。

【收集人】邓宇驰（广西农业科学院甘蔗研究所），罗霆（广西农业科学院甘蔗研究所），韦金菊（广西农业科学院甘蔗研究所）。

【照片拍摄者】谭芳（广西农业科学院甘蔗研究所）。

017 盘古割手密

【学　名】Poaceae（禾本科）*Saccharum*（甘蔗属）*Saccharum spontaneum*（割手密）。

【采集地】广西梧州市苍梧县。

【主要特征特性】株高291.0cm，茎径0.38cm，叶长74.0cm、宽0.6cm，花序灰白色，圆锥形，蒲心重，空心，无57号毛群，厚蜡粉带，无气根，茎形直立，无木栓，根点排列不规则，深芽沟，生长带突出，易脱叶，无水裂，叶姿披散，芽菱形，曝光前节间黄绿色，曝光后节间黄绿色，上芽位，节间圆筒形。

【农户认知】田间杂草，嫩枝叶可用作饲料。

【优良特性】植株高大，锤度10.0%，节间长度9.8cm。

【适宜地区】广西等地。

【利用价值】可用作甘蔗育种亲本，用于高产品种的选育。

【濒危状况及保护措施建议】割手密靠种子和地下横走茎繁殖，由于开垦荒地使用除草剂等化学药剂，割手密群落已消失，只零星分布在田埂边、公路旁、池塘边。

【收集人】邓宇驰（广西农业科学院甘蔗研究所），罗霆（广西农业科学院甘蔗研究所），韦金菊（广西农业科学院甘蔗研究所）。

【照片拍摄者】谭芳（广西农业科学院甘蔗研究所）。

018 石板割手密

【学　名】Poaceae（禾本科）*Saccharum*（甘蔗属）*Saccharum spontaneum*（割手密）。

【采集地】广西南宁市横州市。

【主要特征特性】株高210.0cm，茎径0.69cm，叶长91.0cm、宽0.7cm，花序灰白色，圆锥形，蒲心轻，空心，无57号毛群，厚蜡粉带，有气根，茎形直立，斑块木栓，根点排列成行，浅芽沟，生长带突出，难脱叶，无水裂，叶姿披散，芽三角形，曝光前节间黄绿色，曝光后节间黄绿色，上芽位，节间圆筒形。

【农户认知】田间杂草，嫩枝叶可用作饲料。

【优良特性】植株高大，锤度6.8%，节间长度16.5cm。

【适宜地区】广西等地。

【利用价值】可用作甘蔗育种亲本，用于高产品种的选育。

【濒危状况及保护措施建议】割手密靠种子和地下横走茎繁殖，由于开垦荒地使用除草剂等化学药剂，割手密群落已消失，只零星分布在田埂边、公路旁、池塘边。

【收集人】张保青（广西农业科学院甘蔗研究所），吴凯朝（广西农业科学院甘蔗研究所），周忠凤（广西农业科学院甘蔗研究所）。

【照片拍摄者】刘俊仙（广西农业科学院甘蔗研究所）。

019 双桥割手密

【学　名】Poaceae（禾本科）*Saccharum*（甘蔗属）*Saccharum spontaneum*（割手密）。

【采集地】广西南宁市横州市。

【主要特征特性】株高225.0cm，茎径0.97cm，叶长106.0cm、宽1.0cm，花序灰白色，圆锥形，空心，无57号毛群，厚蜡粉带，无气根，茎形直立，无木栓，根点排列成行，深芽沟，生长带突出，难脱叶，无水裂，叶姿披散，芽三角形，曝光前节间黄绿色，曝光后节间深绿色，上芽位，节间圆筒形。

【农户认知】田间杂草，嫩枝叶可用作饲料。

【优良特性】植株高大，锤度12.4%，节间长度21.0cm，分蘖力强。

【适宜地区】广西等地。

【利用价值】可用作甘蔗育种亲本，用于高产、强分蘖品种的选育。

【濒危状况及保护措施建议】割手密靠种子和地下横走茎繁殖，由于开垦荒地使用除草剂等化学药剂，割手密群落已消失，只零星分布在田埂边、公路旁、池塘边。

【收集人】张保青（广西农业科学院甘蔗研究所），吴凯朝（广西农业科学院甘蔗研究所），周忠凤（广西农业科学院甘蔗研究所）。

【照片拍摄者】刘俊仙（广西农业科学院甘蔗研究所）。

020 邓村割手密

【学 名】Poaceae（禾本科）*Saccharum*（甘蔗属）*Saccharum spontaneum*（割手密）。

【采集地】广西来宾市合山市。

【主要特征特性】株高94.0cm，茎径0.45cm，叶长70.0cm、宽0.7cm，花序灰白色，圆锥形，实心，无57号毛群，薄蜡粉带，无气根，茎形直立，无木栓，根点排列不规则，浅芽沟，生长带不突出，难脱叶，无水裂，叶姿挺直，芽三角形，曝光前节间黄绿色，曝光后节间黄绿色，上芽位，节间圆筒形。

【农户认知】田间杂草，嫩枝叶可用作饲料。

【优良特性】锤度16.0%，节间长度7.6cm，实心，分蘖力强。

【适宜地区】广西等地。

【利用价值】可用作甘蔗育种亲本，用于高糖、强分蘖品种的选育。

【濒危状况及保护措施建议】割手密靠种子和地下横走茎繁殖，由于开垦荒地使用除草剂等化学药剂，割手密群落已消失，只零星分布在田埂边、公路旁、池塘边。

【收集人】张保青（广西农业科学院甘蔗研究所），吴凯朝（广西农业科学院甘蔗研究所），周忠凤（广西农业科学院甘蔗研究所）。

【照片拍摄者】刘俊仙（广西农业科学院甘蔗研究所）。

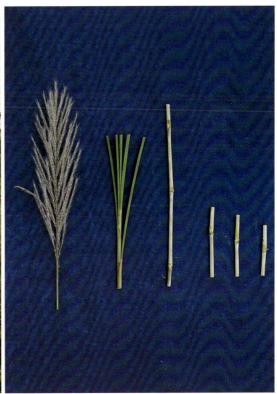

第二节 河八王优异种质资源

001 上塘河八王

【学　名】Poaceae（禾本科）*Narenga*（河八王属）*Narenga porphyrocoma*（河八王）。

【采集地】广西桂林市兴安县。

【主要特征特性】株高225.0cm，茎径0.65cm，叶长98.0cm、宽0.7cm，花序紫红色，圆锥形，蒲心重，空心，57号毛群多，无蜡粉带，无气根，茎形直立，无木栓，无芽沟，生长带不突出，难脱叶，无水裂，叶姿挺直，芽三角形，曝光前节间黄色，曝光后节间黄绿色，上芽位，节间圆筒形。

【农户认知】田间杂草，嫩枝叶可用作饲料。

【优良特性】植株高大，锤度7.5%，节间长度14.0cm，抗黑穗病。

【适宜地区】广西中部、北部地区。

【利用价值】可用作甘蔗育种亲本，用于高产、抗病品种的选育。

【濒危状况及保护措施建议】河八王主要靠种子繁殖，对生态环境较敏感，由于开垦荒地使用除草剂等化学药剂，河八王群落迅速消失，只零星分布在水库边、池塘边、公路旁。

【收集人】邓宇驰（广西农业科学院甘蔗研究所），罗霆（广西农业科学院甘蔗研究所），韦金菊（广西农业科学院甘蔗研究所）。

【照片拍摄者】谭芳（广西农业科学院甘蔗研究所）。

002 堡里河八王

【学　名】Poaceae（禾本科）*Narenga*（河八王属）*Narenga porphyrocoma*（河八王）。

【采集地】广西桂林市兴安县。

【主要特征特性】株高238.0cm，茎径0.80cm，叶长136.0cm、宽1.6cm，花序紫红色，圆锥形，蒲心重，空心，57号毛群较多，无蜡粉带，无气根，茎形直立，无木栓，无芽沟，生长带突出，难脱叶，无水裂，叶姿披散，芽三角形，曝光前节间黄色，曝光后节间黄绿色，上芽位，节间圆筒形。

【农户认知】田间杂草，嫩枝叶可用作饲料。

【优良特性】植株高大，锤度8.8%，节间长度12.5cm，抗黑穗病。

【适宜地区】广西中部、北部地区。

【利用价值】可用作甘蔗育种亲本，用于高产、抗病品种的选育。

【濒危状况及保护措施建议】河八王主要靠种子繁殖，对生态环境较敏感，由于开垦荒地使用除草剂等化学药剂，河八王群落迅速消失，只零星分布在水库边、池塘边、公路旁。

【收集人】邓宇驰（广西农业科学院甘蔗研究所），罗霆（广西农业科学院甘蔗研究所），韦金菊（广西农业科学院甘蔗研究所）。

【照片拍摄者】谭芳（广西农业科学院甘蔗研究所）。

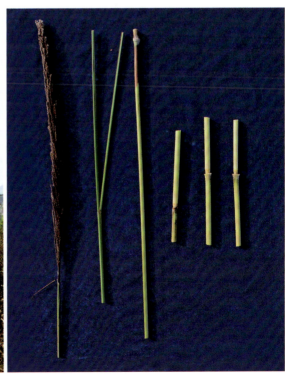

003 柘桥河八王

【学　名】Poaceae（禾本科）*Narenga*（河八王属）*Narenga porphyrocoma*（河八王）。

【采集地】广西桂林市全州县。

【主要特征特性】株高175.0cm，茎径0.82cm，叶长126.0cm、宽1.7cm，花序紫红色，圆锥形，蒲心重，57号毛群多，薄蜡粉带，无气根，茎形直立，无木栓，深芽沟，生长带突出，难脱叶，无水裂，叶姿挺直，叶尖下垂，芽三角形，曝光前节间黄色，曝光后节间深绿色，上芽位，节间圆筒形。

【农户认知】田间杂草，嫩枝叶可用作饲料。

【优良特性】植株较高，锤度16.0%，节间长度11.7cm，抗黑穗病。

【适宜地区】广西中部、北部地区。

【利用价值】可用作甘蔗育种亲本，用于高产、高糖、抗病品种的选育。

【濒危状况及保护措施建议】河八王主要靠种子繁殖，对生态环境较敏感，由于开垦荒地使用除草剂等化学药剂，河八王群落迅速消失，只零星分布在水库边、池塘边、公路旁。

【收集人】邓宇驰（广西农业科学院甘蔗研究所），罗霆（广西农业科学院甘蔗研究所），韦金菊（广西农业科学院甘蔗研究所）。

【照片拍摄者】谭芳（广西农业科学院甘蔗研究所）。

004 龙井河八王

【学　名】Poaceae（禾本科）*Narenga*（河八王属）*Narenga porphyrocoma*（河八王）。

【采集地】广西贺州市钟山县。

【主要特征特性】株高254.0cm，茎径0.78cm，叶长108.0cm、宽2.0cm，花序紫红色，圆锥形，空心，57号毛群多，薄蜡粉带，无气根，茎形直立，无木栓，浅芽沟，生长带不突出，难脱叶，无水裂，叶姿披散，芽三角形，曝光前节间黄色，曝光后节间黄绿色，上芽位，节间扁圆形。

【农户认知】田间杂草，嫩枝叶可用作饲料。

【优良特性】植株高大，锤度18.8%，节间长度17.5cm，抗黑穗病。

【适宜地区】广西中部、北部地区。

【利用价值】可用作甘蔗育种亲本，用于高产、高糖、抗病品种的选育。

【濒危状况及保护措施建议】河八王主要靠种子繁殖，对生态环境较敏感，由于开垦荒地使用除草剂等化学药剂，河八王群落迅速消失，只零星分布在水库边、池塘边、公路旁。

【收集人】邓宇驰（广西农业科学院甘蔗研究所），罗霆（广西农业科学院甘蔗研究所），韦金菊（广西农业科学院甘蔗研究所）。

【照片拍摄者】谭芳（广西农业科学院甘蔗研究所）。

005 龙科河八王

【学　名】Poaceae（禾本科）*Narenga*（河八王属）*Narenga porphyrocoma*（河八王）。

【采集地】广西梧州市苍梧县。

【主要特征特性】株高298.0cm，茎径0.78cm，叶长131.0cm、宽1.6cm，花序紫红色，圆锥形，蒲心中，无57号毛群，无蜡粉带，无气根，茎形直立，无木栓，无芽沟，生长带突出，难脱叶，无水裂，叶姿披散，芽三角形，曝光前节间黄色，曝光后节间黄绿色，平芽位，节间圆筒形。

【农户认知】田间杂草，嫩枝叶可用作饲料。

【优良特性】植株高大，锤度12.2%，节间长度43.2cm，抗黑穗病。

【适宜地区】广西中部、北部地区。

【利用价值】可用作甘蔗育种亲本，用于高产、抗病品种的选育。

【濒危状况及保护措施建议】河八王主要靠种子繁殖，对生态环境较敏感，由于开垦荒地使用除草剂等化学药剂，河八王群落迅速消失，只零星分布在水库边、池塘边、公路旁。

【收集人】邓宇驰（广西农业科学院甘蔗研究所），罗霆（广西农业科学院甘蔗研究所），韦金菊（广西农业科学院甘蔗研究所）。

【照片拍摄者】谭芳（广西农业科学院甘蔗研究所）。

第三节 斑茅优异种质资源

001 堡里斑茅

【学　名】Poaceae（禾本科）*Erianthus*（蔗茅属）*Erianthus arundinaceum*（斑茅）。

【采集地】广西桂林市兴安县。

【主要特征特性】株高186.0cm，茎径1.18cm，叶长235.0cm、宽1.6cm，花序灰白色，圆锥形，蒲心重，57号毛群多，无蜡粉带，无气根，茎形直立，无木栓，根点排列不规则，无芽沟，生长带突出，难脱叶，无水裂，叶姿披散，芽三角形，曝光前节间黄色，曝光后节间黄绿色，上芽位，节间圆筒形。

【农户认知】田间杂草，嫩枝叶可用作饲料。

【优良特性】植株较高，锤度9.8%，节间长度10.8cm，耐旱性强。

【适宜地区】广西等地。

【利用价值】可用作甘蔗育种亲本，用于高产、耐旱品种的选育。

【濒危状况及保护措施建议】斑茅主要靠种子繁殖，由于使用除草剂等化学药剂开垦荒地，斑茅群落消失，只零星分布在公路边、田埂边、河滩。

【收集人】罗霆（广西农业科学院甘蔗研究所），邓宇驰（广西农业科学院甘蔗研究所），韦金菊（广西农业科学院甘蔗研究所）。

【照片拍摄者】谭芳（广西农业科学院甘蔗研究所）。

002 同安斑茅

【学　名】Poaceae（禾本科）*Erianthus*（蔗茅属）*Erianthus arundinaceum*（斑茅）。

【采集地】广西桂林市全州县。

【主要特征特性】株高183.0cm，茎径0.95cm，叶长102.0cm、宽1.3cm，花序淡紫色，圆锥形，蒲心重，57号毛群多，无蜡粉带，无气根，茎形直立，无木栓，根点排列不规则，浅芽沟，生长带不突出，难脱叶，无水裂，叶姿披散，芽三角形，曝光前节间黄绿色，曝光后节间深绿色，上芽位，节间圆筒形。

【农户认知】田间杂草，嫩枝叶可用作饲料。

【优良特性】植株较高，锤度13.0%，节间长度13.2cm，耐旱性强。

【适宜地区】广西等地。

【利用价值】可用作甘蔗育种亲本，用于高产、耐旱品种的选育。

【濒危状况及保护措施建议】斑茅主要靠种子繁殖，由于使用除草剂等化学药剂开垦荒地，斑茅群落消失，只零星分布在公路边、田埂边、河滩。

【收集人】邓宇驰（广西农业科学院甘蔗研究所），罗霆（广西农业科学院甘蔗研究所），韦金菊（广西农业科学院甘蔗研究所）。

【照片拍摄者】谭芳（广西农业科学院甘蔗研究所）。

003 竹梅斑茅

【学　名】Poaceae（禾本科）*Erianthus*（蔗茅属）*Erianthus arundinaceum*（斑茅）。

【采集地】广西贺州市钟山县。

【主要特征特性】株高197.0cm，茎径1.12cm，叶长96.0cm、宽1.6cm，花序灰白色，圆锥形，蒲心重，57号毛群多，无蜡粉带，无气根，茎形直立，无木栓，根点排列成行，无芽沟，生长带不突出，难脱叶，无水裂，叶姿披散，芽圆形，曝光前节间黄绿色，曝光后节间深绿色，平芽位，节间圆筒形。

【农户认知】田间杂草，嫩枝叶可用作饲料。

【优良特性】植株较高，锤度8.4%，节间长度7.7cm，耐旱性强。

【适宜地区】广西等地。

【利用价值】可用作甘蔗育种亲本，用于高产、耐旱品种的选育。

【濒危状况及保护措施建议】斑茅主要靠种子繁殖，由于使用除草剂等化学药剂开垦荒地，斑茅群落消失，只零星分布在公路边、田埂边、河滩。

【收集人】邓宇驰（广西农业科学院甘蔗研究所），罗霆（广西农业科学院甘蔗研究所），韦金菊（广西农业科学院甘蔗研究所）。

【照片拍摄者】谭芳（广西农业科学院甘蔗研究所）。

004 龙科斑茅

【学　名】Poaceae（禾本科）*Erianthus*（蔗茅属）*Erianthus arundinaceum*（斑茅）。

【采集地】广西梧州市苍梧县。

【主要特征特性】株高286.0cm，茎径1.45cm，叶长126.0cm、宽4.4cm，花序灰白色，圆锥形，蒲心重，57号毛群多，无蜡粉带，无气根，茎形直立，无木栓，根点排列成行，无芽沟，生长带不突出，难脱叶，无水裂，叶姿披散，芽三角形，曝光前节间黄绿色，曝光后节间深绿色，下芽位，节间圆筒形。

【农户认知】田间杂草，嫩枝叶可用作饲料。

【优良特性】植株高大，锤度11.6%，节间长度9.4cm，耐旱性强。

【适宜地区】广西等地。

【利用价值】可用作甘蔗育种亲本，用于高产、耐旱品种的选育。

【濒危状况及保护措施建议】斑茅主要靠种子繁殖，由于使用除草剂等化学药剂开垦荒地，斑茅群落消失，只零星分布在公路边、田埂边、河滩。

【收集人】邓宇驰（广西农业科学院甘蔗研究所），罗霆（广西农业科学院甘蔗研究所），韦金菊（广西农业科学院甘蔗研究所）。

【照片拍摄者】谭芳（广西农业科学院甘蔗研究所）。

005 培中斑茅

【学　名】Poaceae（禾本科）*Erianthus*（蔗茅属）*Erianthus arundinaceum*（斑茅）。

【采集地】广西梧州市苍梧县。

【主要特征特性】株高208.0cm，茎径1.08cm，叶长81.0cm、宽1.6cm，花序灰白色，圆锥形，蒲心重，57号毛群多，无蜡粉带，无气根，茎形直立，无木栓，根点排列不规则，无芽沟，生长带不突出，难脱叶，无水裂，叶姿披散，芽圆形，曝光前节间黄色，曝光后节间黄色，下芽位，节间圆筒形。

【农户认知】田间杂草，嫩枝叶可用作饲料。

【优良特性】植株高大，锤度12.0%，节间长度7.5cm，耐旱性强。

【适宜地区】广西等地。

【利用价值】可用作甘蔗育种亲本，用于高产、耐旱品种的选育。

【濒危状况及保护措施建议】斑茅主要靠种子繁殖，由于使用除草剂等化学药剂开垦荒地，斑茅群落消失，只零星分布在公路边、田埂边、河滩。

【收集人】邓宇驰（广西农业科学院甘蔗研究所），罗霆（广西农业科学院甘蔗研究所），韦金菊（广西农业科学院甘蔗研究所）。

【照片拍摄者】谭芳（广西农业科学院甘蔗研究所）。

第六章
绿肥作物优异种质资源

绿肥作物是一种作物类型，按植物学科区分，可将绿肥作物分为豆科、非豆科两大类，而豆科绿肥作物中最为常见的有紫云英、苕子、箭筈豌豆、田菁、柽麻等，非豆科绿肥作物又常分为禾本科、十字花科、满江红科等。本章是近年在"第三次全国农作物种质资源普查与收集行动"、广西创新驱动发展专项资金项目"广西农作物种质资源收集鉴定与保存"和国家绿肥产业技术体系的支持下，在广西开展全面系统调查和收集，并进一步进行田间鉴定及评价基础上，对筛选出的优异种质资源代表进行描述，其中紫云英4份、田菁4份、红萍2份，分别从种质资源的主要特征特性、农户认知、优良特性等方面进行详细描述，为绿肥作物优异种质资源的创新利用奠定基础。

第一节 紫云英优异种质资源

001 黄关红花草

【学　名】Fabaceae（豆科）*Astragalus*（黄芪属）*Astragalus sinicus*（紫云英）。

【采集地】广西桂林市灌阳县。

【主要特征特性】中熟类型，在南宁生育期160～170天。株高70～85cm，茎粗4.0～5.5mm，单株分枝数3～5个，茎和叶以青绿色为主，花冠粉红色，种子黄绿色，千粒重3.0～3.3g。

【农户认知】绿肥，可喂养牲畜。

【优良特性】鲜草和种子产量高。盛花期鲜草产量40～45t/hm²，植株干物质含氮3.34%、磷0.32%、钾3.41%、有机碳57.70%、粗纤维17.80%、粗脂肪4.60%、粗蛋白质17.80%、粗灰分8.30%、无氮浸出物42.50%，种子产量600～900kg/hm²。

【适宜地区】广西等地。

【利用价值】肥用，饲用，菜用，观赏，亦可用作蜜源植物。

【濒危状况及保护措施建议】少数农户零星种植，难以收集，建议妥善保存和创新利用。

【收集人】韦彩会（广西农业科学院农业资源与环境研究所）。

【照片拍摄者】韦彩会（广西农业科学院农业资源与环境研究所）。

002 东江红花草

【学　名】Fabaceae（豆科）*Astragalus*（黄芪属）*Astragalus sinicus*（紫云英）。

【采集地】广西河池市金城江区。

【主要特征特性】中熟类型，在南宁生育期155～165天。株高60～80cm，茎粗3.5～5.0mm，单株分枝数2或3个，茎以青绿色为主、偶有浅红色，叶以绿色为主、有少量呈浅绿色或红褐色，花冠粉红色，种子黄绿色，千粒重3.2～3.5g。

【农户认知】绿肥，可喂养牲畜。

【优良特性】鲜草和种子产量高。盛花期鲜草产量37～42t/hm²，植株干物质含氮3.29%、磷0.39%、钾2.93%、有机碳56.20%、粗纤维20.00%、粗脂肪4.50%、粗蛋白质14.40%、粗灰分12.90%、无氮浸出物39.40%，种子产量600～750kg/hm²。

【适宜地区】广西等地。

【利用价值】肥用，饲用，菜用，观赏，亦可用作蜜源植物。

【濒危状况及保护措施建议】无人种植，难以收集，建议妥善保存和创新利用。

【收集人】韦彩会（广西农业科学院农业资源与环境研究所）。

【照片拍摄者】韦彩会（广西农业科学院农业资源与环境研究所）。

003 覃塘红花草

【学　名】Fabaceae（豆科）*Astragalus*（黄芪属）*Astragalus sinicus*（紫云英）。

【采集地】广西贵港市覃塘区。

【主要特征特性】早熟类型，在南宁生育期135～145天。株高45～65cm，茎粗3.0～4.5mm，单株分枝数2或3个，茎以绿色为主、偶有浅红色，叶浅绿色，花冠粉紫色，种子黄绿色，千粒重3.0～3.3g。

【农户认知】绿肥，可喂养牲畜。

【优良特性】鲜草和种子产量高。盛花期鲜草产量32～37t/hm^2，植株干物质含氮3.22%、磷0.33%、钾2.01%、有机碳58.30%、粗纤维23.10%、粗脂肪3.90%、粗蛋白质16.10%、粗灰分11.50%、无氮浸出物37.10%，种子产量600～750kg/hm^2。

【适宜地区】广西等地。

【利用价值】肥用，饲用，菜用，观赏，亦可用作蜜源植物。

【濒危状况及保护措施建议】无人种植，难以收集，建议妥善保存和创新利用。

【收集人】韦彩会（广西农业科学院农业资源与环境研究所）。

【照片拍摄者】董文斌（广西农业科学院农业资源与环境研究所）。

004 光明红花草

【学　名】Fabaceae（豆科）*Astragalus*（黄芪属）*Astragalus sinicus*（紫云英）。

【采集地】广西南宁市隆安县。

【主要特征特性】特早熟类型，在南宁生育期130～140天。株高40～60cm，茎粗2.5～4.0mm，单株分枝数1～3个，茎、叶均以浅绿色为主，花冠粉红色，种子黄绿色，千粒重2.8～3.0g。

【农户认知】绿肥，可再生。

【优良特性】特早熟，鲜草适产，再生性强。盛花期鲜草产量21～25t/hm^2，植株干物质含氮2.61%、磷0.36%，钾3.31%、有机碳53.60%、粗纤维20.20%、粗脂肪4.30%、粗蛋白质15.40%、粗灰分9.70%、无氮浸出物42.10%，种子产量250～350kg/hm^2。早稻种植前成熟落籽，晚稻收获期气温和土壤水分适宜时，自然再生。

【适宜地区】广西等地。

【利用价值】肥用，饲用，菜用，观赏，亦可用作蜜源植物。

【濒危状况及保护措施建议】无人种植，难以收集，建议妥善保存和创新利用。

【收集人】韦彩会（广西农业科学院农业资源与环境研究所）。

【照片拍摄者】董文斌（广西农业科学院农业资源与环境研究所）。

第二节 田菁优异种质资源

001 雁山田菁

【学　名】Fabaceae（豆科）*Sesbania*（田菁属）*Sesbania cannabina*（田菁）。

【采集地】广西桂林市雁山区。

【主要特征特性】中熟类型，早生快发。在南宁市5月上旬播种，生育期170～180天。株高3.5～4.0m，茎粗2.5～3.5cm，多分枝，茎青绿为主、略带粉紫色，叶绿色，花冠浅黄色，种子矩圆形、绿褐色，千粒重11.0～12.5g。

【农户认知】无。

【优良特性】鲜草和种子产量高。翻压还田适宜时期为播种后65天左右，鲜草产量21～25t/hm²，植株干物质含氮3.33%、磷0.29%、钾2.62%、有机碳62.80%、粗纤维27.20%、粗脂肪3.40%、粗蛋白质16.50%、粗灰分7.90%、无氮浸出物35.50%，种子产量1600～2000kg/hm²。

【适宜地区】广西等地。

【利用价值】肥用，饲用，盐碱地改良，亦可用作蜜源植物和工业原料。

【濒危状况及保护措施建议】无人种植，难以收集，建议妥善保存并开发利用。

【收集人】韦彩会（广西农业科学院农业资源与环境研究所）。

【照片拍摄者】韦彩会（广西农业科学院农业资源与环境研究所）。

002 容西田菁

【学　名】Fabaceae（豆科）*Sesbania*（田菁属）*Sesbania cannabina*（田菁）。

【采集地】广西玉林市容县。

【主要特征特性】中熟类型，早生快发。在南宁市5月上旬播种，生育期175～185天。株高2.8～3.3m，茎粗1.5～2.5cm，多分枝，茎青绿色，叶绿色，花冠浅黄色，种子矩圆形、绿褐色，千粒重6.0～7.5g。

【农户认知】无。

【优良特性】鲜草和种子产量高。翻压还田适宜时期为播种后65天左右，鲜草产量23～27t/hm^2，植株干物质含氮2.55%、磷0.28%、钾2.66%、有机碳62.40%、粗纤维24.90%、粗脂肪4.20%、粗蛋白质17.70%、粗灰分8.70%、无氮浸出物35.00%，种子产量1800～2200kg/hm^2。

【适宜地区】广西等地。

【利用价值】肥用，饲用，盐碱地改良，亦可用作蜜源植物和工业原料。

【濒危状况及保护措施建议】无人种植，难以收集，建议妥善保存并开发利用。

【收集人】韦彩会（广西农业科学院农业资源与环境研究所）。

【照片拍摄者】韦彩会（广西农业科学院农业资源与环境研究所）。

003 五塘田菁

【学　名】Fabaceae（豆科）*Sesbania*（田菁属）*Sesbania cannabina*（田菁）。

【采集地】广西南宁市兴宁区。

【主要特征特性】中熟类型，早生快发。在南宁市5月上旬播种，生育期160～170天。株高3.5～4.0m，茎粗1.5～2.5cm，多分枝，茎青绿为主、略带紫红色，叶绿色，花冠浅黄色，种子矩圆形、绿褐色，千粒重12.0g～13.5g。

【农户认知】无。

【优良特性】鲜草和种子产量高。翻压还田适宜时期为播种后65天左右，鲜草产量29～33t/hm^2，植株干物质含氮2.72%、磷0.24%、钾1.49%、有机碳63.60%、粗纤维25.60%、粗脂肪3.80%、粗蛋白质15.00%、粗灰分6.70%、无氮浸出物38.10%，种子产量1700～2100kg/hm^2。

【适宜地区】广西等地。

【利用价值】肥用，饲用，盐碱地改良，亦可用作蜜源植物和工业原料。

【濒危状况及保护措施建议】无人种植，难以收集，建议妥善保存并开发利用。

【收集人】韦彩会（广西农业科学院农业资源与环境研究所）。

【照片拍摄者】韦彩会（广西农业科学院农业资源与环境研究所）。

004 思恩田菁

【学　名】Fabaceae（豆科）*Sesbania*（田菁属）*Sesbania cannabina*（田菁）。

【采集地】广西河池市环江毛南族自治县。

【主要特征特性】中熟类型，早生快发。在南宁市5月上旬播种，生育期165～175天。株高2.8～3.3m，茎粗1.5～2.5cm，多分枝，茎青绿色，叶绿色，花冠浅黄色，种子矩圆形、绿褐色，千粒重6.0～7.0g。

【农户认知】无。

【优良特性】鲜草和种子产量高。翻压还田适宜时期为播种后65天左右，鲜草产量31～35t/hm^2，植株干物质含氮2.48%、磷0.26%、钾2.12%、有机碳64.80%、粗纤维26.10%、粗脂肪4.60%、粗蛋白质15.60%、粗灰分7.60%、无氮浸出物36.30%，种子产量1400～1800kg/hm^2。

【适宜地区】广西等地。

【利用价值】肥用，饲用，盐碱地改良，亦可用作蜜源植物和工业原料。

【濒危状况及保护措施建议】无人种植，难以收集，建议妥善保存并开发利用。

【收集人】韦彩会（广西农业科学院农业资源与环境研究所）。

【照片拍摄者】韦彩会（广西农业科学院农业资源与环境研究所）。

第三节 红萍优异种质资源

001 车田红萍

【学　名】Azollaceae（满江红科）*Azolla*（满江红属）*Azolla* sp.。

【采集地】广西桂林市资源县。

【主要特征特性】植株体小，多边形，萍体绿色，叶片含花青素，受外界环境影响，可由绿色转红色，耐热性强，适宜生长温度15～30℃。

【农户认知】无。

【优良特性】越夏能力强、繁殖快。植株干物质含氮3.39%、磷0.81%、钾2.55%、有机碳52.40%、粗蛋白质20.30%、粗脂肪2.20%、粗纤维9.20%、粗灰分13.50%、无氮浸出物47.30%。

【适宜地区】广西等地。

【利用价值】可用作四季绿肥，亦可饲用。

【濒危状况及保护措施建议】无人种植，难以收集，建议提交国家红萍种质资源圃长期保存。

【收集人】韦彩会（广西农业科学院农业资源与环境研究所）。

【照片拍摄者】董文斌（广西农业科学院农业资源与环境研究所）。

002 林溪红萍

【学　名】Azollaceae（满江红科）*Azolla*（满江红属）*Azolla* sp.。

【采集地】广西柳州市三江侗族自治县。

【主要特征特性】植株体小，多边形，萍体肥壮、翠绿色，叶片含花青素，受外界环境影响，可由绿色转红色，高抗霉腐病，耐热性强，适宜生长温度15～30℃。

【农户认知】无。

【优良特性】越夏能力强、繁殖快。植株干物质含氮2.68%、磷0.68%、钾2.92%、有机碳50.40%、粗蛋白质17.50%、粗脂肪2.40%、粗纤维9.80%、粗灰分12.30%、无氮浸出物50.10%。

【适宜地区】广西等地。

【利用价值】可用作四季绿肥，亦可饲用。

【濒危状况及保护措施建议】无人种植，难以收集，建议提交国家红萍种质资源圃长期保存。

【收集人】韦彩会（广西农业科学院农业资源与环境研究所）。

【照片拍摄者】韦彩会（广西农业科学院农业资源与环境研究所）。

第七章
药用植物优异种质资源

　　广西地处中国南部，属于亚热带季风气候区，大部分地区气候温暖，雨水丰沛，年平均气温17～22℃，年降水量1500～2000mm，丘陵山地多，喀斯特分布广，广西特殊的自然生态条件，蕴藏着丰富的中药材资源，使之成为我国的"天然药库"、"生物资源基因库"和"中药材之乡"。广西有中草药物种4623种，约占全国药用植物资源的1/3，中草药物种数量排全国第二位。本章介绍了广西农业科学院生物技术研究所长期开展药用植物资源调查、收集保存、鉴定评价等研究工作所获得的18份药用植物优异种质资源，包括广西药食同源中药材铁皮石斛、山银花的野生优异资源，还有广西地方特色中药材白及、桄榔、赤苍藤、凉粉草的野生或地方驯化品种，分别对每份种质资源的采集地、主要特征特性、优良特性、适宜地区、利用价值、濒危状况及保护措施等方面进行了阐述。

第一节　铁皮石斛优异种质资源

001 桂平铁皮石斛

【学　名】Orchidaceae（兰科）*Dendrobium*（石斛属）*Dendrobium officinale*（铁皮石斛）。

【采集地】广西贵港市桂平市。

【主要特征特性】茎直立，圆柱形，茎两端粗度稍小于中部；叶2列，长圆状披针形；萼片和花瓣黄绿色；花期3～6月；果实为长椭圆形蒴果，成熟后黄绿色。

【农户认知】口嚼鲜条，粘齿，渣少，品质好。

【优良特性】茎秆多糖含量高（≥25%），黏滞感较强，纤维少，品质优。

【适宜地区】我国南方大部分地区及东南亚国家。

【利用价值】鲜条可以直接鲜食、榨汁、入膳、泡茶；也可以经手工加工成铁皮石斛枫斗，是传统的石斛饮片。

【濒危状况及保护措施建议】1987年国务院发布的《野生药材资源保护管理条例》将铁皮石斛列为三级保护品种；1992年《中国植物红皮书》中将其收载为濒危植物。近几年，铁皮石斛品种选育、组培快繁技术、高产栽培技术已成熟，可以利用组培快繁技术生产种苗，进行大棚种植或仿野生种植。

【收集人】张向军（广西农业科学院生物技术研究所），蒙平（广西农业科学院生物技术研究所），庾韦花（广西农业科学院生物技术研究所）。

【照片拍摄者】张向军（广西农业科学院生物技术研究所），蒙平（广西农业科学院生物技术研究所）。

002 容县铁皮石斛

【学　名】Orchidaceae（兰科）*Dendrobium*（石斛属）*Dendrobium officinale*（铁皮石斛）。

【采集地】广西玉林市容县。

【主要特征特性】茎直立，圆柱形，茎两端粗度稍小于中部；叶2列，长圆状披针形；萼片和花瓣黄绿色；花期3～6月；果实为长椭圆形蒴果，成熟后黄绿色。

【农户认知】口嚼鲜条，粘齿，品质好。

【优良特性】茎秆多糖含量高（≥25%），抗病性强，品质优。

【适宜地区】我国南方大部分地区及东南亚国家。

【利用价值】鲜条可以直接鲜食、榨汁、入膳、泡茶；也可以经手工加工成铁皮石斛枫斗，是传统的石斛饮片。

【濒危状况及保护措施建议】1987年国务院发布的《野生药材资源保护管理条例》将铁皮石斛列为三级保护品种；1992年《中国植物红皮书》中将其收载为濒危植物。近几年，铁皮石斛品种选育、组培快繁技术、高产栽培技术已成熟，可以利用组培快繁技术生产种苗，进行大棚种植或仿野生种植。

【收集人】张向军（广西农业科学院生物技术研究所），蒙平（广西农业科学院生物技术研究所），庾韦花（广西农业科学院生物技术研究所）。

【照片拍摄者】张向军（广西农业科学院生物技术研究所），蒙平（广西农业科学院生物技术研究所）。

003 荔浦铁皮石斛

【学　　名】Orchidaceae（兰科）*Dendrobium*（石斛属）*Dendrobium officinale*（铁皮石斛）。

【采集地】广西桂林市荔浦市。

【主要特征特性】茎直立，圆柱形，茎两端粗度稍小于中部；叶2列，长圆状披针形；萼片和花瓣黄绿色；花期3～6月；果实为长椭圆形蒴果，成熟后黄绿色。

【农户认知】口嚼鲜条，粘齿，品质好。

【优良特性】茎秆多糖含量高（≥25%），病虫害较少，产量高。

【适宜地区】我国南方大部分地区及东南亚国家。

【利用价值】鲜条可以直接鲜食、榨汁、入膳、泡茶；也可以经手工加工成铁皮石斛枫斗，是传统的石斛饮片。

【濒危状况及保护措施建议】1987年国务院发布的《野生药材资源保护管理条例》将铁皮石斛列为三级保护品种；1992年《中国植物红皮书》中将其收载为濒危植物。近几年，铁皮石斛品种选育、组培快繁技术、高产栽培技术已成熟，可以利用组培快繁技术生产种苗，进行大棚种植或仿野生种植。

【收集人】张向军（广西农业科学院生物技术研究所），蒙平（广西农业科学院生物技术研究所），庾韦花（广西农业科学院生物技术研究所）。

【照片拍摄者】张向军（广西农业科学院生物技术研究所），蒙平（广西农业科学院生物技术研究所）。

第二节 山银花优异种质资源

001 红腺忍冬

【学　名】Caprifoliaceae（忍冬科）*Lonicera*（忍冬属）*Lonicera hypoglauca*（菰腺忍冬）。

【采集地】广西来宾市忻城县。

【主要特征特性】藤本，小枝、叶柄和总花梗有短柔毛，嫩芽橘红色。单叶，对生，全缘，叶卵状矩圆形，长3.0～12.0cm，宽1.2～7.5cm，基部圆形或近心形，叶面绿色，叶背淡绿色，有短柔毛和较多橘红色腺点，叶柄长达1.0cm。聚伞花序腋生或顶生，总花梗比叶柄短或长；苞片钻状，短于花萼或与花萼等长，有毛；小苞片卵圆形，长为萼筒的1/3，有睫毛；萼筒无毛，齿狭三角形、长约0.1cm，有毛，花冠长3.0～4.5（～5.0）cm，白色、黄色，稀为红色，外面疏生微毛和腺毛，稀光滑，筒部与檐部近等长；花柱无毛。花期3～5月，少数在8～9月第2次开花。

【农户认知】野生中药材，清热、解毒，可治疗感冒、咳嗽等，煮水也可擦洗虫咬肿痛处。

【优良特性】生长快，花香浓郁，分蘖好。

【适宜地区】广西中部、北部地区。

【利用价值】全株均可入药，花、叶、茎可制成中成药、保健品、日用品。

【濒危状况及保护措施建议】由野生枝条扦插扩繁而获得栽培种，野生数量越来越少，扦插成活率较低，建议组培繁育良种保存。

【收集人】庾韦花（广西农业科学院生物技术研究所），樊永生（广西农业科学院生物技术研究所），石前（广西农业科学院生物技术研究所）。

【照片拍摄者】庾韦花（广西农业科学院生物技术研究所），石前（广西农业科学院生物技术研究所）。

002 灰毡毛忍冬

【学　名】Caprifoliaceae（忍冬科）*Lonicera*（忍冬属）*Lonicera macranthoides*（灰毡毛忍冬）。

【采集地】广西桂林市资源县。

【主要特征特性】大藤本，小枝、叶柄和总花梗有短茸毛，稀夹腺毛，枝条成熟后变为栗色，光亮无毛。叶卵形或披针形，长4.0～14.0cm、宽1.5～7.5cm，先端钝尖或渐尖，基部圆形或近心形，叶面无毛，叶背密生灰色毡状短茸毛，夹以少数黄色腺毛，叶柄长达1.2cm。花序通常生于小枝的顶端和叶腋，多花；苞片钻状，与花萼等长或稍短，有毛；小苞片卵形，长约为萼筒的1/2，有毛；萼筒无毛，齿狭三角形，有毛；花冠长3.5～6.0cm，外面疏生腺毛和倒向微毛；花柱无毛。花期6～7月。

【农户认知】野生中药材，清热、解毒，可治疗感冒、咳嗽等。

【优良特性】花期集中，方便采摘，高产。

【适宜地区】广西桂林市等地。

【利用价值】全株均可入药，花、叶、茎、根可制成中成药、保健品、日用品。

【濒危状况及保护措施建议】通过野生枝条扦插或嫁接而获得栽培种，野生资源越来越少，栽培种病虫害累积严重，品种退化严重，建议通过提纯复壮选育优良品种。

【收集人】庾韦花（广西农业科学院生物技术研究所），张向军（广西农业科学院生物技术研究所），蒙平（广西农业科学院生物技术研究所）。

【照片拍摄者】庾韦花（广西农业科学院生物技术研究所），蒙平（广西农业科学院生物技术研究所）。

003 黄褐毛忍冬

【学　名】Caprifoliaceae（忍冬科）*Lonicera*（忍冬属）*Lonicera fulvotomentosa*（黄褐毛忍冬）。

【采集地】广西百色市隆林各族自治县。

【主要特征特性】藤本；幼枝、叶柄、叶背、总花梗、苞片和萼齿均密被开展或弯伏的黄褐色毡毛状糙毛，幼枝和叶两面还散生橘红色短腺毛。叶纸质，卵状矩圆形至矩圆状披针形，长3～8（～11）cm，顶端渐尖，基部圆形、浅心形或近截形，上面疏生短糙伏毛，中脉毛较密；叶柄长5～7mm。双花排列成腋生或顶生的短总状花序，花序梗长达1cm；苞片钻形，长5～7mm；萼筒倒卵状椭圆形，长约2mm，无毛；花冠先白色后变黄色，长3.0～3.5cm，唇形；雄蕊和花柱均高出花冠，无毛；柱头近圆形，直径约1mm。花期6～7月。

【农户认知】野生中药材，清热、解毒，花及藤蔓煮水可治疗感冒、咳嗽等。

【优良特性】花期整齐，抗病性强，产量高。

【适宜地区】广西百色市等地。

【利用价值】全株均可入药，花、叶可制作茶，老茎、根可制作药用切片。

【濒危状况及保护措施建议】通过野生枝条扦插扩繁而获得栽培种，野生资源数量颇多。

【收集人】庾韦花（广西农业科学院生物技术研究所），石前（广西农业科学院生物技术研究所）。

【照片拍摄者】庾韦花（广西农业科学院生物技术研究所），石前（广西农业科学院生物技术研究所）。

第三节　白及优异种质资源

001 资源白及

【学　名】Orchidaceae（兰科）*Bletilla*（白及属）*Bletilla striata*（白及）。

【采集地】广西桂林市资源县。

【主要特征特性】株型直立型，株高50～80cm，茎秆绿色，花梗紫红色，叶4～6片，轮生，叶长圆状披针形，叶长30～45cm、宽10～20cm。花大，紫红色，萼片与花瓣等长，长20～25mm；唇瓣倒卵状椭圆形，长20～25mm，蕊柱长18～20mm。花期4月中旬至5月下旬。

【农户认知】产量高，易种植，多糖含量高，品质好。

【优良特性】鲜产1500～2000kg/亩，多糖含量约30.5%，耐旱，耐贫瘠，抗病虫害能力较强，适合在林地、坡地、旱地种植。

【适宜地区】广西、湖南、广东、贵州等地。

【利用价值】可制作中药饮片、中成药、保健品、美容美白日用品等。

【濒危状况及保护措施建议】农户种植面积较大，最初种植的种源来自野生资源，造成过度采挖，目前很难收集到野生资源。建议将收集到的白及种质资源进行种苗扩繁，将种苗返回到原生地进行野生抚育，保持白及野生种群数量。

【收集人】石云平（广西农业科学院生物技术研究所），许娟（广西农业科学院生物技术研究所）。

【照片拍摄者】石云平（广西农业科学院生物技术研究所），许娟（广西农业科学院生物技术研究所）。

002 靖西白及

【学　名】Orchidaceae（兰科）*Bletilla*（白及属）*Bletilla striata*（白及）。

【采集地】广西百色市靖西市。

【主要特征特性】株型直立型，株高30～40cm，茎秆绿色，花梗深紫色，叶4或5片，轮生，叶长圆状披针形，叶长35～50cm，宽4～8cm。花大，浅紫色，萼片与花瓣等长，长20～25mm；唇瓣倒卵状长椭圆形，长18～22mm，蕊柱长15～20mm。花期4月中旬至5月下旬。

【农户认知】产量一般，含胶量高，品质好。

【优良特性】鲜产800～1200kg/亩，多糖含量约31.5%，耐旱，耐贫瘠，抗病虫害能力较强，适合在林地、坡地种植。

【适宜地区】广西、云南、贵州等地。

【利用价值】可制作中药饮片、中成药、保健品、美容美白日用化妆品等。

【濒危状况及保护措施建议】农户零星种植。白及野生资源已经很少。建议将白及野生资源利用植物组培技术进行种苗扩繁，再返回到原生地进行野生抚育，保证野生种群数量，维护生态系统多样性。

【收集人】石云平（广西农业科学院生物技术研究所），许娟（广西农业科学院生物技术研究所）。

【照片拍摄者】刘演（广西壮族自治区中国科学院广西植物研究所）。

003 那坡白及

【学　名】Orchidaceae（兰科）*Bletilla*（白及属）*Bletilla striata*（白及）。

【采集地】广西百色市。

【主要特征特性】株型直立型，株高35～50cm，茎秆绿色，花梗深紫色，叶3～6片，轮生，叶长圆状披针形，叶长15～30cm、宽5～8cm。花大，浅紫色，萼片与花瓣等长，长20～25mm；唇瓣倒卵状长椭圆形，长20～25mm，蕊柱长15～20mm。花期4月上旬至5月下旬。

【农户认知】产量高，品质好，栽培管理粗放。

【优良特性】鲜产900～1300kg/亩，多糖含量约30.6%，耐旱，耐贫瘠，抗病虫害能力较强，适合在林地、坡地种植。

【适宜地区】广西、云南、贵州等地。

【利用价值】可制作中药饮片、中成药、保健品、日用品、化妆品等。

【濒危状况及保护措施建议】农户零星种植。白及野生资源很少。建议将白及野生资源利用植物组培技术进行种苗扩繁，再返回到原生地进行野生抚育，保证白及野生种群数量，维护生态系统多样性。

【收集人】石云平（广西农业科学院生物技术研究所），许娟（广西农业科学院生物技术研究所）。

【照片拍摄者】刘演（广西壮族自治区中国科学院广西植物研究所）。

第四节 桄榔优异种质资源

001 桄榔1号

【学　名】Arecaceae（棕榈科）*Arenga*（桄榔属）*Arenga westerhoutii*（桄榔）。

【采集地】广西壮族自治区药用植物园靖西分园。

【主要特征特性】树形较矮，高约4m，直径18cm，有疏离的环状叶痕。叶长3.5～6.0m，羽状全裂，羽片呈2列紧密排列，线形，长37～42cm、宽2.8～3.5cm，基部两侧分布有不均等的耳垂，叶片正面绿色，背面苍白色；叶鞘具黑色强壮的网状纤维和针刺状纤维。成熟果实长椭圆形，墨绿色，直径3～4cm，具三棱，顶端略凹陷。种子2或3粒，黑色，细长三棱形，悬胚乳均匀，胚背生。花期5～8月。

【农户认知】景观树，茎干淀粉出粉率高，品质好，对小儿疳积、发热、痢疾、咽喉炎症颇有功效。

【优良特性】管理比较粗放，病虫害少，一树自成一景，可作为观叶和观果植物。

【适宜地区】广西、广东、海南、云南、福建、台湾等热带、亚热带地区。

【利用价值】地方特色作物，可用于保健食品加工和园艺与园林观赏。

【濒危状况及保护措施建议】广西、广东、海南、云南还有部分野生种群，栽培种零星分布在部分园林景观点及植物公园内，但数量极少，已很难收集到。建议开展就地保护性调研，采取异位妥善保存的同时，结合发展保健品和生态旅游，扩大种植面积。

【收集人】杨海霞（广西南亚热带农业科学研究所），梁振华（广西南亚热带农业科学研究所）。

【照片拍摄者】杨海霞（广西南亚热带农业科学研究所）。

002 | 桃榔3号

【学　名】Arecaceae（棕榈科）*Arenga*（桃榔属）*Arenga westerhoutii*（桃榔）。

【采集地】广西壮族自治区南宁市人民公园。

【主要特征特性】树形中等，高约6m，直径23cm，有疏离的环状叶痕。叶长6～10m，羽状全裂，羽片呈2列排列，线形，长58～63cm、宽3.5～4.1cm，基部两侧常有不均等的耳垂，叶片正面绿色，背面苍白色；叶鞘具黑色强壮的网状纤维和针刺状纤维。成熟果实近球形，黑色，直径4～5cm，具三棱，顶端平缓。种子2或3粒，黑色，卵状三棱形，悬胚乳均匀，胚背生。花期6～10月。

【农户认知】景观树，茎干淀粉出粉率高，品质好，对小儿疳积、发热、痢疾、咽喉炎症颇有功效。

【优良特性】管理比较粗放，病虫害少，植株冠幅较大，遮阴效果好，一树自成一景，可作为观叶和观果植物。

【适宜地区】广西、广东、海南、云南、福建、台湾等热带、亚热带地区。

【利用价值】地方特色作物，可用于保健食品加工和园艺与园林观赏。

【濒危状况及保护措施建议】广西、广东、海南、云南还有部分野生种群，栽培种零星分布在部分园林景观点及植物公园内，但数量极少，已很难收集到。建议开展就地保护性调研，采取异位妥善保存的同时，结合发展保健品和生态旅游，扩大种植面积。

【收集人】杨海霞（广西南亚热带农业科学研究所），兰秀（广西南亚热带农业科学研究所）。

【照片拍摄者】兰秀（广西南亚热带农业科学研究所）。

003 桄榔8号

【学　名】Arecaceae（棕榈科）*Arenga*（桄榔属）*Arenga westerhoutii*（桄榔）。

【采集地】广西崇左市龙州县。

【主要特征特性】树形中等，高约8m，直径16cm，有疏离的环状叶痕。叶长5～8m，羽状全裂，羽片呈2列稀疏排列，线形，长58～62cm、宽3.5～3.8cm，基部两侧常有不均等的耳垂，叶片正面绿色，背面苍白色；叶鞘具黑色强壮的网状纤维和针刺状纤维。成熟果实近球形，墨绿色，直径4～6cm，具三棱，顶端凹陷明显。种子2或3粒，黑色，卵状三棱形，悬胚乳均匀，胚背生。花期5～8月。

【农户认知】景观树，茎干淀粉出粉率高，品质好，对小儿疳积、发热、痢疾、咽喉炎症颇有功效。

【优良特性】管理比较粗放，病虫害少，植株冠幅较大，遮阴效果好，一树自成一景，可作为观叶和观果植物。

【适宜地区】广西、广东、海南、云南、福建、台湾等热带、亚热带地区。

【利用价值】地方特色作物，可用于保健食品加工和园艺与园林观赏。

【濒危状况及保护措施建议】广西、广东、海南、云南还有部分野生种群，栽培种零星分布在部分园林景观点及植物公园内，但数量极少，已很难收集到。建议开展就地保护性调研，采取异位妥善保存的同时，结合发展保健品和生态旅游，扩大种植面积。

【收集人】杨海霞（广西南亚热带农业科学研究所），李恒锐（广西南亚热带农业科学研究所），梁振华（广西南亚热带农业科学研究所）。

【照片拍摄者】李恒锐（广西南亚热带农业科学研究所），梁振华（广西南亚热带农业科学研究所）。

第五节　赤苍藤优异种质资源

001 彬桥赤苍藤

【学　名】Erythropalaceae（赤苍藤科）*Erythropalum*（赤苍藤属）*Erythropalum scandens*（赤苍藤）。

【采集地】广西崇左市龙州县。

【主要特征特性】叶腋具卷须，嫩芽叶红色，异形叶，多为卵状三角形，成熟叶片叶面绿色，叶背粉绿色，枝条纤细，二歧聚伞花序，花小，多，果实未见。

【农户认知】当地称作龙须菜、姑娘菜、菜藤。野菜鲜食，排毒、排臭尿，茎叶煮水可缓解痛风。

【优良特性】嫩芽叶红色，色泽鲜艳，分蘖多，嫩芽生长快，花多，病虫害少，抗病性强。

【适宜地区】广西崇左市龙州县及类似生态区。

【利用价值】嫩芽叶可菜用，叶、茎、花可制作赤苍藤粉、赤苍藤茶，老茎、根可制作药用切片。

【濒危状况及保护措施建议】人工栽培种，数量较多，已进行种质保存，建议继续扩大种植面积。

【收集人】黄珍玲（广西南亚热带农业科学研究所）。

【照片拍摄者】黄珍玲（广西南亚热带农业科学研究所）。

002 水口赤苍藤

【学　名】Erythropalaceae（赤苍藤科）*Erythropalum*（赤苍藤属）*Erythropalum scandens*（赤苍藤）。

【采集地】广西崇左市龙州县。

【主要特征特性】叶腋具卷须，嫩芽叶绿色，异形叶，多为微心形，尾尖、短，叶面绿色，叶背粉绿色，枝条纤细，二歧聚伞花序，花小，多，果实橄榄球形，多，尾较尖，果实纵径2.0～2.3mm、横径1.3～1.6mm，果形指数1.4～1.6，果梗长与果实纵径比值1.2～1.4。

【农户认知】当地称作龙须菜、姑娘菜、菜藤。野菜鲜食，排毒、排臭尿，茎叶煮水可缓解痛风。

【优良特性】嫩芽叶绿色，分蘖多，嫩芽生长快，病虫害少。

【适宜地区】广西崇左市龙州县及类似生态区。

【利用价值】嫩芽叶可菜用，叶、茎、花可制作赤苍藤粉、赤苍藤茶，老茎、根可制作药用切片。

【濒危状况及保护措施建议】为野生枝条扦插扩繁而得，人工栽培，数量较多。药用切片开发造成野生资源被破坏，人工栽培保存部分种质，建议继续扩大种植面积。

【收集人】韦婉羚（广西南亚热带农业科学研究所）。

【照片拍摄者】韦婉羚（广西南亚热带农业科学研究所）。

003 恩城赤苍藤

【学　名】Erythropalaceae（赤苍藤科）*Erythropalum*（赤苍藤属）*Erythropalum scandens*（赤苍藤）。

【采集地】广西崇左市大新县。

【主要特征特性】叶腋具卷须，嫩芽叶绿色，异形叶，多为微心形，尾突尖，叶面绿色，叶背粉绿色，果实近球形，少，小，果实纵径0.8～1.2mm、横径0.8～1.2mm，果形指数1.05～1.15，果梗长与果实纵径比值1.65～1.85。

【农户认知】当地称作排毒菜、菜藤、姑娘菜。野菜鲜食，排毒、排臭尿，茎叶煮水可缓解痛风。

【优良特性】嫩芽叶绿色，病虫害少，分蘖好，嫩芽生长快。

【适宜地区】广西崇左市大新县及类似生态区。

【利用价值】嫩芽叶可菜用，叶、茎、花可制作赤苍藤粉、赤苍藤茶，老茎、根可制作药用切片。

【濒危状况及保护措施建议】为野生枝条扦插扩繁而得，常见于山脚、坡地、林下。药用切片开发造成野生资源被破坏，复合林下种植、人工栽培保存部分种质，建议继续扩大种植面积。

【收集人】黄珍玲（广西南亚热带农业科学研究所），韦婉羚（广西南亚热带农业科学研究所）。

【照片拍摄者】黄珍玲（广西南亚热带农业科学研究所），韦婉羚（广西南亚热带农业科学研究所）。

第六节 凉粉草优异种质资源

001 台湾仙草

【学　名】Lamiaceae（唇形科）*Platostoma*（逐风草属）*Platostoma palustre*（凉粉草）。

【采集地】广西钦州市灵山县。

【主要特征特性】株型匍匐型或半直立型，生育期150～180天，株高150～180cm，仙草叶片细长，梗粗壮、茸毛多，叶脉纹深，茎绿中带紫或淡紫色，叶面光滑，叶长6.5～7.5cm、宽2.5～3.5cm，花期、果期7～10月。

【农户认知】产量高，品质好，香味浓厚。

【优良特性】产量750～1000kg/亩，含胶量约17.5%，水溶性物质含量较低，较耐旱、耐涝，适合在水田、旱地种植。

【适宜地区】我国南方大部分地区及东南亚国家。

【利用价值】产量高，有特殊香味，可用于加工做凉粉或者饮料。

【濒危状况及保护措施建议】台湾仙草品质好，有特殊浓厚的香味，近年来由于种植仙草化肥施用量大，无机械化种植、采收，劳动强度大，经济效益低，使得仙草产量锐减，质量不断下降。台湾仙草近年主要从国外进口。

【收集人】刘连军（广西南亚热带农业科学研究所），兰秀（广西南亚热带农业科学研究所），马仙花（广西南亚热带农业科学研究所），李恒锐（广西南亚热带农业科学研究所）。

【照片拍摄者】兰秀（广西南亚热带农业科学研究所）。

002 广东仙草

【学 名】Lamiaceae（唇形科）*Platostoma*（逐风草属）*Platostoma palustre*（凉粉草）。

【采集地】广西崇左市龙州县，原采集于广东省梅州市。

【主要特征特性】株型匍匐型或半直立型，生育期140～180天，株高30～100cm，株幅40～60cm，茎多分枝，主茎长180cm，下部伏地，上部直立，茎绿中带紫或淡紫色，叶对生、卵形或阔卵形，叶长3.5～4.5cm、宽2.0～2.8cm，花期9月中旬至11月上旬。

【农户认知】产量高，品质好，香味浓厚。

【优良特性】产量350～500kg/亩，含胶量约20.5%，叶片多，生长较直立，耐旱，在肥力较好的土壤中种植产量更高。

【适宜地区】我国南方大部分地区及东南亚国家。

【利用价值】味清香，无青草味或药味，制作的产品清香爽口，特别适合制作烧仙草和凉茶类产品。

【濒危状况及保护措施建议】多数农户习惯在干旱、贫瘠的山坡地种植，在种植过程中，大多只施化肥，导致仙草含胶量低、产量不高，且采收仙草连根带泥，含杂草多，泥土含量30%～40%，使得仙草加工困难。加工成干净仙草成品率低（一般为60%～70%）。建议在有机质丰富的山地种植或多施有机肥，从而提高产量和含胶量。

【收集人】刘连军（广西南亚热带农业科学研究所），兰秀（广西南亚热带农业科学研究所），马仙花（广西南亚热带农业科学研究所），李恒锐（广西南亚热带农业科学研究所）。

【照片拍摄者】兰秀（广西南亚热带农业科学研究所）。

003 灵山大叶仙草

【学　名】Lamiaceae（唇形科）*Platostoma*（逐风草属）*Platostoma palustre*（凉粉草）。

【采集地】广西钦州市灵山县。

【主要特征特性】株型多为匍匐型，生育期120～150天，株高80～100cm，茎长30.5～120.0cm，茎粗0.32～0.50cm，叶阔卵圆形或近圆形，两面被细刚毛，叶长3.8～4.5cm、宽3.0～4.0cm。花萼开花时钟形，长2.0～2.5mm，花期、果期7～10月。

【农户认知】产量高，品质好，含胶量高。

【优良特性】产量400～600kg/亩，叶片圆厚，含胶量约24.5%。品种生长适应性较强，在水田、一般农地、果园等地均可种植。

【适宜地区】我国南方大部分地区及东南亚国家。

【利用价值】生草味较重，加工饮料口味差，多数用于加工凉粉、制作肉制品凝胶和药用龟苓膏等。

【濒危状况及保护措施建议】采收期较早，空气湿度大，晾晒的仙草颜色较黑。虽然产量高，但只在广西、福建等地种植，且利用率低，应结合发展药用品，扩大种植面积。

【收集人】刘连军（广西南亚热带农业科学研究所），兰秀（广西南亚热带农业科学研究所），马仙花（广西南亚热带农业科学研究所），李恒锐（广西南亚热带农业科学研究所）。

【照片拍摄者】兰秀（广西南亚热带农业科学研究所）。

第八章
菌类作物优异种质资源

　　"民以食为天"，食物是人类赖以生存并维持身体健康的基本条件。食用菌作为菌类作物，亦是生态循环产业中重要的一环，与普通粮食作物相比具有明显的特征。食用菌产业具有不与人争粮、不与粮争地、不与地争肥、不与农争时、不与其他产业竞争资源的"五不争"特性；食用菌产业发展可总结为三句话：一是实现农业废弃物的资源化；二是推进循环经济发展；三是支撑国家粮食（食物）安全（李玉，2018）。目前，食用菌产业已是我国农业第五大产业（粮食、蔬菜、果树、油料、食用菌）。

　　本章重点介绍了分布在广西的菌类作物优异种质资源20份（隶属于5科5属），并详细列述了每份种质资源的学名、采集地、主要特征特性、农户认知、优良特性、适宜地区、利用价值、濒危状况及保护措施建议，为广西菌类作物研究提供一定的参考。在这里重点指出，由于食用菌的特殊性，有些毒菌和食用菌外形十分相似，容易混淆，只有专业人员依靠专业手段方法才能准确区分。不能因为看着相似，从而确定该菌是否有毒，亦不可将本章作为采食野生食用菌的指南，本章旨在传播菌类作物科学知识，对读者因误食毒菌中毒及其一切后果不承担任何法律责任。

第一节　侧耳类食用菌优异种质资源

001　大朵榆黄蘑

【学　名】Pleurotaceae（侧耳科）*Pleurotus*（侧耳属）*Pleurotus citrinopileatus*（金顶侧耳）。

【采集地】采自广西百色市乐业县，从江苏省江都区天达食用菌研究所引种。

【主要特征特性】子实体多丛生或簇生，数量中等，多数基部合生在一起；菌盖呈鲜黄色、金黄色，喇叭状，光滑，宽4～10cm，肉质，边缘内卷程度高；菌肉白色，厚度中等；菌褶白色，延生，稍密，不等长；菌柄白色，偏生，长3～8cm，粗0.5～1.5cm；孢子印紫灰色。菌丝生长温度7～32℃，适宜温度23～27℃；子实体形成温度10～35℃，适宜温度15～25℃；适温下菌丝长满菌袋2～5天即可出子实体，7～10天转潮一次；菌盖颜色对光照强度敏感，光照强度越大，颜色越深。

【农户认知】出菇快、转潮快，菇形美观、艳丽，子实体叶片大、不易碎、商品性好。

【优良特性】短菌龄菌种，菌丝长满菌包立即出菇；菌盖颜色艳丽，为鲜黄色、金黄色；子实体叶片大，呈喇叭状，边缘内卷，不易碎，耐运输。

【适宜地区】全国各地均可栽培。在广西集中在百色市右江区、田阳区、凌云县、乐业县、隆林各族自治县、西林县等地栽培，其他地区仅零星栽培。

【利用价值】菇形美观，叶片大、不易碎，出菇早、转潮快。

【濒危状况及保护措施建议】品种容易退化，建议结合栽培选择优良菌株进行种源复壮保存或从育种单位重新引种。

【收集人】叶建强（广西农业科学院微生物研究所）。

【照片拍摄者】叶建强（广西农业科学院微生物研究所）。

002 白色大杯蕈

【学　名】Pleurotaceae（侧耳科）*Pleurotus*（侧耳属）*Pleurotus giganteus*（巨大侧耳）。

【采集地】广西河池市宜州区。

【主要特征特性】子实体单生或丛生；子实体前期棒形、钉形，后期半球形或平展；菌盖白色或灰白色，后期表面不光滑，有肉质瘤状突起；菌褶、菌肉白色，菌柄灰白色或白色，菌柄要比大杯蕈短，孢子印白色，孢子近球形至椭圆形，大小81.04～101.16μm×50.9～60.25μm。在PDA平皿上，菌丝白色、呈放射状丝状生长，常有同心环纹出现，菌丝后期，紧贴培养基表面长出短密、有粉质感的气生菌丝。出菇潮次不明显。菌丝生长温度15～34℃，最适温度26～28℃。子实体发育温度23～30℃。

【农户认知】菌柄短，菌盖肉质肥厚、细嫩，菌柄纤维素含量低，口感好。

【优良特性】子实体白色，白色大杯蕈氨基酸、粗蛋白质等营养成分与灰色大杯蕈品种相当，但纤维类比一般灰色大杯蕈少，口感更为嫩滑。白色菌株菌柄短，菌盖肉质肥厚，耐储运。

【适宜地区】广西等地。

【利用价值】可鲜销和加工干制。

【濒危状况及保护措施建议】品种容易退化，建议结合栽培选择优良菌株进行种源复壮保存。

【收集人】陈雪凤（广西农业科学院微生物研究所）。

【照片拍摄者】陈雪凤（广西农业科学院微生物研究所）。

003 早秋615

【学　名】Pleurotaceae（侧耳科）*Pleurotus*（侧耳属）*Pleurotus florida*（佛州侧耳）。

【采集地】广西南宁市西乡塘区。

【主要特征特性】子实体丛生，菇形圆整；菌盖幼时深灰褐色至灰黑色，渐变为灰白色至灰色，采收时每丛15～30片（菌袋规格23cm×45cm），单个子实体鲜重8～20g，菌盖大小（纵×横）4.0～7.0cm×4.0～7.5cm，菌盖厚度0.6～1.2cm，菌柄长1.5～4cm、直径0.6～1.4cm。菌丝生长温度5～35℃，适宜温度25～28℃；出菇温度6～33℃，适宜温度15～25℃。原基形成和子实体分化不需要温差刺激。

【农户认知】子实体数量适中，叶片较大，菇形美观、均匀，商品性好。

【优良特性】广温偏高温型品种，较耐高温，子实体柄短，肉较厚、片大、质优，商品性好；栽培性状稳定，产量较高，生物学效率达150%；高温时不长菌皮；出菇整齐，适应性广，上市较早，可在广西春、秋、冬季出菇，适合各种农作物及林业废弃物栽培；出菇和转潮快，接种30天左右可出第一茬菇，18天左右转潮。鲜食口感鲜嫩。

【适宜地区】广西各地均可栽培，集中在南宁市、柳州市、桂林市等地及周边地区。

【利用价值】叶片较大，较耐高温，上市较早。

【濒危状况及保护措施建议】品种容易退化，建议栽培时选择优良菌株进行种源复壮保存。

【收集人】叶建强（广西农业科学院微生物研究所）。

【照片拍摄者】叶建强（广西农业科学院微生物研究所）。

004 高产8105

【学　名】Pleurotaceae（侧耳科）*Pleurotus*（侧耳属）*Pleurotus ostreatus*（糙皮侧耳）。

【采集地】广西南宁市西乡塘区。

【主要特征特性】子实体丛生，菇形圆整；菌盖幼时深灰黑色，渐变为灰白色至灰色，表面光滑，采收时每丛25～35片（菌袋规格23cm×45cm），大小较均匀，单个子实体叶片鲜重8～20g，菌盖大小（纵×横）4.5～7.0cm×4.0～8.0cm、厚0.8～1.5cm，菌柄长1.5～4.0cm、直径0.8～1.5cm。菌丝生长温度5～35℃，适宜温度25～28℃；出菇温度5～30℃，适宜温度8～20℃。原基形成和子实体分化不需要温差刺激。

【农户认知】产量高，子实体菇形美观、均匀、商品性好。

【优良特性】广温型品种，出菇整齐，子实体柄短，肉较厚，菇质优，商品性好；栽培性状稳定，产量高，生物学效率达200%左右；高抗黄枯病；适应性广，可在广西春、秋、冬季出菇，适合各种农作物及林业废弃物栽培；出菇和转潮快，一般接种35天左右可出第一茬菇，20天左右转潮。鲜食口感鲜嫩。

【适宜地区】广西各地均可栽培，集中在南宁市、柳州市、桂林市等地及周边地区。

【利用价值】高抗黄枯病，菇形美观，产量高。

【濒危状况及保护措施建议】品种容易退化，建议栽培时选择优良菌株进行种源复壮保存。

【收集人】叶建强（广西农业科学院微生物研究所）。

【照片拍摄者】叶建强（广西农业科学院微生物研究所）。

005 和平2号

【学　名】Pleurotaceae（侧耳科）*Pleurotus*（侧耳属）*Pleurotus ostreatus*（糙皮侧耳）。

【采集地】广西南宁市西乡塘区。

【主要特征特性】子实体丛生，菇形圆整；菌盖幼时深灰黑色，渐变为灰白色至灰色，采收时每丛35～55片（菌袋规格23cm×45cm），单个子实体叶片鲜重6～17g，菌盖大小（纵×横）4.5～6.5cm×3.5～6.5cm、厚0.5～1.5cm，菌柄长1～4cm、直径0.6～1.5cm。菌丝生长温度5～35℃，适宜温度25～28℃；出菇温度3～30℃，适宜温度8～20℃。原基形成和子实体分化不需要温差刺激。

【农户认知】产量高，菇形美观、均匀，子实体商品性好。

【优良特性】广温型品种，较耐高温，子实体柄短，肉较厚、大、质优，商品性好；栽培性状稳定，产量高，生物学效率达200%；抗黄枯病；出菇整齐，适应性广，可在广西春、秋、冬季出菇，厚菇率高，适合各种农作物及林业废弃物栽培；出菇和转潮快，一般接种31天可出第一茬菇，20天左右转潮。鲜食口感鲜嫩。

【适宜地区】广西各地均可栽培，集中在南宁市、柳州市、桂林市等地及周边地区。

【利用价值】产量高，菇形美观。

【濒危状况及保护措施建议】品种容易退化，建议栽培时选择优良菌株进行种源复壮保存。

【收集人】叶建强（广西农业科学院微生物研究所）。

【照片拍摄者】叶建强（广西农业科学院微生物研究所）。

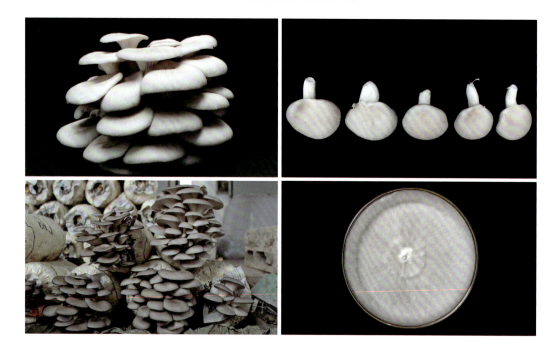

006 姬菇8号

【学　名】Pleurotaceae（侧耳科）Pleurotus（侧耳属）Pleurotus ostreatus（糙皮侧耳）。

【采集地】广西南宁市西乡塘区。

【主要特征特性】子实体丛生，菇形圆整；菌盖幼时深灰黑色，渐变为灰白色至灰色，表面光滑，采收时每丛40~60片（菌袋规格23cm×45cm），大小较均匀，单个子实体叶片鲜重5~20g，菌盖大小（纵×横）3.5~10cm×3.0~8.0cm、厚0.6~1.5cm，菌柄长1.8~6cm、直径0.7~1.7cm。菌丝生长温度5~35℃，适宜温度25~28℃；出菇温度5~30℃，适宜温度8~20℃。原基形成和子实体分化不需要温差刺激。

【农户认知】产量高，菇形美观、均匀，子实体商品性好，可作为姬菇或平菇销售。

【优良特性】广温型品种，较耐高温，出菇整齐，子实体柄短，肉较厚，菇质优，商品性好；产量高，生物学效率达200%；抗黄枯病；栽培性状稳定，适应性广，可在广西春、秋、冬季出菇，适合各种农作物及林业废弃物栽培；出菇和转潮快，一般接种33天可出第一茬菇，20天左右转潮，菇幼时可作姬菇出售，偏大时可作平菇售卖。鲜食口感鲜嫩。

【适宜地区】广西各地均可栽培，集中在南宁市、柳州市、桂林市等地及周边地区。

【利用价值】可作为姬菇出售，也可作为平菇出售。

【濒危状况及保护措施建议】品种容易退化，建议栽培时选择优良菌株进行种源复壮保存。

【收集人】叶建强（广西农业科学院微生物研究所）。

【照片拍摄者】叶建强（广西农业科学院微生物研究所）。

007 秀珍菇990

【学　名】Pleurotaceae（侧耳科）*Pleurotus*（侧耳属）*Pleurotus pulmonarius*（肺形侧耳）。

【采集地】广西南宁市西乡塘区。

【主要特征特性】子实体丛生或散生，菌盖呈扇形、茶褐色，菌盖分化初期呈白色，后逐渐变为茶褐色或灰褐色，菌柄侧生或中生，菌肉、菌柄、菌褶白色，孢子印白色。在PDA培养基上菌丝白色、纤细茸毛状、呈辐射状或扇形生长。菌丝生长温度5～35℃，适宜温度24～28℃。子实体生长温度10～30℃，适宜温度18～25℃。

【农户认知】出菇快，转潮快，产量高，菇形美观，子实体口感好。

【优良特性】春、秋、冬季栽培，菌龄25～30天出菇，不需要温差刺激，出菇快，7天左右可以转潮。菌柄脆嫩，口感好。以秋冬季墙式袋栽为主，利用自然气温栽培出菇。

【适宜地区】广西等地。

【利用价值】鲜销为主。

【濒危状况及保护措施建议】品种容易退化，建议结合栽培选择优良菌株进行种源复壮保存。

【收集人】陈雪凤（广西农业科学院微生物研究所）。

【照片拍摄者】陈雪凤（广西农业科学院微生物研究所）。

008 秀珍菇台秀57

【学　名】Pleurotaceae（侧耳科）*Pleurotus*（侧耳属）*Pleurotus pulmonarius*（肺形侧耳）。

【采集地】广西玉林市福绵区。

【主要特征特性】子实体单生或散生，菌盖呈扇形、肾形，菌盖直径一般为2～7cm，菌盖分化初期呈白色，后逐渐变为灰色或深灰色，温度高时呈灰白色，温度低时呈灰褐色或棕褐色；菌柄侧生，菌肉、菌柄、菌褶白色，孢子印白色。菌丝生长温度7～35℃，适宜温度27～30℃。子实体生长温度10～34℃，适宜温度22～28℃。需温差刺激出菇，菌龄60天以上出菇。

【农户认知】产量高，菇形美观、灰黑色，子实体商品性好。

【优良特性】菌龄80～100天适宜温差刺激出菇，菌丝生理成熟后出菇催蕾时需要较大的温差刺激，通过温差刺激后能大量整齐现蕾出菇，根据这个特点能进行夏季反季节规模化栽培。出菇栽培性状稳定，产量高，菇形美观、灰黑色，子实体商品性好。

【适宜地区】全国各地均可栽培。在广西，集中在玉林市、河池市、桂林市、贺州市、南宁市、崇左市龙州县等地栽培，其他地区有零星种植。

【利用价值】有制冷设备的，可进行周年规模化或工厂化栽培，可鲜销和加工干制。

【濒危状况及保护措施建议】品种容易退化，建议结合栽培选择优良菌株进行种源复壮保存。

【收集人】陈雪凤（广西农业科学院微生物研究所）。

【照片拍摄者】陈雪凤（广西农业科学院微生物研究所）。

009 秀珍菇金秀

【学　名】Pleurotaceae（侧耳科）*Pleurotus*（侧耳属）*Pleurotus pulmonarius*（肺形侧耳）。

【采集地】广西河池市东兰县。

【主要特征特性】子实体单生或散生，菌盖呈扇形、肾形，菇体成熟时呈灰色或灰黑色，高温天气子实体灰色或灰白色，菌柄侧生，菌肉、菌柄、菌褶白色，孢子印白色。菌丝生长温度7～35℃，适宜温度27～30℃，在PDA培养基上菌丝茸状，气生菌丝较浓，菌丝生长速度快。菌丝生理成熟后有10℃左右的低温温差刺激时出菇整齐，潮次明显。出菇温度12～34℃，出菇期抗黄斑病。

【农户认知】菌丝生长快，出菇温度范围广，出菇菌龄短，抗秀珍菇黄斑病能力强。

【优良特性】菌丝茸毛状，生长快，适合液体发酵培养，适用于工厂化栽培；菌棒菌龄60天以上可进行低温刺激出菇，出菇期子实体抗黄斑病。

【适宜地区】适宜在广西各地栽培，集中在南宁市、河池市、崇左市等地进行工厂化栽培。

【利用价值】有制冷设备的，可进行周年规模化或工厂化栽培，可鲜销和加工干制。

【濒危状况及保护措施建议】品种容易退化，建议结合栽培选择优良菌株进行种源复壮保存。

【收集人】陈雪凤（广西农业科学院微生物研究所）。

【照片拍摄者】陈雪凤（广西农业科学院微生物研究所）。

第二节　木耳类食用菌优异种质资源

001　毛木耳

【学　名】Auriculariaceae（木耳科）*Auricularia*（木耳属）*Auricularia cornea*（角质木耳）。

【采集地】广西百色市隆林各族自治县。

【主要特征特性】子实体胶质，浅圆盘形、耳形或不规则形，宽2～15μm。有明显基部，无柄，基部稍皱，新鲜时软，干后收缩。子实层生里面，平滑或稍有皱纹，紫灰色，后变黑色。外面有较长茸毛，无色，仅基部褐色，400～1100μm×4.5～6.5μm。常成束生长，毛木耳质地比木耳稍硬。温度耐受性好。

【农户认知】口感脆爽，补铁，润肺，可提高机体免疫力。

【优良特性】口感脆爽，产量高，含有丰富的多糖、蛋白质、氨基酸、麦角固醇、脂肪、粗纤维、矿物质。

【适宜地区】广西桂林市、贺州市、柳州市、百色市、河池市、南宁市等地。

【利用价值】广西特色食用菌，可用于保健食品及其加工和生态旅游。

【濒危状况及保护措施建议】原产地数量较少，建议原位保护，并适当开展异位培菌。

【收集人】祁亮亮（广西农业科学院微生物研究所）。

【照片拍摄者】祁亮亮（广西农业科学院微生物研究所）。

002 皱木耳

【学　名】Auriculariaceae（木耳科）*Auricularia*（木耳属）*Auricularia sinodelicata*（中国皱木耳）。

【采集地】广西贺州市八步区。

【主要特征特性】盘状或耳状，无柄或似具柄，边缘全缘或浅裂，子实层表面不光滑或有明显褶皱，具不规则网状棱纹，不育面具茸毛，新鲜时胶质，黄棕色至红棕色，干后红棕色至棕黑色。

【农户认知】口感弹滑，补铁，润肺，可提高机体免疫力。

【优良特性】口感弹滑，具有特殊的蘑菇风味，口感介于肉质与胶质之间，含有丰富的多糖、蛋白质、氨基酸、麦角固醇、脂肪、粗纤维、矿物质。

【适宜地区】广西桂林市、贺州市、柳州市、百色市、河池市、南宁市等地。

【利用价值】广西特色食用菌，可用于保健食品及其加工和生态旅游。

【濒危状况及保护措施建议】在适宜地区被大规模采集，对皱木耳种群造成严重破坏。建议原位保护，并适当开展异位培菌。

【收集人】王晓国（广西农业科学院微生物研究所），祁亮亮（广西农业科学院微生物研究所）。

【照片拍摄者】王晓国（广西农业科学院微生物研究所）。

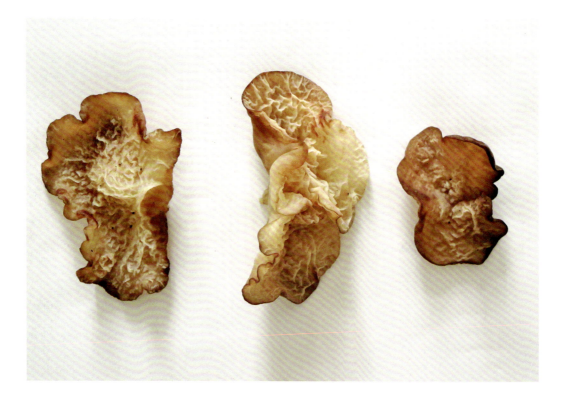

003 脆木耳

【学　名】Auriculariaceae（木耳科）*Auricularia*（木耳属）*Auricularia fibrillifera*（脆木耳）。

【采集地】广西河池市天峨县。

【主要特征特性】新鲜时胶质，耳状或盘状，宽1～9cm。红褐色，子实体较薄且黏，边缘全缘，子实层表面光滑或有少量隆起褶皱，红褐色。不孕面具少量白色柔毛。干时收缩，质地较脆，深红褐色。复水后恢复子实体大，较薄，易腐烂，干后薄且脆，红棕色。

【农户认知】口感脆爽，补铁，润肺，提高机体免疫力。

【优良特性】子实体大，颜色亮丽，含有丰富的多糖、蛋白质、氨基酸、麦角固醇、脂肪、粗纤维、矿物质。

【适宜地区】广西南宁市、桂林市、贺州市、柳州市、百色市、河池市等地。

【利用价值】广西特色食用菌，可用于保健食品及其加工和生态旅游。

【濒危状况及保护措施建议】在适宜地区被大规模采集，对脆木耳种群造成严重破坏。建议原位保护，并适当开展异位培菌。

【收集人】王晓国（广西农业科学院微生物研究所），祁亮亮（广西农业科学院微生物研究所）。

【照片拍摄者】王晓国（广西农业科学院微生物研究所）。

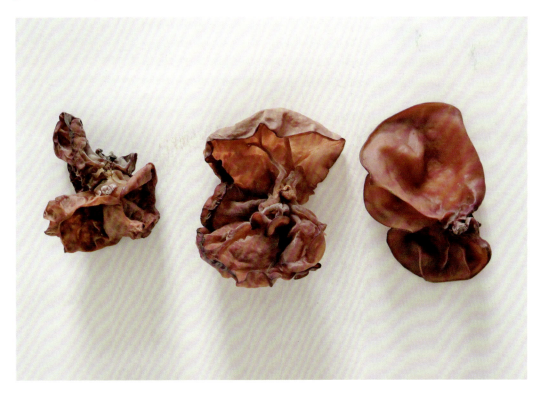

004 云耳

【学　名】Auriculariaceae（木耳科）Auricularia（木耳属）Auricularia heimuer（黑木耳）。

【采集地】广西百色市田林县。

【主要特征特性】菌丝洁白，茸毛状、较致密，气生菌丝多，菌落圆形、边缘整齐，分泌黄褐色色素，子实体胶质，单生，耳形或不规则形片状，子实体黄褐色或浅褐色，耳片透明度强，子实体光滑或略有皱褶，耳基小，耳脉无或很少；胶质含量高，耳片弹性好，子实体边缘不裂，不孕面茸毛明显。耳片背面纤毛灰白色，纤毛密度疏，新鲜时软，干后收缩，出耳周期55～70天。温度耐受性好。

【农户认知】口感软糯，补铁，润肺，提高机体免疫力。

【优良特性】口感软糯，嫩滑，含有丰富的多糖、蛋白质、氨基酸、麦角固醇、脂肪、粗纤维、矿物质。

【适宜地区】广西桂林市、贺州市、柳州市、百色市、河池市、南宁市等地。

【利用价值】广西特色食用菌，可用于保健食品及其加工和生态旅游。

【濒危状况及保护措施建议】在适宜地区被大规模采集，对黑木耳种群造成严重破坏。建议原位保护，并适当开展异位培菌。

【收集人】王晓国（广西农业科学院微生物研究所）。

【照片拍摄者】王晓国（广西农业科学院微生物研究所）。

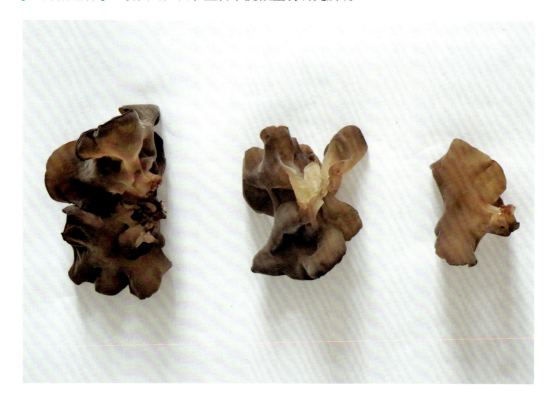

005 短毛木耳

【学　名】Auriculariaceae（木耳科）*Auricularia*（木耳属）*Auricularia villosula*（短毛木耳）。

【采集地】广西百色市隆林各族自治县。

【主要特征特性】盘状或耳状，无柄或似具柄，边缘全缘或浅裂，最大直径可达5cm，厚1～2mm，子实体具有明显皱褶，新鲜时胶质或软胶质，黄棕色或红棕色，干后灰褐色至深褐色。

【农户认知】口感软糯，补铁，润肺，提高机体免疫力。

【优良特性】口感软糯，子实体大，颜色亮丽，含有丰富的多糖、蛋白质、氨基酸、麦角固醇、脂肪、粗纤维、矿物质。

【适宜地区】广西桂林市、贺州市、柳州市、百色市、河池市、南宁市等地。

【利用价值】广西特色食用菌，可用于保健食品及其加工和生态旅游。

【濒危状况及保护措施建议】在适宜地区被大规模采集，对短毛木耳种群造成严重破坏。建议原位保护，并适当开展异位培菌。

【收集人】王晓国（广西农业科学院微生物研究所），祁亮亮（广西农业科学院微生物研究所）。

【照片拍摄者】王晓国（广西农业科学院微生物研究所）。

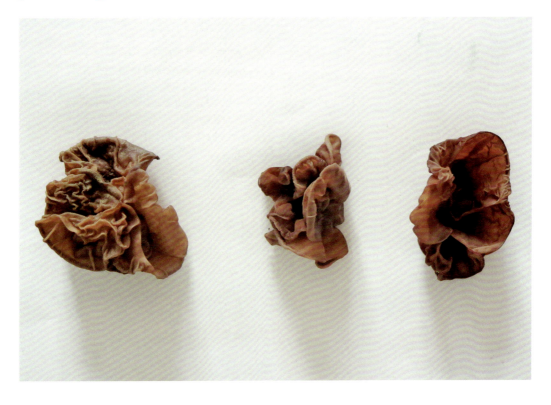

第三节　香菇类食用菌优异种质资源

001 野香7号

【学　名】Omphalotaceae（类脐菇科）*Lentinula*（木菇属）*Lentinula edodes*（香菇）。

【采集地】广西柳州市。

【主要特征特性】中温型早熟香菇品种，菌龄60天。

【农户认知】产量高，口感好。

【优良特性】抗逆性强，产量高，香味浓。

【适宜地区】广西桂林市、柳州市、贺州市及我国其他香菇产区。

【利用价值】特色香菇，适宜鲜销。

【濒危状况及保护措施建议】近年人工驯化栽培成功，但仅有零星种植，建议扩大种植面积。

【收集人】吴圣进（广西农业科学院微生物研究所）。

【照片拍摄者】吴圣进（广西农业科学院微生物研究所）。

002 香菇808

【学　名】Omphalotaceae（类脐菇科）*Lentinula*（木菇属）*Lentinula edodes*（香菇）。

【采集地】广西来宾市象州县。

【主要特征特性】中温型晚熟香菇品种，菌龄120天。

【农户认知】抗逆性强，产量高，品质好。

【优良特性】子实体大，单生，肉厚、结实；菌盖圆整，扁半球至扁平状，直径5～7cm，厚1.4～2.8cm，边缘内卷，不易开伞；菌柄长3.0～5.0cm，直径1.5～3.5cm，基部细，中部至顶部膨大，中生；产量高，生物学转化率达100%以上。

【适宜地区】广西桂林市、柳州市、贺州市及我国其他香菇产区。

【利用价值】特色香菇，适宜干制。

【濒危状况及保护措施建议】已经大面积推广栽培。

【收集人】吴圣进（广西农业科学院微生物研究所）。

【照片拍摄者】吴圣进（广西农业科学院微生物研究所）。

003 庆科20

【学　名】Omphalotaceae（类脐菇科）*Lentinula*（木菇属）*Lentinula edodes*（香菇）。

【采集地】广西桂林市全州县。

【主要特征特性】中温型中熟香菇品种，菌龄90天。

【农户认知】抗逆性强，产量高，口感好。

【优良特性】子实体偏小，单生，较结实；菌盖圆整，淡褐色，直径2～7cm，厚0.5～1.5cm，鳞片较少；菌柄多上粗下细，长2.8～4.0cm，直径0.8～1.3cm，中生；产量高，生物学转化率达100%以上。

【适宜地区】广西桂林市、柳州市、贺州市及我国其他香菇产区。

【利用价值】特色香菇，适宜干制。

【濒危状况及保护措施建议】已经大面积推广栽培。

【收集人】吴圣进（广西农业科学院微生物研究所）。

【照片拍摄者】吴圣进（广西农业科学院微生物研究所）。

第四节　蘑菇类食用菌优异种质资源

001 双孢蘑菇 As2796

【学　名】Agaricaceae（伞菌科）*Agaricus*（蘑菇属）*Agaricus bisporus*（双孢蘑菇）。

【采集地】广西玉林市兴业县。

【主要特征特性】单生，个大，结实，气生菌丝发达，抗逆性强。

【农户认知】适应性强，管理简便，出菇均匀。

【优良特性】生物学转化率高，抗性强，出菇不集中，潮次不明显，适宜农法栽培。

【适宜地区】广西等地。

【利用价值】适宜鲜销，可制作盐水菇。

【濒危状况及保护措施建议】在广西大面积推广栽培，但随着工厂化栽培模式的推广，栽培面积不断缩小，建议做好种质资源保藏。

【收集人】吴圣进（广西农业科学院微生物研究所）。

【照片拍摄者】吴圣进（广西农业科学院微生物研究所）。

002 双孢蘑菇W192

【学　名】Agaricaceae（伞菌科）*Agaricus*（蘑菇属）*Agaricus bisporus*（双孢蘑菇）。

【采集地】广西玉林市兴业县。

【主要特征特性】单生，个头中等，结实，气生菌丝少。

【农户认知】用肥、用料要足，出菇集中，产量高。

【优良特性】生物学转化率高，抗性强，出菇集中，潮次明显，适宜工厂化栽培。

【适宜地区】广西等地。

【利用价值】适宜鲜销，可制作盐水菇。

【濒危状况及保护措施建议】在广西大面积推广栽培，建议做好种质资源保藏。

【收集人】吴圣进（广西农业科学院微生物研究所）。

【照片拍摄者】吴圣进（广西农业科学院微生物研究所）。

第五节 红菇类食用菌优异种质资源

001 灰肉红菇

【学　名】Russulaceae（红菇科）Russula（红菇属）Russula griseocarnosa（灰肉红菇）。

【采集地】广西钦州市浦北县，玉林市容县，梧州市苍梧县、藤县等地。

【主要特征特性】灰肉红菇在广西生长于红椎或白椎林下，每年6～9月均有子实体产出。子实体红色，初期扁半球形，后平展，偶具裂纹，菌盖边缘薄，血红色，常见纵向细条纹。菌褶白色，褶缘偶红色。菌肉白色，厚。菌柄常具淡红色，上部色深，下部色浅，圆柱形，向下渐细。孢子无色，近球形，具小疣。

【农户认知】味甜，养血，祛风，可提高机体免疫力。

【优良特性】灰肉红菇属于野生食用菌，与树木共生，含有丰富的多糖（5种）、蛋白质、氨基酸（16种）、麦角固醇、脂肪（4种）、粗纤维、矿物质。

【适宜地区】广西钦州市浦北县、玉林市容县、梧州市苍梧县、防城港市上思县等地。

【利用价值】广西特色食用菌、国家地理标志产品，可用于保健食品及其加工和生态旅游。

【濒危状况及保护措施建议】在适宜地区被大规模采集，部分采集方式方法对灰肉红菇种群造成严重破坏。建议原位保护，并适当开展异位培菌。

【收集人】祁亮亮（广西农业科学院微生物研究所）。

【照片拍摄者】祁亮亮（广西农业科学院微生物研究所）。

第九章

花卉优异种质资源

广西位于我国南部边疆，属于亚热带季风气候区，雨热充沛、山地众多、岩溶广布。复杂多样的自然条件使广西花卉资源具有种类丰富、资源多样性显著、特有种繁多、珍稀濒危种众多等特点，主要优势科兰科、山茶科、苦苣苔科、秋海棠科、杜鹃花科、百合科据统计约有198属1249种，占全国总属数的64.50%、总种数的30.34%。

本章介绍了广西农业科学院花卉研究所通过长期开展花卉资源调查、收集保存、引种栽培、鉴定评价、品种选育、良种繁育研究工作所获得的65份优异花卉种质资源，包括兰花32份、茉莉花6份、金花茶4份、睡莲7份、苦苣苔10份、秋海棠6份，既收录了属于广西花卉资源优势科的兰科、山茶科、苦苣苔科、秋海棠科的野生优异资源、当地驯化品种、栽培种及杂交新品种，也介绍了具有茶用、食用、香料、精油提取等用途的高附加值、适宜优势特色产业开发利用的茉莉花、睡莲种质资源，并展示了利用收集资源进行种质创新选育出的新品种。对于野生花卉资源，重点介绍了其濒危状况及保护措施建议；对于自主选育的新品种，详细介绍了其选育方法、适宜地区及培育人，并对每份资源的主要特征特性、优良特性、利用价值进行了阐述。

第一节　兰花优异种质资源

一、兰属兰花优异种质资源

001 | 高山红花春兰

【学　名】Orchidaceae（兰科）*Cymbidium*（兰属）*Cymbidium goeringii*（春兰）。

【采集地/来源】广西百色市乐业县春兰驯化品种。

【主要特征特性】地生草本植物。叶带形，花序具单朵花，罕见2朵；花瓣和萼片浅绿黄色、具粉红色脉纹，质地薄；唇瓣浅黄色、有紫红色斑点；具香气。花期1～3月。

【优良特性】花大，春兰中较少见的粉红色脉纹花，花期长，幽香，综合观赏性状优良。

【适宜地区】广西百色市乐业县及类似生态区。

【利用价值】可药用，也可用于盆栽观赏或用作育种亲本。

【濒危状况及保护措施建议】《世界自然保护联盟濒危物种红色名录》易危物种，《国家重点保护野生植物名录》二级保护植物。建议原地保存的同时，加大人工繁育力度，满足市场需求。

【收集人】卜朝阳（广西农业科学院花卉研究所），曾艳华（广西农业科学院花卉研究所）。

【照片拍摄者】曾艳华（广西农业科学院花卉研究所）。

002 黄花春兰

【学　名】Orchidaceae（兰科）*Cymbidium*（兰属）*Cymbidium goeringii*（春兰）。

【采集地/来源】广西河池市环江毛南族自治县春兰驯化品种。

【主要特征特性】地生草本植物。叶中等绿色，带形，边缘稍具锯齿；花葶发自近假鳞茎基部，直立，花序具单花，花梗和子房长3～5cm；萼片披针形，萼片与花瓣均为黄色，萼片先端浅绿，具红褐色中脉；唇瓣轮廓近圆形，黄色，边缘白色，有深红色大斑块。具有怡人香气。

【优良特性】花色独特，香气怡人，是春兰中鲜有的黄色花，遗传育种价值高。

【适宜地区】广西河池市环江毛南族自治县及类似生态区。

【利用价值】可药用，也可用于盆栽观赏或用作兰花育种亲本。

【濒危状况及保护措施建议】《世界自然保护联盟濒危物种红色名录》易危物种，《国家重点保护野生植物名录》二级保护植物。建议原地保存的同时，加大人工繁育力度，满足市场需求。

【收集人】卜朝阳（广西农业科学院花卉研究所），曾艳华（广西农业科学院花卉研究所），苏源（广西农业科学院花卉研究所）。

【照片拍摄者】曾艳华（广西农业科学院花卉研究所）。

003 素花春剑

【学　名】Orchidaceae（兰科）*Cymbidium*（兰属）*Cymbidium tortisepalum* var. *longibracteatum*（春剑）。

【采集地/来源】广西荔浦市春剑驯化品种。

【主要特征特性】地生草本植物。叶深绿，带形，半直立；花葶发自近假鳞茎基部，直立，总状花序具2～5朵花，花梗长15～20cm；萼片披针形，萼片与花瓣均为浅绿色，边缘偏白，具浅绿色脉纹；唇瓣轮廓近卵圆形，白色，素花。具有怡人香气。

【优良特性】花色独特，新芽叶片出现中透艺，香气怡人，是春剑中鲜有的素花出艺品种，观赏和遗传育种价值非常高。

【适宜地区】广西荔浦市及类似生态区。

【利用价值】可药用，也可用于盆栽观赏或用作兰花育种亲本。

【濒危状况及保护措施建议】《世界自然保护联盟濒危物种红色名录》濒危物种，《国家重点保护野生植物名录》二级保护植物。建议原地保存的同时，加大人工繁育力度，满足市场需求。

【收集人】卜朝阳（广西农业科学院花卉研究所），曾艳华（广西农业科学院花卉研究所），苏源（广西农业科学院花卉研究所）。

【照片拍摄者】曾艳华（广西农业科学院花卉研究所）。

004 红花春剑

【学　名】Orchidaceae（兰科）*Cymbidium*（兰属）*Cymbidium tortisepalum* var. *longibracteatum*（春剑）。

【采集地/来源】广西柳州市融安县、融水苗族自治县交界春剑驯化品种。

【主要特征特性】地生草本植物。叶中等绿色，带形，半直立；花葶发自近假鳞茎基部，直立，总状花序具2～5朵花，花梗长15～20cm；萼片长圆形，花瓣椭圆形，萼片与花瓣均为浅黄绿色带紫红色覆轮；唇瓣近圆形，白色，有深红色大斑点。具有怡人香气。

【优良特性】花色独特，香气怡人，春剑中鲜有的红色覆轮花，遗传育种和观赏价值高。

【适宜地区】广西柳州市融安县、融水苗族自治县及类似生态区。

【利用价值】可药用，也可用于盆栽观赏或用作兰花育种亲本。

【濒危状况及保护措施建议】《世界自然保护联盟濒危物种红色名录》濒危物种，《国家重点保护野生植物名录》二级保护植物。建议原地保存的同时，加大人工繁育力度，满足市场需求。

【收集人】卜朝阳（广西农业科学院花卉研究所），曾艳华（广西农业科学院花卉研究所），苏源（广西农业科学院花卉研究所）。

【照片拍摄者】曾艳华（广西农业科学院花卉研究所）。

005 毓公主

【**学 名**】Orchidaceae（兰科）*Cymbidium*（兰属）*Cymbidium ensifolium* 'Yu Gongzhu'（'毓公主'③建兰）。

【**选育方法**】以建兰'荷王'为母本、建兰'一品梅'为父本，人工授粉杂交选育而成。

【**主要特征特性**】地生草本植物。萼片长圆形，先端钝尖，微内弯，黄绿色带红色脉纹，背面脉纹明显，近平展，中萼片偶尔直立。花瓣起兜，中部白色，边缘黄绿色，有深红色中脉，密布红色脉纹及红色斑点。唇瓣较圆，中宫半荷半梅，中裂片有红色斑块。叶宽而微波浪形，株型较丰满。花长4.5cm、宽4.2cm，主色黄绿色。萼片长3cm，宽0.95cm。花瓣长2.1cm、宽1.2cm，总状花序具4～6朵花。花期6～10月。

【**优良特性**】花格佳且稳定，花清香。每年6～10月可多次开花，具有独特观赏价值。

【**适宜地区**】广西南宁市、百色市、河池市、桂林市等地。

【**利用价值**】可用于盆栽观赏或用作育种亲本。

【**濒危状况及保护措施建议**】选育品种，建议加大人工繁育力度，满足市场需求。

【**培育人**】曾艳华（广西农业科学院花卉研究所），卜朝阳（广西农业科学院花卉研究所）。

【**照片拍摄者**】曾艳华（广西农业科学院花卉研究所）。

③ 鉴于本书体例，书中作物品种名称不加注单引号。因花卉等作物的品种名称较为特殊，为免误读，这些品种名称在正文中加注单引号表示。

006 红花墨兰

【学　名】Orchidaceae（兰科）*Cymbidium*（兰属）*Cymbidium sinense*（墨兰）。

【采集地/来源】广西河池市凤山县墨兰驯化品种。

【主要特征特性】地生草本植物。假鳞茎卵形，叶带形，黄绿色，薄革质；总状花序具10～15朵花，具浓香；花葶发自假鳞茎基部，直立，稍粗壮，长40～60cm，高于叶；花瓣和萼片红色，有红色脉纹；萼片狭椭圆形；大卷舌，唇瓣近卵圆形，几乎布满大红斑块。蕊柱红色，稍弧曲。花期1～3月。

【优良特性】花色是墨兰中罕有的红色花，花期长，香气浓，极具观赏性。

【适宜地区】广西河池市、桂林市等地。

【利用价值】可药用、食用，也可用于盆栽观赏或用作遗传育种亲本。

【濒危状况及保护措施建议】《世界自然保护联盟濒危物种红色名录》易危物种，《国家重点保护野生植物名录》二级保护植物。建议原地保存的同时，加大人工繁育力度，满足市场需求。

【收集人】卜朝阳（广西农业科学院花卉研究所），曾艳华（广西农业科学院花卉研究所）。

【照片拍摄者】曾艳华（广西农业科学院花卉研究所）。

007 红花春寒兰

【学　名】Orchidaceae（兰科）*Cymbidium*（兰属）*Cymbidium kanran*（寒兰）。

【采集地/来源】广西百色市乐业县寒兰驯化品种。

【主要特征特性】地生草本植物。叶带形，深绿色，薄革质；总状花序具3～6朵花，具香气；花梗具花青苷显色；花瓣和萼片红中带黄，有红色脉纹；大卷舌，唇瓣白色、有大红斑块，长圆形。春天开花，花期2～3月。

【优良特性】花色是寒兰中少有的红色花，花期长，春天开花，极具观赏性。

【适宜地区】广西百色市乐业县及类似生态区。

【利用价值】可药用、食用，也可用于盆栽观赏或用作遗传育种亲本。

【濒危状况及保护措施建议】《世界自然保护联盟濒危物种红色名录》易危物种，《国家重点保护野生植物名录》二级保护植物。建议原地保存的同时，加大人工繁育力度，满足市场需求。

【收集人】卜朝阳（广西农业科学院花卉研究所），曾艳华（广西农业科学院花卉研究所）。

【照片拍摄者】曾艳华（广西农业科学院花卉研究所）。

008 素心寒兰

【学　名】Orchidaceae（兰科）*Cymbidium*（兰属）*Cymbidium kanran*（寒兰）。

【采集地/来源】广西桂林市寒兰栽培品种。

【主要特征特性】地生草本植物。假鳞茎狭卵形；叶带形，深绿色，边缘有细齿；花葶直立，发自假鳞茎基部，花序疏生5～10朵花，清香；萼片浅绿色，有绿色条纹，披针形；花瓣浅绿色、具白色边缘，近菱形；唇瓣近倒卵形，不明显3裂，素白色；蕊柱稍弧曲，绿色。花期10～12月。

【优良特性】花色独特，素色素心，株型优雅，飘逸舒展，极具观赏性。

【适宜地区】广西、广东、福建、浙江等地。

【利用价值】可用于盆栽观赏或用作育种亲本。

【濒危状况及保护措施建议】《世界自然保护联盟濒危物种红色名录》易危物种，《国家重点保护野生植物名录》二级保护植物。建议原地保存的同时，加大人工繁育力度，满足市场需求。

【收集人】卜朝阳（广西农业科学院花卉研究所），曾艳华（广西农业科学院花卉研究所）。

【照片拍摄者】张自斌（广西农业科学院花卉研究所），曾艳华（广西农业科学院花卉研究所）。

009 寒兰20052

【学　名】Orchidaceae（兰科）*Cymbidium*（兰属）*Cymbidium kanran*（寒兰）。

【采集地/来源】广西桂林市寒兰栽培品种。

【主要特征特性】地生草本植物。叶带形，花梗直立，出架，花序具5～10朵花，清香；花梗和子房显深紫色；萼片深绿色，披针形，花瓣绿色、具白色边缘，基部具紫褐色脉纹，菱形；大卷舌，浅绿色、具绿色竖纹，紫褐色舌点鲜明，波状白色边缘。花期8～12月。

【优良特性】花大，花型、花色独特，香味清醇久远，株型修长，飘逸舒展，极具观赏性。

【适宜地区】广西、广东、福建、浙江等地。

【利用价值】可用于盆栽观赏或用作育种亲本。

【濒危状况及保护措施建议】《世界自然保护联盟濒危物种红色名录》易危物种，《国家重点保护野生植物名录》二级保护植物。建议原地保存的同时，加大人工繁育力度，满足市场需求。

【收集人】卜朝阳（广西农业科学院花卉研究所）。

【照片拍摄者】曾艳华（广西农业科学院花卉研究所）。

010 豆瓣红舌

【**学　名**】Orchidaceae（兰科）*Cymbidium*（兰属）*Cymbidium serratum*（豆瓣兰）。

【**采集地/来源**】广西百色市乐业县豆瓣兰驯化品种。

【**主要特征特性**】地生草本植物。叶带形，3～5片；花序具1朵花，无香；花梗和子房淡紫红色；萼片与花瓣浅黄绿色，质地较厚；萼片椭圆形，收根；花瓣近圆形，围抱蕊柱；唇瓣圆形，密布深红色大斑块；蕊柱背面黄色，腹面密布深红色大斑块。花期1～3月。

【**优良特性**】花大，瓣型好，花色独特，色彩对比鲜明，花期长，极具观赏性。

【**适宜地区**】广西百色市乐业县及类似生态区。

【**利用价值**】可用于盆栽观赏或用作兰花育种亲本。

【**濒危状况及保护措施建议**】《中国生物多样性红色名录——高等植物卷（2020）》近危物种，《国家重点保护野生植物名录》二级保护植物。建议原地保存的同时，加大人工繁育力度，满足市场需求。

【**收集人**】卜朝阳（广西农业科学院花卉研究所），曾艳华（广西农业科学院花卉研究所）。

【**照片拍摄者**】曾艳华（广西农业科学院花卉研究所）。

011 馥公主

【学　名】Orchidaceae（兰科）*Cymbidium*（兰属）*Cymbidium kanran* × *Cymbidium ensifolium* 'Fu Gongzhu'（'馥公主'兰）。

【选育方法】以寒兰'红香妃'为母本、建兰'红宋梅'为父本，人工授粉杂交选育而成。

【主要特征特性】地生草本植物。萼片近梅瓣，长脚、圆头、收根；椭圆形花瓣起兜合抱；唇瓣圆形，中裂片中部有2或3个大面积深紫红色斑块；叶较细，半垂。花长3.5cm、宽3.8cm，主色浅绿色。萼瓣长2.2cm，宽1.1cm；花瓣长2.1cm，宽1.2cm。总状花序具3～5朵花，有清香。

【优良特性】花形清秀，株型飘逸。每年4～10月可多次开花，具有独特的观赏价值。

【适宜地区】广西南宁市、百色市、河池市、桂林市等地。

【利用价值】可用于盆栽观赏或用作育种亲本。

【濒危状况及保护措施建议】育成品种，建议加大人工繁育力度，满足市场需求。

【培育人】卜朝阳（广西农业科学院花卉研究所），曾艳华（广西农业科学院花卉研究所）。

【照片拍摄者】曾艳华（广西农业科学院花卉研究所）。

012 馨公主

【学　名】Orchidaceae（兰科）*Cymbidium*（兰属）*Cymbidium ensifolium* 'Xin Gongzhu'（'馨公主'建兰）。

【选育方法】以建兰'小国魂'为母本、建兰'黄一品'为父本，人工授粉杂交选育而成。

【主要特征特性】地生草本植物。萼片长脚梅瓣，先端强内弯，黄绿色带红晕，边缘浅绿色；花瓣起兜，中部白色至浅绿色，有红色脉纹，密布红色斑点，基部色较重，先端较浅；唇瓣先端较尖，有深红色斑块；叶斜立，株型舒展飘逸。花长3.5～4.0cm、宽3.1～3.6cm。总状花序具4～7朵花，有清香。

【优良特性】花形清秀，花量大，株型飘逸。每年5～10月可多次开花，具有独特的观赏价值。

【适宜地区】广西南宁市、百色市、河池市、桂林市等地。

【利用价值】可用于盆栽观赏或用作育种亲本。

【濒危状况及保护措施建议】育成品种，建议加大人工繁育力度，满足市场需求。

【培育人】卜朝阳（广西农业科学院花卉研究所），曾艳华（广西农业科学院花卉研究所）。

【照片拍摄者】曾艳华（广西农业科学院花卉研究所）。

013 小王子

【学　名】Orchidaceae（兰科）*Cymbidium*（兰属）*Cymbidium* 'Xiao Wangzi'（'小王子' 兰）。

【选育方法】以广西百色市乐业县的豆瓣兰原生种为母本、春兰原生种为父本，人工授粉杂交选育的新品种。

【主要特征特性】地生草本植物。花梗淡紫红色，生于假鳞茎基部附近，直立，着生1或2朵花；花瓣卵形，质薄，主色黄绿色，边缘呈粉红色，具棕色中脉和竖纹，合抱蕊柱；唇瓣浅黄色，有紫红色斑纹，卵形；蕊柱黄绿色。在南宁市9月下旬至10月初开始孕蕾，开花时间从12月中下旬至翌年3月中旬。

【优良特性】该品种整合了春兰的香味和豆瓣兰的形态，花期长，观赏价值高，具有较好的推广应用前景。

【适宜地区】广西南宁市、百色市、河池市、桂林市等地。

【利用价值】可药用，也可用于盆栽观赏或用作育种亲本。

【濒危状况及保护措施建议】育成品种，建议加大人工繁育力度，满足市场需求。

【培育人】卜朝阳（广西农业科学院花卉研究所），曾艳华（广西农业科学院花卉研究所），卢家仕（广西农业科学院花卉研究所）。

【照片拍摄者】曾艳华（广西农业科学院花卉研究所）。

014 素花西藏虎头兰

【学　名】Orchidaceae（兰科）*Cymbidium*（兰属）*Cymbidium tracyanum*（西藏虎头兰）。

【采集地/来源】广西百色市乐业县的西藏虎头兰驯化品种。

【主要特征特性】附生草本植物。假鳞茎椭圆状，两侧扁；叶带形，中等绿色，革质；总状花序具10~18朵花，芳香，花直径9~10cm；花葶发自假鳞茎基部叶鞘内，近直立或平展，长40~70cm；花瓣和萼片黄绿色，狭倒卵状矩圆形；唇瓣卵状三角形，白色至浅黄色，侧裂片有黄色脉纹，中裂片有同色斑点；蕊柱弧曲。花期8~12月。

【优良特性】花色是西藏虎头兰中罕有的素色花，花大，量多，花期长，芳香，极具观赏性。

【适宜地区】广西南宁市、百色市、河池市、桂林市等地。

【利用价值】可药用、食用，也可用于盆栽观赏或用作大花蕙兰育种亲本。

【濒危状况及保护措施建议】《国家重点保护野生植物名录》二级保护植物。建议原地保存的同时，加大人工繁育力度，满足市场需求。

【收集人】卜朝阳（广西农业科学院花卉研究所），曾艳华（广西农业科学院花卉研究所）。

【照片拍摄者】曾艳华（广西农业科学院花卉研究所）。

015 金蝉兰18013

【学　名】Orchidaceae（兰科）*Cymbidium*（兰属）*Cymbidium gaoligongense*（金蝉兰）。

【采集地/来源】广西百色市乐业县金蝉兰驯化品种。

【主要特征特性】附生草本植物。假鳞茎椭圆状卵形；叶带形，革质，6～11片；花葶发自假鳞茎基部叶鞘内，近直立或外弯，花序具8～12朵花；花梗和子房绿色；萼片和花瓣金黄色，中萼片狭倒卵状，先端急尖，侧萼片斜歪，狭矩圆形；唇瓣近椭圆形，黄色而无斑纹，上面散生细柔毛，侧裂片边缘强烈皱波状。花期9～12月。

【优良特性】花大、量多、色纯，观赏性状优良。

【适宜地区】广西南宁市、百色市、河池市、桂林市等地。

【利用价值】可药用，也可用于盆栽观赏或用作大花蕙兰育种亲本。

【濒危状况及保护措施建议】《国家重点保护野生植物名录》二级保护植物。建议原地保存的同时，加大人工繁育力度，满足市场需求。

【收集人】卜朝阳（广西农业科学院花卉研究所），曾艳华（广西农业科学院花卉研究所）。

【照片拍摄者】曾艳华（广西农业科学院花卉研究所）。

016 磨砂兔耳兰

【学　名】Orchidaceae（兰科）*Cymbidium*（兰属）*Cymbidium lancifolium*（兔耳兰）。

【采集地/来源】广西百色市乐业县兔耳兰驯化品种。

【主要特征特性】地生或石上附生。叶深绿色，似磨砂质地，倒披针状矩圆形，先端渐尖，基部收狭成柄；花葶侧生，直立；花序具3～6朵花；花梗和子房红色；萼片粉红色，无明显脉纹；捧瓣白色，具红色中脉；唇瓣近卵状矩圆形，白色，有鲜明红色大斑块。

【优良特性】叶片和花梗表面呈磨砂质地，花色独特，株型优美，观赏价值高。

【适宜地区】广西南宁市、百色市、河池市、桂林市等地。

【利用价值】可药用，也可用于盆栽观赏或用作兰花育种亲本。

【濒危状况及保护措施建议】建议原地保存的同时，加大人工繁育力度，满足市场需求。

【收集人】卜朝阳（广西农业科学院花卉研究所），曾艳华（广西农业科学院花卉研究所）。

【照片拍摄者】曾艳华（广西农业科学院花卉研究所）。

二、兜兰属兰花优异种质资源

001 带叶兜兰

【学　名】Orchidaceae（兰科）*Paphiopedilum*（兜兰属）*Paphiopedilum hirsutissimum*（带叶兜兰）。

【采集地/来源】广西百色市乐业县。

【主要特征特性】当地称作富宁兜兰。地生或半附生草本植物。叶基生，带形或线形，绿色。花葶直立，花单朵、较大，花型独特，色泽丰富；中萼片宽卵形或卵状椭圆形，合萼片明显小于中萼片，中萼片和合萼片均为边缘淡黄绿色，中央至基部紫褐色；花瓣匙形或狭长圆状匙形，花瓣顶部至中央玫瑰紫色，下半部黄绿色并密生紫褐色小斑点，边缘呈强烈皱波状；唇瓣倒盔状，囊椭圆状卵形或近椭圆形，囊口宽阔；退化雄蕊近方形，有2个白色"眼斑"，中央处、"眼斑"下面有1个淡黄色斑块。野外花期3～6月。

【优良特性】适应性强，花大、色艳，花朵和叶片均具有较高的观赏价值。

【适宜地区】广西百色市那坡县、靖西市、乐业县，崇左市龙州县、大新县、天等县，河池市天峨县、都安瑶族自治县等地。

【利用价值】具有较高的生物学价值和观赏价值，可用作园林造景、科普教育和生态旅游资源。

【濒危状况及保护措施建议】《世界自然保护联盟濒危物种红色名录》易危物种，《国家重点保护野生植物名录》二级保护植物，在保护区和山林可见。建议原地保存的同时，加大人工繁育力度，满足市场需求，并实现原生地种群的野外回归。

【收集人】李秀玲（广西农业科学院花卉研究所）。

【照片拍摄者】李秀玲（广西农业科学院花卉研究所），罗亚进（广西雅长兰科植物国家级自然保护区）。

002 同色兜兰

【学　名】Orchidaceae（兰科）*Paphiopedilum*（兜兰属）*Paphiopedilum concolor*（同色兜兰）。

【采集地/来源】广西南宁市隆安县。

【主要特征特性】当地称作小斑点兜兰。地生或半附生草本植物。叶基生，腹面有网格斑。花葶稍直立或外弯，部分个体花葶较短；花1或2朵，偶见3朵，浅黄色至黄色，罕为象牙白色；花瓣斜椭圆形至狭矩圆形，变化较大；唇瓣椭圆形至卵状椭圆形；退化雄蕊宽卵形或卵状三角形。个体变异较大。野外花期3～5月，在南宁市避雨栽培条件下，全年可见开花。

【优良特性】花朵整体呈浅黄色至黄色，偶有个体为象牙白色，带紫褐色小斑点，易栽培、易开花，适应性强，易驯化。在民间，既可观赏，又可入药。

【适宜地区】广西多数地方均可种植。

【利用价值】具有较高的生物学价值、观赏价值和药用价值，适宜用作园艺育种亲本材料，可用于园艺观赏和药用。

【濒危状况及保护措施建议】《世界自然保护联盟濒危物种红色名录》濒危物种，《国家重点保护野生植物名录》一级保护植物，在保护区、山林等处可见。建议原地保存的同时，加大人工繁育力度，满足市场需求，并实现原生地种群的野外回归。

【收集人】李秀玲（广西农业科学院花卉研究所）。

【照片拍摄者】李秀玲（广西农业科学院花卉研究所），刘晟源（广西弄岗国家级自然保护区）。

003 硬叶兜兰

【学　名】Orchidaceae（兰科）*Paphiopedilum*（兜兰属）*Paphiopedilum micranthum*（硬叶兜兰）。

【采集地/来源】广西百色市乐业县。

【主要特征特性】当地称作玉女兜兰。地生或半附生草本植物，具细长、横走的地下根状茎。叶4或5片，叶腹面具网格斑。花葶长而直立；花单朵；萼片和花瓣色泽较一致，淡紫色或浅黄色且具红紫色粗脉纹，中萼片宽卵形；花瓣宽卵形至近圆形；唇瓣淡红色至近白色，囊球形至椭圆形；退化雄蕊白色至粉红色，有紫点，较少出现整个紫脉与紫点不同程度消失。野外花期2～4月。

【优良特性】株型紧凑、优美，花型独特且清秀隽丽，农户认为该种具有较高的观赏价值。

【适宜地区】广西百色市靖西市、那坡县、凌云县、乐业县、田林县，河池市罗城仫佬族自治县、环江毛南族自治县、都安瑶族自治县，崇左市龙州县、大新县，桂林市临桂区等地。

【利用价值】具有较高的生物学价值和观赏价值，是较好的育种亲本材料，可用于园艺观赏。

【濒危状况及保护措施建议】《世界自然保护联盟濒危物种红色名录》易危物种，《国家重点保护野生植物名录》二级保护植物，在保护区、山林等处可见。建议原地保存的同时，加大人工繁育力度，满足市场需求，并实现原生地种群的野外回归。

【收集人】李秀玲（广西农业科学院花卉研究所）。

【照片拍摄者】李秀玲（广西农业科学院花卉研究所），黄云峰（广西中医药研究院），罗亚进（广西雅长兰科植物国家级自然保护区）。

004 西之王子

【**学 名**】Orchidaceae（兰科）*Paphiopedilum*（兜兰属）*Paphiopedilum* 'GXAAS Prince'（'西之王子'兜兰）。

【**选育方法**】以同色兜兰为母本、肉饼兜兰'可可奥利弗'（*P.* 'Cocoa Oliver'）为父本进行人工授粉杂交，经无菌播种、无性克隆组培快繁选育而成。

【**主要特征特性**】地生或半附生草本植物。叶基生，狭矩圆形，近肉质，绿色，密被网格纹。花葶外弯，淡黄色；花1或2朵；花横径6.8～7.0cm、纵径7.4～7.6cm；中萼片阔卵形，黄绿色，边缘略有白色；花瓣黄绿色，刀形，斜向下生；唇瓣拖鞋状，浅黄绿色。在设施栽培条件下，1～4月开花。

【**优良特性**】花朵清秀、隽丽、飘逸，花色纯正，极具观赏价值；花葶中等，改善了母本同色兜兰花葶短的缺陷；花期长，单花观赏期62～66天，抗病性、抗逆性较强。

【**适宜地区**】广西、广东、云南、贵州、四川、福建、山东、浙江、江苏等地。

【**利用价值**】可用于园艺观赏、园林造景、科普教育和生态旅游。

【**濒危状况及保护措施建议**】人工选育品种，建议加大推广力度。

【**培育人**】李秀玲（广西农业科学院花卉研究所），范继征（广西农业科学院花卉研究所），卜朝阳（广西农业科学院花卉研究所）。

【**照片拍摄者**】李秀玲（广西农业科学院花卉研究所），范继征（广西农业科学院花卉研究所）。

005 西之光

【学　名】Orchidaceae（兰科）*Paphiopedilum*（兜兰属）*Paphiopedilum* 'GXAAS Light'（'西之光'兜兰）。

【选育方法】以白旗兜兰（*P. spicerianum*）为母本、肉饼兜兰'毅颖彩云'（*P.* 'Yi-Ying Colorful Clouds'）为父本进行人工授粉杂交，经无菌播种、无性克隆组培快繁选育而成。

【主要特征特性】地生或半附生草本植物。叶基生，狭矩圆形，近肉质，绿色。花葶高度中等；花单朵，呈红棕色、鲜艳、大、蜡质、有光泽；花横径10.5～11.5cm、纵径9.8～10.6cm；萼片和花瓣均有一条明显的栗色中脉；中萼片扇形，颜色自顶端至基部依次为白色、棕红色、黄绿色相间，中萼片明显比合萼片大；花瓣略扭曲，斜向下生，明显由中轴线分成色泽不同的上下两部分，上部深棕色，下部浅棕色；唇瓣棕色、圆盾形、光滑，唇瓣唇口向外侧弯曲，有耳；假雄蕊倒卵状三角形，黄色，先端凹缺，中间有黄色脐状突起；花期长，1～4月开花。

【优良特性】该新品种综合了白旗兜兰和肉饼兜兰的双重特征；花期长，抗病性、抗逆性较强。

【适宜地区】广西、广东、云南、贵州、福建、浙江等地。

【利用价值】可用于园艺观赏、园林造景、科普教育和生态旅游。

【濒危状况及保护措施建议】育成品种，建议加大推广力度。

【培育人】李秀玲（广西农业科学院花卉研究所），范继征（广西农业科学院花卉研究所），卜朝阳（广西农业科学院花卉研究所）。

【照片拍摄者】李秀玲（广西农业科学院花卉研究所），范继征（广西农业科学院花卉研究所）。

006 翡翠绿

【学　名】Orchidaceae（兰科）*Paphiopedilum*（兜兰属）*Paphiopedilum* 'GXAAS Emerald Green'（'翡翠绿'兜兰）。

【选育方法】以同色兜兰为母本、肉饼兜兰'可可绿色'（*P.* 'Cocoa Green'）为父本进行人工授粉杂交，经无菌播种、无性克隆组培快繁选育而成。

【主要特征特性】地生或半附生草本植物。叶基生，狭矩圆形，黄绿色，腹面密被网格斑，纸质。花葶较短，直立；花1或2朵，花朵黄绿色，密被绿色条纹；萼片和花瓣上被大小不一的紫褐斑点，尤以中萼片斑点较大；唇瓣拖鞋状；易栽培，易开花，花期3～5月。

【优良特性】花朵和叶片均具有较高的观赏价值，花朵整体黄绿色，偶见褐色斑点，改善了母本同色兜兰花葶短的缺陷；花期长，抗病性、抗逆性较强。

【适宜地区】广西、广东、云南、贵州、福建、山东、浙江、江苏等地。

【利用价值】可用于园艺观赏、园林造景、科普教育和生态旅游。

【濒危状况及保护措施建议】育成品种，建议加大推广力度。

【培育人】李秀玲（广西农业科学院花卉研究所），范继征（广西农业科学院花卉研究所），卜朝阳（广西农业科学院花卉研究所）。

【照片拍摄者】李秀玲（广西农业科学院花卉研究所），范继征（广西农业科学院花卉研究所）。

007 西之春

【学　名】Orchidaceae（兰科）*Paphiopedilum*（兜兰属）*Paphiopedilum* 'GXAAS Spring'（'西之春'兜兰）。

【选育方法】以肉饼兜兰'可可美丽奥利弗'（*P.* 'Cocoa Lovely Oliver'）为母本、同色兜兰为父本进行人工授粉杂交，经无菌播种、无性克隆组培快繁选育而成。

【主要特征特性】地生或半附生草本植物。叶基生，叶4～8片，叶狭矩圆形、绿色。花单朵，偶见2朵。花葶直立，高10～12cm；花朵浅黄绿色；萼片和花瓣均见规则条纹，基部均有褐色斑点；中萼片有0.5～1.0cm的白色不规则边缘晕；合萼片明显比中萼片小；花瓣黄绿色，刀形，斜向下生；唇瓣拖鞋状；假雄蕊三角形，中间有黄绿色乳突。易栽培，易开花，花期12月至翌年4月。

【优良特性】花朵和叶片均具有较高的观赏价值，花朵整体黄绿色，基部见褐色细小斑点；花期长，抗病性、抗逆性较强。

【适宜地区】广西、广东、云南、贵州、福建、山东、浙江、江苏等地。

【利用价值】可用于园艺观赏、园林造景、科普教育和生态旅游。

【濒危状况及保护措施建议】育成品种，建议加大推广力度。

【培育人】李秀玲（广西农业科学院花卉研究所），范继征（广西农业科学院花卉研究所），何荆洲（广西农业科学院花卉研究所），曾艳华（广西农业科学院花卉研究所），卜朝阳（广西农业科学院花卉研究所）。

【照片拍摄者】李秀玲（广西农业科学院花卉研究所），范继征（广西农业科学院花卉研究所）。

008 西之望

【学 名】Orchidaceae（兰科）*Paphiopedilum*（兜兰属）*Paphiopedilum* 'GXAAS Hope'（'西之望'兜兰）。

【选育方法】以肉饼兜兰'可可骄傲'（*P.* 'Cocoa Pride'）为母本、肉饼兜兰'可可奥利弗'（*P.* 'Cocoa Oliver'）为父本进行人工授粉杂交，经无菌播种、无性克隆组培快繁选育而成。

【主要特征特性】地生或半附生草本植物。叶基生，叶4～7片，叶长矩圆形、黄绿色。花单朵。花葶稍弯，高14～16cm；花朵初呈绿黄色，随着开放时间的推进，逐渐变为浅黄色；萼片和花瓣均见规则条纹，基部均有褐色斑点；中萼片有0.5～1.5cm的白色规则边缘晕；合萼片明显比中萼片小；花瓣黄绿色，刀形，斜向下生；唇瓣拖鞋状；假雄蕊三角形，中间有黄绿色乳突。易栽培，易开花，花期12月至翌年3月。

【优良特性】花朵和叶片均具有较高的观赏价值，花朵整体黄绿色，花期长，抗病性、抗逆性较强。

【适宜地区】广西、广东、云南、贵州、福建、山东、浙江、江苏等地。

【利用价值】可用于园艺观赏、园林造景、科普教育和生态旅游。

【濒危状况及保护措施建议】育成品种，建议加大推广力度。

【培育人】李秀玲（广西农业科学院花卉研究所），范继征（广西农业科学院花卉研究所），卜朝阳（广西农业科学院花卉研究所）。

【照片拍摄者】李秀玲（广西农业科学院花卉研究所），范继征（广西农业科学院花卉研究所）。

三、石斛属等其他兰花优异种质资源

001 石斛

【学　名】Orchidaceae（兰科）*Dendrobium*（石斛属）*Dendrobium nobile*（石斛）。

【采集地/来源】广西崇左市天等县。

【主要特征特性】茎直立，扁圆柱形，肉质肥厚；叶长圆形，硬纸质，基部具抱茎的鞘；总状花序，具花1～4朵；花白色，先端淡紫色，有时全体淡紫红色或除唇盘上具1个紫红色斑块外，其余均为白色；侧萼片与中萼片长圆形，花瓣斜宽卵形，唇瓣宽卵形，唇盘中央具1个紫红色大斑块。花期3～5月。

【优良特性】花色丰富，花量大，花具香味，易栽培，观赏及育种价值高，是传统名贵中药材。

【适宜地区】广西崇左市天等县，桂林市兴安县，贵港市平南县，河池市凤山县，来宾市金秀瑶族自治县，百色市右江区、那坡县、靖西市、田林县、乐业县。

【利用价值】入药，观赏，保健食用等。

【濒危状况及保护措施建议】《中国生物多样性红色名录——高等植物卷（2020）》易危物种，《国家重点保护野生植物名录》二级保护植物，人为过量采挖，使其适生环境遭受挤压，野生资源锐减。建议开展人工繁育技术研究，繁育种苗，进行野外回归及仿野生栽培。

【收集人】张自斌（广西农业科学院花卉研究所），崔学强（广西农业科学院花卉研究所），邓杰玲（广西农业科学院花卉研究所），黄昌艳（广西农业科学院花卉研究所）。

【照片拍摄者】张自斌（广西农业科学院花卉研究所）。

002 芙蓉

【学　名】Orchidacea（兰科）*Dendrobium*（石斛属）*Dendrobium* 'Furong'（'芙蓉'石斛）。

【选育方法】以'阿里蓝'石斛为母本、兜唇石斛为父本杂交选育而成。

【主要特征特性】株高30～50cm。茎直立，圆柱形；叶革质，窄卵形；花序1～3个，从当年生的茎中部以上部分发出；花序梗直立或半直立，具花5～10朵；花浅紫红色，花径5～6cm；萼片白色，椭圆形，侧萼片与中萼片近等大；花瓣白色带浅紫红色，近匙形；唇瓣紫红色，唇盘近半圆形。全年可开花，但花期以8～11月为主。

【优良特性】花序梗硬质，直立，在切花生产上较具优势；花素雅，观赏性好；全年可开花，易栽培，适应性强。

【适宜地区】广西等地。

【利用价值】可作盆花、切花生产或园林造景等。

【濒危状况及保护措施建议】无危；建议原地保存的同时，加快人工种苗繁育体系的构建和推广。

【培育人】邓杰玲（广西农业科学院花卉研究所），张自斌（广西农业科学院花卉研究所），黄昌艳（广西农业科学院花卉研究所），崔学强（广西农业科学院花卉研究所）。

【照片拍摄者】张自斌（广西农业科学院花卉研究所）。

003 秋水伊人

【学　名】Orchidaceae（兰科）*Dendrobium*（石斛属）*Dendrobium* 'Qiushui Yiren'（'秋水伊人'石斛）。

【选育方法】以'沙文'白花石斛为母本、美花石斛为父本杂交选育而成。

【主要特征特性】株高15～30cm。茎圆柱形，直立或半直立；叶革质，窄披针形；花序1或2个，从茎顶端发出，具花4～9朵；花粉紫色，清香，花径4～5cm；萼片白色，尖端黄绿色，近椭圆形，侧萼片比中萼片稍大；花瓣浅紫色，近倒卵形；唇瓣浅紫色。花期3～5月。

【优良特性】花多色、素雅、清香，观赏价值高；易栽培，适应性强。

【适宜地区】广西等地。

【利用价值】花多色且有香气，具有较好的推广应用前景，可用于盆花观赏或园林造景等。

【濒危状况及保护措施建议】无危；建议原地保存的同时，加快人工种苗繁育体系的构建和推广。

【培育人】邓杰玲（广西农业科学院花卉研究所），张自斌（广西农业科学院花卉研究所），崔学强（广西农业科学院花卉研究所），黄昌艳（广西农业科学院花卉研究所）。

【照片拍摄者】张自斌（广西农业科学院花卉研究所）。

004 光辉岁月

【学　名】Orchidaceae（兰科）*Renades*（焰指兰属）*Renades* 'Glorious Years'（'光辉岁月' 焰指兰）。

【选育方法】以'麒麟'火焰兰为母本、扇唇指甲兰为父本杂交选育而成。

【主要特征特性】单茎类附生兰。茎直立，圆柱形；叶2列，整齐着生于茎，革质，条形，先端稍开裂；花序1或2个，从叶腋中抽出，有分枝；花序梗粗壮而坚硬，具花 20～30朵；花橙红色，点缀些许黄色，花径约5.5cm。花期3～4月。

【优良特性】花色喜庆，花期长，极具观赏性。

【适宜地区】广西、福建、广东、云南、海南、台湾等地。

【利用价值】可用作切花，也可用于盆栽观赏。

【濒危状况及保护措施建议】无危；建议原地保存的同时，加快人工种苗繁育体系的构建和推广。

【培育人】张自斌（广西农业科学院花卉研究所），黄昌艳（广西农业科学院花卉研究所），邓杰玲（广西农业科学院花卉研究所），崔学强（广西农业科学院花卉研究所）。

【照片拍摄者】张自斌（广西农业科学院花卉研究所）。

005 鹤舞金秋

【学　名】Orchidaceae（兰科）*Phaius*（鹤顶兰属）*Phaius* 'Stork Dance Golden Autumn'（'鹤舞金秋'鹤顶兰）。

【选育方法】以黄花鹤顶兰为母本、鹤顶兰为父本杂交选育而成。

【主要特征特性】植株直立。假鳞茎圆锥形；叶2～4片，互生于假鳞茎的上部，长圆状披针形，正面有金色斑点；总状花序从假鳞茎基部的叶腋发出，直立，圆柱形，具花8～10朵；花黄色；唇瓣褐红色；花径8～9cm；花朵形状犹如展翅飞舞的仙鹤。花期9～10月。

【优良特性】花朵硕大，姿态优雅，有较高的园艺价值。

【适宜地区】广西、广东、云南、海南、福建、台湾等地。

【利用价值】可用作室内盆栽花卉。

【濒危状况及保护措施建议】无危；建议原地保存的同时，加快人工种苗繁育体系的构建和推广。

【培育人】张自斌（广西农业科学院花卉研究所），黄昌艳（广西农业科学院花卉研究所），邓杰玲（广西农业科学院花卉研究所），崔学强（广西农业科学院花卉研究所）。

【照片拍摄者】张自斌（广西农业科学院花卉研究所）。

006 浓情巧克力

【学　名】Orchidaceae（兰科）*Vanda*（万代兰属）*Vanda* 'Chocolat'（'浓情巧克力'万代兰）。

【选育方法】以琴唇万代兰为母本、广东万代兰为父本杂交选育而成。

【主要特征特性】株高12～18cm。茎直立；叶2列，绿色，条形，先端稍开裂；花序1～3个，单花序具花4～10朵；花径4～5cm，浓香；中萼片倒卵圆形，侧萼片长卵形；花瓣与中萼片同形；唇瓣提琴形，先端呈鱼尾状2裂，基部有2个腺点。花期3～4月。

【优良特性】花香浓郁，花期长，生长强健，易栽培，观赏价值高。

【适宜地区】广西、福建、广东、云南、海南、台湾等地。

【利用价值】可用作盆栽花卉、园林造景等。

【濒危状况及保护措施建议】无危；建议原地保存的同时，加快人工种苗繁育体系的构建和推广。

【培育人】张自斌（广西农业科学院花卉研究所），邓杰玲（广西农业科学院花卉研究所），黄昌艳（广西农业科学院花卉研究所），崔学强（广西农业科学院花卉研究所）。

【照片拍摄者】张自斌（广西农业科学院花卉研究所）。

007 双色万代兰V01

【学　名】Orchidaceae（兰科）*Vanda*（万代兰属）*Vanda bicolor*（双色万代兰）。

【采集地/来源】双色万代兰的变异植株。

【主要特征特性】附生草本植物。茎稍匍匐，节短；叶革质，带状，披散；花序1~4个，从叶腋发出，具花2~5朵；花径3~4cm；萼片与花瓣具黄褐色带紫褐色网格纹，萼片倒卵形，侧萼片比中萼片大；花瓣先端近圆形，基部收狭，与中萼片稍相似；唇瓣3裂，侧裂片白色，先端黄色，直立，中裂片提琴形，紫红色；花梗、花背面、距和蕊柱白色。花期3~4月。

【优良特性】唇瓣色泽较原种艳丽，观赏性好；耐寒，耐旱，适应性强。

【适宜地区】广西、福建、广东、云南等地。

【利用价值】可作为盆花、切花生产，或以吊挂装饰、攀附树干等应用于园林景观，也是优良的育种亲本。

【濒危状况及保护措施建议】易危，野外现有居群少。建议原地保存的同时，加快人工繁育技术研究，繁育种苗，进行野外回归及应用推广。

【收集人】张自斌（广西农业科学院花卉研究所），邓杰玲（广西农业科学院花卉研究所），黄昌艳（广西农业科学院花卉研究所），崔学强（广西农业科学院花卉研究所）。

【照片拍摄者】张自斌（广西农业科学院花卉研究所）。

008 台湾香荚兰

【**学 名**】Orchidaceae（兰科）*Vanilla*（香荚兰属）*Vanilla somai*（台湾香荚兰）。

【**采集地/来源**】广西百色市乐业县。

【**主要特征特性**】攀缘藤本植物。茎肥厚，圆润；叶椭圆状或狭卵状披针形，互生，厚肉质；花序短，从叶腋发出，具花2朵；萼片和花瓣淡白绿色或黄绿色，椭圆状倒披针形或倒披针形；唇瓣淡粉红色和黄色，近基部与蕊柱边缘合生成管，前部扩大，侧裂片内弯，使唇瓣形成喇叭状。果实为近圆柱状的荚果，略弯曲，有较浅的3纵脊。花期4～6月。

【**优良特性**】果实为肉质荚果（豆荚），经过加工处理后，含有250多种挥发性芳香成分，是高端食品、化妆品和饮料等的配香原料，享有"食品香料之王"的美誉。当地农户认为，其茎、叶入药，可治疗风湿骨痛、跌打损伤等。目前，其药用价值也日益受到重视。

【**适宜地区**】广西、福建、广东、云南、台湾等地。

【**利用价值**】作为重要的香料与药用作物，在香料、食品、化妆品、药品、芳香剂等行业有巨大的开发潜力，具有较高的经济价值。

【**濒危状况及保护措施建议**】无危，野外现有居群更新良好，但人为无序采挖现象长期存在。建议加强保育工作，加快人工种苗繁育体系的构建和推广。

【**收集人**】张自斌（广西农业科学院花卉研究所），邓杰玲（广西农业科学院花卉研究所），崔学强（广西农业科学院花卉研究所），黄昌艳（广西农业科学院花卉研究所）。

【**照片拍摄者**】张自斌（广西农业科学院花卉研究所）。

第二节 茉莉花优异种质资源

001 横县双瓣茉莉

【学　名】Oleaceae（木樨科）*Jasminum*（素馨属）*Jasminum sambac*（茉莉花）。

【采集地/来源】广西南宁市横州市广泛应用的栽培品种。

【主要特征特性】常绿小型灌木，叶卵形。花期4月中旬至10月上旬，全年花汛6或7个，聚伞花序，花萼裂片线形，花冠2轮、白色，花冠裂片12～18枚。果实偶见，球形，紫黑色。亩产900～1000kg。

【优良特性】适应性强。窨制茉莉花茶，香气鲜爽。

【适宜地区】广西南部茉莉花产区。

【利用价值】可用于窨制茉莉花茶或盆花观赏。

【濒危状况及保护措施建议】无危，建议建立资源圃保存，并加大应用。

【收集人】卜朝阳（广西农业科学院花卉研究所），李春牛（广西农业科学院花卉研究所）。

【照片拍摄者】李春牛（广西农业科学院花卉研究所）。

002 香妃5号

【学　名】Oleaceae（木樨科）*Jasminum*（素馨属）*Jasminum sambac* 'Xiangfei 5'（'香妃5号'茉莉花）。

【选育方法】从横县双瓣茉莉开放授粉系中选育的新品种。

【主要特征特性】叶长椭圆形。花期4月中旬至10月上旬，单瓣型茉莉花，首个获国际登录的茉莉花新品种。多倍体，叶色浓绿、树形优美，观赏价值较高，也作为茉莉花倍性育种的良好材料。

【优良特性】适应性强，生长快。

【适宜地区】广西南部茉莉花产区。

【利用价值】可用于窨制茉莉花茶、盆花观赏及育种。

【濒危状况及保护措施建议】无危，建议建立资源圃保存，并加大应用。

【培育人】李春牛（广西农业科学院花卉研究所），李先民（广西农业科学院花卉研究所），卜朝阳（广西农业科学院花卉研究所）。

【照片拍摄者】李春牛（广西农业科学院花卉研究所）。

003 单双瓣茉莉

【学　名】Oleaceae（木樨科）*Jasminum*（素馨属）*Jasminum sambac*（茉莉花）。

【采集地/来源】广西南宁市横州市。

【主要特征特性】株型饱满，生长快、分枝多；叶卵形，与横县双瓣茉莉相似；花朵常双瓣，偶见单瓣，花冠裂片宽而圆，裂片13～33枚。

【优良特性】对茉莉花白绢病有较高抗性，生长快。

【适宜地区】广西南部茉莉花产区。

【利用价值】可用于窨制茉莉花茶、盆花观赏及园林景观。

【濒危状况及保护措施建议】无危，建议资源圃保存，并加大应用。

【收集人】卜朝阳（广西农业科学院花卉研究所），李春牛（广西农业科学院花卉研究所）。

【照片拍摄者】李春牛（广西农业科学院花卉研究所）。

005 泰国虎头茉莉

【学　名】Oleaceae（木樨科）*Jasminum*（素馨属）*Jasminum sambac*（茉莉花）。

【采集地/来源】广西南宁市横州市。

【主要特征特性】叶卵形或阔卵形，叶片互生、对生、轮生；多瓣型茉莉花，花冠常5～9层，花期4月中旬至10月上旬，花冠白色或浅绿色，花瓣多、紧实。

【优良特性】花大、花瓣多，较虎头茉莉适应性强。

【适宜地区】我国热带、亚热带地区。

【利用价值】可用于盆花观赏及园林景观。

【濒危状况及保护措施建议】无危，建议资源圃保存，并加大应用。

【收集人】卜朝阳（广西农业科学院花卉研究所），李春牛（广西农业科学院花卉研究所）。

【照片拍摄者】李春牛（广西农业科学院花卉研究所）。

004 圆叶单瓣茉莉

【学　名】Oleaceae（木樨科）*Jasminum*（素馨属）*Jasminum sambac*（茉莉花）。

【采集地/来源】广西南宁市横州市。

【主要特征特性】树形直立，枝条粗壮；叶近圆形，褶皱，厚革质，深绿色；花苞圆，花冠1层。

【优良特性】耐贫瘠性较强，适应性强。

【适宜地区】我国热带、亚热带地区。

【利用价值】可用于盆花观赏及园林景观。

【濒危状况及保护措施建议】无危，建议资源圃保存，并加大应用。

【收集人】卜朝阳（广西农业科学院花卉研究所）。

【照片拍摄者】李春牛（广西农业科学院花卉研究所）。

006 泰国双瓣茉莉

【学　名】Oleaceae（木樨科）*Jasminum*（素馨属）*Jasminum sambac*（茉莉花）。

【采集地/来源】广西南宁市横州市。

【主要特征特性】花萼7或8枚；花冠2层，偶3层，花冠裂片17～22枚，花冠裂片长1.5～1.8cm；结实率较高。

【优良特性】生长快，结实率高。

【适宜地区】我国热带、亚热带地区。

【利用价值】可用作育种材料及用于盆花观赏。

【濒危状况及保护措施建议】无危，建议资源圃保存，并加大应用。

【收集人】卜朝阳（广西农业科学院花卉研究所），李春牛（广西农业科学院花卉研究所）。

【照片拍摄者】李春牛（广西农业科学院花卉研究所）。

第三节 金花茶优异种质资源

001 金花茶

【学　名】Camellia（山茶科）*Camellia*（山茶属）*Camellia nitidissima*（金花茶）。

【采集地/来源】广西防城港市。

【主要特征特性】常绿灌木或小乔木，树高可达5m。树皮灰白色；幼枝浅红褐色，老枝黄褐色，无毛；叶多为长椭圆形，基部楔形或近圆形，先端渐尖或尾状急尖，边缘细锯齿状；花金黄色，花瓣蜡质，多为腋生或近顶生，花朵直径4～6cm，花瓣12～14枚；成熟果实表皮红褐色，呈扁球形，直径3～6cm。花期12月至翌年3月。

【优良特性】花朵形态美观，花色艳丽，高雅别致，很具观赏性，被誉为"茶族皇后""植物界的大熊猫"，国外则称之为"幻想中的黄色山茶"。

【适宜地区】广西南宁市、崇左市、防城港市等地。

【利用价值】可种植于庭院，或做成盆栽，其花、叶等可用于保健食品加工，制成花茶、叶茶、饮料等。其具有独特的黄色基因，是培育黄色茶花新品种的优良亲本。

【濒危状况及保护措施建议】《国家重点保护野生植物名录》二级保护植物，野生资源受破坏严重，数量稀少。建议加强原生地保存力度并开展迁地保存，同时加大人工繁育力度，满足市场需求。

【收集人】黄展文（广西农业科学院花卉研究所）。

【照片拍摄者】黄展文（广西农业科学院花卉研究所）。

002 凹脉金花茶

【学　名】Camellia（山茶科）*Camellia*（山茶属）*Camellia impressinervis*（凹脉金花茶）。

【采集地/来源】广西崇左市龙州县。

【主要特征特性】常绿灌木，树高约3m。嫩枝淡紫色，有粗毛，老枝变无毛；叶革质，椭圆形或长椭圆形，叶面主脉下凹明显，背面主脉被细毛；花蕾苞片紫红色，花淡黄色，直径3.5～8.0cm，1或2朵腋生，花瓣9～12枚；蒴果扁球形，直径3.5～4.0cm，种子无毛。花期12月至翌年3月。

【优良特性】花朵形态美观、叶片独特，树形直立，非常具有观赏性。

【适宜地区】广西南宁市、崇左市、防城港市等地。

【利用价值】植株可制作盆景、盆栽，应用于城市绿化、园林景观，也是培育黄色茶花新品种的优良亲本。

【濒危状况及保护措施建议】《国家重点保护野生植物名录》二级保护植物，野生资源受破坏严重，数量稀少。建议加强原生地保存力度并开展迁地保存，同时加大人工繁育力度，满足市场需求。

【收集人】黄展文（广西农业科学院花卉研究所）。

【照片拍摄者】黄展文（广西农业科学院花卉研究所）。

003 崇左金花茶

【学　名】Camellia（山茶科）*Camellia*（山茶属）*Camellia perpetua*（崇左金花茶）。

【采集地/来源】广西崇左市江州区。

【主要特征特性】常绿灌木，高约3m。嫩枝淡红色，无毛；老叶革质，有光泽，椭圆形，叶长5～8cm、宽4～5cm，先端急尖，基部近圆形或宽楔形；花深黄色，直径3～6cm，花瓣9～13枚。四季有花，其中盛花期5～6月，其余月份有少量花开放。

【优良特性】花朵形态美观，花期长，特别是在夏季盛花，很具观赏性。

【适宜地区】广西南宁市、崇左市、防城港市等地。

【利用价值】植株可制作盆栽或应用于城市绿化和园林景观，是培育黄色、夏季开花茶花新品种的优良亲本。

【濒危状况及保护措施建议】《国家重点保护野生植物名录》二级保护植物，野生资源受破坏严重，数量稀少。建议加强原生地保存力度并开展迁地保存，同时加大人工繁育力度，满足市场需求。

【收集人】黄展文（广西农业科学院花卉研究所）。

【照片拍摄者】黄展文（广西农业科学院花卉研究所）。

004 金妃一号

【学　名】Camellia（山茶科）*Camellia*（山茶属）*Camellia nitidissima* 'Jinfei Yihao'（'金妃一号'金花茶）。

【选育方法】从广西防城港市金花茶实生个体中选育。

【主要特征特性】常绿小乔木，生长习性为半开张，嫩枝淡红褐色，树皮灰黄色至黄褐色，无毛；叶色深绿，叶片上斜；老叶革质，有光泽，叶面平坦；叶椭圆形，基部钝圆，叶缘细锯齿状，先端呈深锯齿状分裂，或呈鱼尾状；叶背无毛，叶长11～13cm、宽5～6cm；花金黄色，半重瓣型，花瓣圆形，顶端圆形，边缘弱皱褶，花瓣12～14枚；雄蕊排列方式为碟型，花柱3条，深度分裂；花朵直径5.5～8.0cm；花期1月底至3月下旬。

【优良特性】叶形独特，花径大，观赏性佳，花期早。

【适宜地区】广西南宁市等地。

【利用价值】用于盆栽观赏等。

【濒危状况及保护措施建议】无危，但该品种为新近选育的金花茶新种，数量不多，建议利用无性繁殖手段加强该品种的繁育并加以保护。

【培育人】黄展文（广西农业科学院花卉研究所），卢家仕（广西农业科学院花卉研究所），李先民（广西农业科学院花卉研究所），李春牛（广西农业科学院花卉研究所），卜朝阳（广西农业科学院花卉研究所）。

【照片拍摄者】黄展文（广西农业科学院花卉研究所）。

第四节 睡莲优异种质资源

001 保罗蓝

【学　名】Nymphaeaceae（睡莲科）*Nymphaea*（睡莲属）*Nymphaea* 'Paul Stetson'（'保罗蓝'睡莲）。

【采集地/来源】栽培品种。

【主要特征特性】中大型热带睡莲。花瓣淡蓝色，花粉量大，着花繁密，萼片4枚，花瓣18枚左右，花梗挺水性好；花香浓郁怡人；叶片胎生，叶缘不规则锯齿状，表面有棕色叶斑，随叶片生长叶片斑点逐渐变淡；可结实。

【优良特性】着花繁密，花梗挺水性好；花香浓郁怡人；可胎生。

【适宜地区】我国温带、热带和亚热带地区，其中热带和亚热带地区可全年开花。

【利用价值】可用于园林造景、水体净化、睡莲精油提取及睡莲花茶制作等。

【濒危状况及保护措施建议】人工选育品种，数量多、极易繁殖，无需特别保护措施。

【收集人】苏群（广西农业科学院花卉研究所），王虹妍（广西农业科学院花卉研究所）。

【照片拍摄者】苏群（广西农业科学院花卉研究所），刘俊（广州番禺莲花山旅游区）。

002 黄金国

【学　名】Nymphaeaceae（睡莲科）*Nymphaea*（睡莲属）*Nymphaea hybrid*（睡莲杂交种）。

【采集地/来源】栽培品种。

【主要特征特性】黄色九品香水莲，大型热带睡莲。花瓣黄色，着花繁密，单株每年可采收200余朵花，花朵硕大，萼片4枚，花瓣38枚左右，花瓣尖端常有缺刻；花香怡人，花梗挺水性较差；叶缘不规则锯齿状，叶绿色，表面有少量淡棕色小叶斑；可结实。为目前推广种植面积最大的黄色系睡莲花茶品种。

【优良特性】花瓣黄色，着花繁密，花朵硕大，花香怡人。

【适宜地区】我国温带、热带和亚热带地区，其中热带和亚热带地区可全年开花。

【利用价值】可用于园林造景、水体净化、睡莲精油提取及睡莲花茶制作等。

【濒危状况及保护措施建议】人工选育品种，数量多、容易繁殖，无需特别保护措施。

【收集人】苏群（广西农业科学院花卉研究所），王虹妍（广西农业科学院花卉研究所）。

【照片拍摄者】刘俊（广州番禺莲花山旅游区），王虹妍（广西农业科学院花卉研究所）。

003 红色闪耀

【学　名】Nymphaeaceae（睡莲科）*Nymphaea*（睡莲属）*Nymphaea* 'Red Flare'（'红色闪耀'睡莲）。

【采集地/来源】栽培品种。

【主要特征特性】大型晚上开花的热带睡莲。盛开时间夜间9点至翌日10点；萼片4枚，花瓣23枚左右，鲜红色，着花繁密；花梗挺水性好；叶棕红色，叶缘锯齿状；冬季易休眠成小球，翌年春天可由休眠球萌发出数株小苗。

【优良特性】夜间开花，花鲜红色，着花繁密。

【适宜地区】我国温带、热带和亚热带地区，其中热带和亚热带地区可全年开花。

【利用价值】可用于园林造景、水体净化，花梗和叶梗可食用。

【濒危状况及保护措施建议】人工选育品种，数量多、容易繁殖，无需特别保护措施。

【收集人】苏群（广西农业科学院花卉研究所），王虹妍（广西农业科学院花卉研究所）。

【照片拍摄者】苏群（广西农业科学院花卉研究所），刘俊（广州番禺莲花山旅游区）。

004 澳洲变色睡莲

【学　名】Nymphaeaceae（睡莲科）Nymphaea（睡莲属）Nymphaea atrans（澳洲变色睡莲）。

【采集地/来源】栽培品种。

【主要特征特性】巨大型热带睡莲。花瓣颜色随着开放天数由白色逐渐变成深红色；萼片4枚，着花繁密，花朵硕大，花瓣30枚左右，香味不明显，花梗粗壮，挺水性好；叶片较大，绿色，叶缘锯齿状；易结实。夏末秋初植株生长和开花状态最佳。

【优良特性】花瓣颜色随着开放天数由白色逐渐变成深红色。着花繁密，花朵硕大，花梗粗壮，挺水性好，易结实。

【适宜地区】我国温带、热带和亚热带地区，其中热带地区可全年开花。

【利用价值】可用于园林造景、水体净化。

【濒危状况及保护措施建议】该种原生地仅分布于澳大利亚等极少数地区，建议加强异地保护，通过人工繁殖增加种群数量。

【收集人】苏群（广西农业科学院花卉研究所），王虹妍（广西农业科学院花卉研究所）。

【照片拍摄者】苏群（广西农业科学院花卉研究所）。

005 红叶金樽

【学　名】Nymphaeaceae（睡莲科）*Nymphaea*（睡莲属）*Nymphaea* 'Hongye Jinzun'（'红叶金樽'睡莲）。

【选育方法】人工混合花粉杂交选育的新品种，母本为'潘燮'（*Nymphaea* 'Poonsub'），父本不详。

【主要特征特性】大型热带睡莲。萼片4枚，花瓣38枚左右，黄色，着花繁密，花朵硕大。花型美观，花香怡人，花梗挺水性好；叶缘不规则锯齿状，叶表面分布红棕色斑块；易结实。在花型和花梗挺水性上优于同为黄色系的'黄金国'睡莲，是具有较大推广价值的黄色系睡莲新品种。

【优良特性】花瓣黄色，着花繁密，花朵硕大，花香怡人，花梗挺水性好，易结实。

【适宜地区】我国温带、热带和亚热带地区，其中热带和亚热带地区可全年开花。

【利用价值】可用于园林造景、水体净化、睡莲精油提取及睡莲花茶制作等。

【濒危状况及保护措施建议】人工选育品种，繁殖困难，建议加强异地保护，通过人工繁殖增加种群数量。

【培育人】苏群（广西农业科学院花卉研究所），王虹妍（广西农业科学院花卉研究所），卢家仕（广西农业科学院花卉研究所），卜朝阳（广西农业科学院花卉研究所）。

【照片拍摄者】苏群（广西农业科学院花卉研究所）。

006 侦探艾丽卡

【学　名】Nymphaeaceae（睡莲科）*Nymphaea*（睡莲属）*Nymphaea* 'Detective Erika'（'侦探艾丽卡'睡莲）。

【选育方法】人工杂交选育的新品种，母本为'曼拉'（*Nymphaea* 'Mayla'），父本不详。

【主要特征特性】中大型跨亚属睡莲，为广温带亚属与广热带亚属杂交种。萼片4枚，花瓣30枚左右，紫色、坚挺，着花繁密；花朵较大，花型美观，花梗挺水性较好；叶椭圆形，全缘，幼叶表面呈红褐色；花梗和叶梗具短柔毛。具较强跨亚属杂种优势，植株生长势强。该品种为我国自主培育的睡莲新品种，是优良的水景植物，适宜园林造景，具有较大的推广价值，曾获2016年国际睡莲水景园艺协会评选出的跨亚属睡莲新品种第1名和最受欢迎睡莲新品种第1名。

【优良特性】花型美观，花梗挺水性较好；植株生长势强，着花繁密。

【适宜地区】我国温带、热带和亚热带地区。

【利用价值】可用于园林造景、水体净化。

【濒危状况及保护措施建议】人工选育品种，数量多、极易繁殖，无需特别保护措施。

【收集人】苏群（广西农业科学院花卉研究所），王虹妍（广西农业科学院花卉研究所）。

【照片拍摄者】苏群（广西农业科学院花卉研究所），刘俊（广州番禺莲花山旅游区）。

007 蓝紫妃

【学　名】Nymphaeaceae（睡莲科）*Nymphaea*（睡莲属）*Nymphaea* 'Lanzi Fei'（'蓝紫妃'睡莲）。

【选育方法】人工杂交选育的新品种，母本为'保罗蓝'睡莲（*Nymphaea* 'Paul Stetson'），父本为蓝星睡莲（*Nymphaea colorata*）。

【主要特征特性】大型热带睡莲。萼片4枚，花瓣26枚左右，蓝白复色，着花繁密，花朵硕大，花朵直径18～25cm；花型美观，花香怡人，花梗粗壮且挺水性好；叶缘不规则锯齿状，叶表面具不规则红棕色斑点，随着叶片生长衰老，叶斑点颜色逐渐变淡。是四倍体'保罗蓝'睡莲和蓝星睡莲杂交后代，具有很强的杂种优势，不易休眠，植株生长势强，花梗高出水面16～22cm，是优良的水景植物。

【优良特性】花瓣蓝白复色，花朵硕大，花香怡人，花型美观，花梗粗壮、挺水性好，生长势强。

【适宜地区】我国温带、热带和亚热带地区，其中热带和亚热带地区可全年开花。

【利用价值】可用于园林造景、水体净化、睡莲精油提取及睡莲花茶制作等。

【濒危状况及保护措施建议】人工选育品种，数量多、极易繁殖，无需特别保护措施。

【培育人】卢家仕（广西农业科学院花卉研究所），苏群（广西农业科学院花卉研究所），王虹妍（广西农业科学院花卉研究所），卜朝阳（广西农业科学院花卉研究所）。

【照片拍摄者】苏群（广西农业科学院花卉研究所），王虹妍（广西农业科学院花卉研究所）。

第五节 苦苣苔优异种质资源

001 丽花石山苣苔

【学　名】Gesneriaceae（苦苣苔科）*Petrocodon*（石山苣苔属）*Petrocodon pulchriflorus*（丽花石山苣苔）。

【采集地/来源】广西崇左市天等县。

【主要特征特性】多年生草本植物。聚伞花序，每花序具5～20朵花；花序梗长5～17cm；花梗长0.8～2.5cm。花冠蓝紫色到紫色，长1.8～2.5cm；花筒长1.6～2.0cm，口部直径2.8～3.3mm。花期2～4月。

【优良特性】花型独特，花冠呈辐射状，花筒较细长，有别于大部分苦苣苔科植物的花型，花冠蓝紫色，和中心颜色对比明显。

【适宜地区】广西各地。

【利用价值】花朵具有较高观赏价值，可开发为盆栽。

【濒危状况及保护措施建议】野外居群少，零星分布。建议做好科研监测，加强迁地保护，通过人工繁殖增加种群数量。

【收集人】闫海霞（广西农业科学院花卉研究所）。

【照片拍摄者】张自斌（广西农业科学院花卉研究所），闫海霞（广西农业科学院花卉研究所）。

002 雷氏报春苣苔

【学　名】Gesneriaceae（苦苣苔科）*Primulina*（报春苣苔属）*Primulina leiyyi*（雷氏报春苣苔）。

【采集地/来源】广西南宁市江南区。

【主要特征特性】多年生草本植物。聚伞花序，一至二回分枝，每花序具2～6朵花；花序梗长3.0～7.5cm；花梗长2.0～3.0cm。花冠深粉色到紫粉色，长3.5cm；花筒长2.4～2.8cm，口部直径3.0～3.5mm。花期11～12月。

【优良特性】多年栽培可形成粗壮的根状茎，形成各式桩景。本种开花集中，为优良的观花和观叶盆栽，花期在秋冬季，是为数不多的秋冬季开花的苦苣苔种类。

【适宜地区】广西各地。

【利用价值】耐旱、喜光型植物，可用作假山、石山景观造景的植物材料，也可用于观赏盆栽或盆景。

【濒危状况及保护措施建议】无危（Li et al.，2019），但分布地靠近人类活动密集区域，生境周围100m内有施工迹象，生境随时会遭受破坏。建议做好科研监测，适当开展迁地保护，加强宣传，避免人类活动对其生境造成过多干扰。

【收集人】闫海霞（广西农业科学院花卉研究所）。

【照片拍摄者】闫海霞（广西农业科学院花卉研究所），关世凯（广西农业科学院花卉研究所）。

003 柳江报春苣苔

【学　名】Gesneriaceae（苦苣苔科）*Primulina*（报春苣苔属）*Primulina liujiangensis*（柳江报春苣苔）。

【采集地/来源】广西柳州市柳江区。

【主要特征特性】多年生草本植物。叶卵形，稀椭圆形。聚伞花序腋生，每花序具2～15朵花；花序梗长3～14cm；花梗长0.3～1.5cm。花冠紫色，长3.0～3.8cm；花筒长约2.4cm，口部直径约1.0cm。花期4～6月。

【优良特性】莲座状植株，株型紧凑。叶被紫或紫红毛，叶背及叶片边缘常呈深紫红色，常有白叶脉类型出现。单株花朵数量可达200朵，花朵集中开放，盛花期花朵几乎全部掩盖叶丛，极具观赏性。

【适宜地区】广西各地。

【利用价值】喜阴湿类植物，具有很高的观花和观叶价值，可用作室内盆栽，是选育繁花品系的优良育种资源。

【濒危状况及保护措施建议】《中国种子植物多样性名录与保护利用》无危物种，广西特有种，但已知居群生境遭人为破坏日益严重。建议加强就地保护措施，适当围挡并加强科普宣传；同时，做好迁地保护，结合开发特色观赏盆栽，扩大繁殖数量。

【收集人】闫海霞（广西农业科学院花卉研究所）。

【照片拍摄者】闫海霞（广西农业科学院花卉研究所），关世凯（广西农业科学院花卉研究所）。

004 大根报春苣苔

【学　名】Gesneriaceae（苦苣苔科）*Primulina*（报春苣苔属）*Primulina macrorhiza*（大根报春苣苔）。

【采集地/来源】广西南宁市武鸣区。

【主要特征特性】多年生草本植物。叶多为卵形，稀椭圆形或宽卵形。聚伞花序腋生，每花序具1~6朵花；花序梗长8.0~31.5cm；花梗长0.7~2.6cm。花冠紫色，长4.5~6.0cm；花筒长2.5~3.0cm，口部直径1.5~2.0cm。花期1~4月。

【优良特性】花朵硕大，花量丰富，花期在早春，早于大部分其他苦苣苔花期，部分个体植株叶片具白色叶脉。

【适宜地区】广西各地。

【利用价值】阴生、耐旱型植物，可开发为观花和观叶盆栽，适用于家庭园艺，是选育大花品系的优良育种资源。

【濒危状况及保护措施建议】《中国种子植物多样性名录与保护利用》极危物种，广西特有种，野外群体少且易受人为干扰。建议加强野外居群保护，完善科研监测，提高大众尤其是周边农户的保护意识；做好资源保育工作，结合发展特色花卉产业，加快种苗扩繁以增加资源数量；适时开展野外回归，降低野外种群灭绝风险。

【收集人】闫海霞（广西农业科学院花卉研究所）。

【照片拍摄者】闫海霞（广西农业科学院花卉研究所），关世凯（广西农业科学院花卉研究所）。

005 刺疣报春苣苔

【学　名】Gesneriaceae（苦苣苔科）*Primulina*（报春苣苔属）*Primulina papillosa*（刺疣报春苣苔）。

【采集地/来源】广西南宁市隆安县。

【主要特征特性】多年生草本植物。具粗壮的根状茎。叶披针状线形，两面浓密、具小乳突糙硬毛。聚伞花序腋生，每花序具1或2朵花；花序梗长4～8cm；花梗长2.0～3.5cm。花冠紫色，长3.5～4.5cm；花筒长2.5～3.0cm，口部直径0.8～1.5cm。花期9～11月。

【优良特性】报春苣苔属内具肉质叶的物种，适应能力强，叶两面密布小乳突糙硬毛，此类型叶片在本属中较为少见。

【适宜地区】广西各地。

【利用价值】可开发为肉质盆花，可用于桩景、石山、假山、盆景等景观造景。

【濒危状况及保护措施建议】极危物种（Xin et al., 2021），广西特有种。由于具有较高观赏价值，遭人为滥采严重，野外居群数量不足200株。建议加强就地保护，适当围挡，并做好科研监测；加强法律宣传，遏制非法盗挖；加强迁地保护，结合花卉产业发展，加快其有效繁殖技术研发，扩大种群数量并满足市场需求。

【收集人】闫海霞（广西农业科学院花卉研究所）。

【照片拍摄者】闫海霞（广西农业科学院花卉研究所），关世凯（广西农业科学院花卉研究所）。

006 石蝴蝶状报春苣苔

【学　名】Gesneriaceae（苦苣苔科）*Primulina*（报春苣苔属）*Primulina petrocosmeoides*（石蝴蝶状报春苣苔）。

【采集地/来源】广西百色市靖西市。

【主要特征特性】多年生草本植物。腋生聚伞花序，每花序具2～6朵花；花序梗长5～12cm；花梗长1.5～2.0cm。花冠蓝紫色，长1.2～1.5cm；花筒长约1.0cm，口部直径0.4～0.6cm。花期4～6月、11～12月。

【优良特性】植株莲座状明显，株型紧凑，花小，但花量大，一年可多次开花。

【适宜地区】广西各地。

【利用价值】阴湿半附生岩生型植物，可开发为小型盆花；是选育莲座型、迷你型品系的优良育种资源。

【濒危状况及保护措施建议】《中国种子植物多样性名录与保护利用》近危物种，广西特有种。野外只发现一个不足1200株的居群，且位于旅游景点中，但由于所处位置较高，暂未受游客影响。建议做好科研监测，开展迁地保护，增加种群数量和保存地点。

【收集人】闫海霞（广西农业科学院花卉研究所）。

【照片拍摄者】闫海霞（广西农业科学院花卉研究所）。

007 燕峒报春苣苔

【学　名】Gesneriaceae（苦苣苔科）*Primulina*（报春苣苔属）*Primulina yandongensis*（燕峒报春苣苔）。

【采集地/来源】广西百色市德保县。

【主要特征特性】多年生草本植物。聚伞花序，每花序具11～28朵花；花序梗长6.5～21.0cm；花梗长0.7～1.4cm。花冠黄色，长2.5～3.5cm；花筒长1.4～1.8cm，口部直径0.5～0.8cm。花期9～11月。

【优良特性】报春苣苔属中少有的黄色系花，也是为数不多的秋季开花种类，部分个体具有鱼骨状白色叶脉。

【适宜地区】广西各地。

【利用价值】黄色花可弥补报春苣苔属植物花色多为蓝紫色而少见其他色系的不足；叶片有花纹，配合其紧凑的株型可作为优良观叶盆栽；是选育黄色和秋季开花品系的优良育种资源。

【濒危状况及保护措施建议】濒危物种（Qin et al.，2018），广西特有种。分布区域靠近人类居住地，人类放牧活动已对其生境构成威胁。建议做好科研监测，引导当地农户避开其核心分布区开展生产活动，加强就地保护；同时适当开展迁地保护，通过人工繁殖增加种群数量。

【收集人】闫海霞（广西农业科学院花卉研究所）。

【照片拍摄者】周伟权。

008 繁花似锦

【学　名】Gesneriaceae（苦苣苔科）*Primulina*（报春苣苔属）*Primulina glandaceistriata*×*Primulina yungfuensis* 'Carpet of Flowers'（'繁花似锦'报春苣苔）。

【选育方法】以褐纹报春苣苔为母本、永福报春苣苔为父本杂交选育的新品种。

【主要特征特性】多年生草本植物。叶深绿色，椭圆形，叶长9.2～10.2cm、宽6.7～7.3cm，叶先端急尖，基部楔形，边缘具圆齿；叶柄长2.1～5.5cm；叶被毛。花萼浅褐色，长0.4～0.7cm，花梗长1.0～1.8cm。花萼5裂至基部。每花序具3～9朵花。花冠浅紫色，长5.5～6.0cm，口部直径1.4～2.0cm，花筒漏斗状。花期4～5月。

【优良特性】花朵较大，开花集中，叶深绿色并具白色叶脉。

【适宜地区】广西各地。

【利用价值】可用作室内观花和观叶盆栽。

【濒危状况及保护措施建议】人工选育品种，易繁殖。通过申请植物新品种权获得法律保护，结合开发特色观赏盆栽，扩大繁殖数量。

【培育人】闫海霞（广西农业科学院花卉研究所），周锦业（广西农业科学院花卉研究所），陶大燕（广西农业科学院花卉研究所），宋倩（广西农业科学院花卉研究所）。

【照片拍摄者】闫海霞（广西农业科学院花卉研究所）。

009 雨延

【学　名】Gesneriaceae（苦苣苔科）*Primulina*（报春苣苔属）*Primulina liujiangensis* × *Primulina glandaceistriata* 'Yuyan'（'雨延'报春苣苔）。

【选育方法】以柳江报春苣苔为母本、褐纹报春苣苔为父本杂交选育的新品种。

【主要特征特性】多年生草本植物。叶绿色并具有白色网状叶脉，卵形，叶长5.5～13.1cm、宽3.7～9.9cm，顶端微尖，基部楔形，边缘具圆齿状锯齿；叶柄长2.3～4.4cm；叶被毛。花萼绿色，长0.8～0.9cm，花梗长1.4～1.7cm。花萼5裂至基部。每花序具5或6朵花。花冠浅紫色，长4.1～4.9cm，口部直径1.1～1.3cm，花筒漏斗状。花期4～5月。

【优良特性】花量丰富，叶片具有极其美丽的斑纹。

【适宜地区】广西各地。

【利用价值】适宜作为阳台、室内栽培的观花和观叶盆栽。

【濒危状况及保护措施建议】人工选育品种，易繁殖。通过申请植物新品种权获得法律保护，结合开发特色观赏盆栽，扩大繁殖数量。

【培育人】闫海霞（广西农业科学院花卉研究所），陶大燕（广西农业科学院花卉研究所），何荆洲（广西农业科学院花卉研究所），周锦业（广西农业科学院花卉研究所）。

【照片拍摄者】闫海霞（广西农业科学院花卉研究所）。

010 淡雅伊人

【学　名】Gesneriaceae（苦苣苔科）*Primulina*（报春苣苔属）*Primulina medica*×*Primulina longii* 'Elegant Lady'（'淡雅伊人'报春苣苔）。

【选育方法】以药用报春苣苔为母本、龙氏报春苣苔为父本杂交选育的新品种。

【主要特征特性】多年生草本植物。叶亮绿色，椭圆形，叶长6.6～8.4cm、宽4.3～5.9cm，顶端微尖，基部楔形，边缘具圆齿状锯齿；叶柄长约4.1cm；叶被毛。花萼绿色，长0.8～1.1cm，花梗长1.5～2.4cm。花萼5裂至基部。每花序具5或6朵花。花冠淡紫色，长4.0～4.3cm，口部直径0.9～1.2cm，花筒漏斗状。花期2～3月。

【优良特性】早春开花品种，植株生长势旺盛，花量较多，开花集中，观赏价值高。

【适宜地区】广西各地。

【利用价值】适宜用作阳台、室内栽培的观花盆栽。

【濒危状况及保护措施建议】人工选育品种，易繁殖。通过申请植物新品种权获得法律保护，结合开发特色观赏盆栽，扩大繁殖数量。

【培育人】闫海霞（广西农业科学院花卉研究所），何荆洲（广西农业科学院花卉研究所），陶大燕（广西农业科学院花卉研究所），关世凯（广西农业科学院花卉研究所）。

【照片拍摄者】闫海霞（广西农业科学院花卉研究所）。

第六节 秋海棠优异种质资源

001 铁甲秋海棠

【学　名】Begoniaceae(秋海棠科)*Begonia*(秋海棠属)*Begonia masoniana*(铁甲秋海棠)。

【采集地/来源】广西崇左市凭祥市。

【主要特征特性】多年生草本植物。株高30～50cm；叶片斜宽卵形至斜近圆形，先端急尖或短尾尖，基部深心形，上面深绿色，有紫褐色斑纹，密被长硬毛。花葶30～50cm，圆锥状二歧聚伞花序，花浅黄至浅绿色。雄花被片4枚，花冠直径1.8～2.2cm；雌花被片3枚，花冠直径1.0～1.8cm。花期4～7月。

【优良特性】叶片有极为明显的紫褐色块状斑纹，具有较高的观赏价值，花量大，为全球较早广泛人工栽培的分布于中国的秋海棠属植物之一。耐阴、耐旱，对栽培环境要求不严格，人工栽培抗性表现良好。

【适宜地区】广西各地。

【利用价值】适宜作为室内观叶盆栽，亦可用于林下花坛、花境，同时还是选育观叶类秋海棠新品种的优良亲本资源。

【濒危状况及保护措施建议】《中国种子植物多样性名录与保护利用》易危物种。野外现有居群更新良好，但人为无序采挖现象长期存在。建议加强保育工作，加快人工种苗繁育体系的构建和推广。

【收集人】周锦业（广西农业科学院花卉研究所）。

【照片拍摄者】关世凯（广西农业科学院花卉研究所）。

002 宁明秋海棠

【学　名】Begoniaceae（秋海棠科）*Begonia*（秋海棠属）*Begonia ningmingensis*（宁明秋海棠）。

【采集地/来源】广西崇左市龙州县。

【主要特征特性】多年生草本植物。株高15～25cm；叶斜卵形，浅绿至墨绿色，沿掌状脉有银白色斑纹。花葶10～20cm，二歧聚伞花序，花白色至粉红色。雄花被片4枚，花冠直径2.0～3.5cm；雌花被片3枚，花冠直径1.5～3.0cm。花期3～7月、10～12月。

【优良特性】叶片颜色及斑纹多样性高，花量大、花期长，兼具观花和观叶特性。人工栽培整体抗性表现较好。

【适宜地区】广西各地。

【利用价值】适合作为观叶和观花的室内盆栽种植，也是选育观叶类及丰花类秋海棠新品种的优良亲本资源。

【濒危状况及保护措施建议】《中国种子植物多样性名录与保护利用》无危物种，广西特有种。在广西多个县（区）有分布，野外种群生长及更新良好，但人为无序采挖现象长期存在。建议加强保育工作，加快人工种苗繁育体系的构建和推广。

【收集人】周锦业（广西农业科学院花卉研究所）。

【照片拍摄者】周锦业（广西农业科学院花卉研究所），关世凯（广西农业科学院花卉研究所）。

003 黑峰秋海棠

【学　名】Begoniaceae（秋海棠科）*Begonia*（秋海棠属）*Begonia ferox*（黑峰秋海棠）。

【采集地/来源】广西崇左市龙州县。

【主要特征特性】多年生草本植物。株高10～30cm；叶革质，深绿色，幼时具白色至褐色长柔毛；叶片正面密布圆锥状形似山峰的隆起，呈墨绿色至深褐色，尖部略带红色，高约1cm。花葶5～40cm，二歧聚伞花序，花淡粉色。雄花被片4枚，花冠直径1.5～3.0cm；雌花被片3枚，花冠直径1.2～2.5cm。花期1～6月。

【优良特性】叶片构造十分奇特，具有良好的观赏价值，为最受秋海棠栽培者欢迎的原生种之一。人工栽培和繁殖要求相对简单。

【适宜地区】广西各地。

【利用价值】叶片密布圆锥状隆起，似层峦叠翠的万里群山，为不可多得的观叶类秋海棠，适宜作为室内观叶盆栽种植，也是选育观叶类秋海棠新品种的优良亲本资源。

【濒危状况及保护措施建议】《中国种子植物多样性名录与保护利用》濒危物种，广西特有种，《国家重点保护野生植物名录》二级保护植物。野外种群分布相对较少，同时由于观赏价值高，受到栽培者追捧，致使野外盗采严重。建议加强野生种群的保护和保育工作，同时加快构建人工种苗繁殖技术体系并推广。

【收集人】周锦业（广西农业科学院花卉研究所）。

【照片拍摄者】关世凯（广西农业科学院花卉研究所），周锦业（广西农业科学院花卉研究所）。

004 德保秋海棠

【学　名】Begoniaceae（秋海棠科）*Begonia*（秋海棠属）*Begonia debaoensis*（德保秋海棠）。

【采集地/来源】广西百色市德保县。

【主要特征特性】多年生草本植物，具有明显的匍匐根状茎，株高15～25cm。叶卵圆形至近圆形，褐绿色，部分带银白色条形或块状斑纹。花葶10～25cm，二歧聚伞花序，花淡粉色至桃红色。雄花被片4枚，花冠直径2.0～2.5cm；雌花被片3枚，花冠直径1.5～2.0cm。花期3～5月、8～12月。

【优良特性】叶片斑纹变化较大，部分个体斑纹表现出较强的观赏价值，且部分个体叶片小巧、圆润、紧凑，株型优美；花期相对较长。人工栽培整体表现良好。

【适宜地区】广西各地。

【利用价值】奇特的斑纹，结合小巧的叶片及花期表现，适宜作为室内观叶和观花盆栽，也是选育观叶类秋海棠新品种的优良亲本资源。

【濒危状况及保护措施建议】《中国种子植物多样性名录与保护利用》易危物种，广西特有种。本种在德保县和靖西市分布居群较多，种群生长和更新状态良好，但野生群体受到人类活动干扰明显，尤其是房屋、道路、隧道等设施建设以及景区开发对其种群破坏明显。建议加强野生种群的保护和保育工作。

【收集人】周锦业（广西农业科学院花卉研究所）。

【照片拍摄者】周锦业（广西农业科学院花卉研究所），关世凯（广西农业科学院花卉研究所）。

005 方氏秋海棠

【学　名】Begoniaceae（秋海棠科）*Begonia*（秋海棠属）*Begonia fangii*（方氏秋海棠）。

【采集地/来源】广西崇左市龙州县。

【主要特征特性】多年生草本植物，具有明显的匍匐或半直立根状茎，株高20～40cm。掌状复叶，小叶4～9片，长披针形。花葶20～40cm，二歧聚伞花序，花淡粉色。雄花被片4枚，花冠直径3.0～3.5cm；雌花被片3枚，花冠直径2.5～3.0cm。花期2～5月。

【优良特性】株型紧凑、优美，掌状复叶具有较好的观赏价值，花朵相对较大。人工栽培整体表现出较强的抗性和适应性。

【适宜地区】广西各地。

【利用价值】适宜作为观花和观叶的室内盆栽种植，也是选育观叶类秋海棠新品种的优良亲本资源。

【濒危状况及保护措施建议】《中国种子植物多样性名录与保护利用》无危物种，广西特有种。野外现有种群数量及种群规模不大，种群更新良好，部分种群距离人类频繁活动区域较近，受影响明显，同时无序采挖现象长期存在。建议加强野外种群的保护和保育，并建立人工栽培体系。

【收集人】周锦业（广西农业科学院花卉研究所）。

【照片拍摄者】周锦业（广西农业科学院花卉研究所），关世凯（广西农业科学院花卉研究所）。

006 卷毛秋海棠

【学　名】Begoniaceae（秋海棠科）*Begonia*（秋海棠属）*Begonia cirrosa*（卷毛秋海棠）。

【采集地/来源】广西百色市那坡县。

【主要特征特性】多年生草本，具根状茎，株高15～30cm。叶宽卵形至近圆形，深绿色，散生短硬毛。花葶15～30cm，二歧聚伞花序，花淡粉色至桃红色。雄花被片4枚，花冠直径3.0～4.0cm；雌花被片3枚，花冠直径2.5～3.0cm。花期2～4月。

【优良特性】花大且花量大，盛花期极具观赏性。

【适宜地区】广西各地。

【利用价值】单花直径大，花期集中，盛花期单株常几十朵同时盛开，为良好的观花盆栽植物，适宜室内盆栽，也是选育丰花类秋海棠新品种的优良亲本资源。

【濒危状况及保护措施建议】《中国种子植物多样性名录与保护利用》无危物种，广西特有种。野生种群生长和更新状况良好，部分种群受到人为活动干扰明显。建议加强野生资源保育研究。

【收集人】周锦业（广西农业科学院花卉研究所）。

【照片拍摄者】关世凯（广西农业科学院花卉研究所），周锦业（广西农业科学院花卉研究所）。

参 考 文 献

卜朝阳, 张自斌, 等. 2020. 广西农作物种质资源·花卉卷. 北京：科学出版社.

陈东奎, 邓铁军, 尧金燕, 等. 2020. 广西农作物种质资源·果树卷. 北京：科学出版社.

陈怀珠, 梁江, 曾维英, 等. 2020. 广西农作物种质资源·大豆卷. 北京：科学出版社.

陈孝英. 1985. 台湾新兴作物：百香果. 台湾农业探索, (3)：18-20.

陈振东, 张力, 刘文君, 等. 2020. 广西农作物种质资源·蔬菜卷. 北京：科学出版社.

程伟东, 覃兰秋, 谢和霞, 等. 2020. 广西农作物种质资源·玉米卷. 北京：科学出版社.

邓国富, 李丹婷, 夏秀忠, 等. 2020. 广西农作物种质资源·水稻卷. 北京：科学出版社.

邓绍林, 李开祥, 韦灿格, 等. 2005. 靖西大果山楂的优良性状及其发展前景. 广西热带农业, (6)：28-29.

国家林业和草原局, 农业农村部. 2021. 国家重点保护野生植物名录. https://www.forestry.gov.cn/c/www/
 lczc/10746.jhtml [2023-11-20].

国家药典委员会. 2020. 中华人民共和国药典　2020年版　一部. 北京：中国医药科技出版社.

贺普超. 2012. 中国葡萄属野生资源. 北京：中国农业出版社.

黄峰, 何铣扬, 莫典义. 2005. 山黄皮优良品种：桂研6号的选育. 果树学报, 22(5)：595-596.

孔庆山. 2014. 中国葡萄志. 北京：中国农业科学技术出版社.

蓝庆江, 覃振师, 赵大宣, 等. 2008. 山黄皮桂研15号的主要性状及其栽培技术. 中国南方果树, 37(5)：
 38-39.

郎宁, 祁亮亮, 陈雪凤, 等. 2020. 广西农作物种质资源·食用菌卷. 北京：科学出版社.

李玉. 2018. 中国食用菌产业发展现状、机遇和挑战：走中国特色菇业发展之路, 实现食用菌产业强国
 之梦. 菌物研究, 16(3)：125-131.

梁健英. 1983. 广西石灰岩石山一种新的果树：冬枳果. 广西植物, (3)：200-202.

陆平. 2006. 谷子种质资源描述规范和数据标准. 北京：中国农业出版社.

陆平, 孙鸿良, 等. 2007. 籽粒苋种质资源描述规范和数据标准. 北京：中国农业出版社.

陆平, 覃初贤, 李英材. 1995. 我国爆粒高粱资源的发现与初步鉴定. 作物品种资源, (4)：29-30.

陆平, 左志明. 1996. 广西水生薏苡种的发现与鉴定. 广西农业科学, (1)：18-20.

罗高玲, 李经成, 陈燕华, 等. 2020. 广西农作物种质资源·食用豆类作物卷. 北京：科学出版社.

莫典义. 2002. 高产优质山黄皮新品系：桂研20号. 广西热带农业, (4)：11-12.

潘建平. 2008. 黄皮种质资源描述规范和数据标准. 北京：中国农业出版社：1-112.

覃初贤, 覃欣广, 望飞勇, 等. 2020b. 广西籽粒苋资源品质性状的鉴定与评价. 中国农学通报, 36(33)：50-57.

覃初贤, 覃欣广, 望飞勇, 等. 2020c. 广西农作物种质资源·杂粮卷. 北京：科学出版社.

覃初贤, 覃欣广, 邢钇浩, 等. 2020a. 广西荞麦种质资源主要农艺性状鉴定与评价. 广东农业科学,
 47(10)：11-17.

覃海宁. 2020. 中国种子植物多样性名录与保护利用. 石家庄：河北科学技术出版社.

生态环境部, 中国科学院. 2023. 中国生物多样性红色名录——高等植物卷（2020）. https://www.mee.
    gov.cn/xxgk2018/xxgk/xxgk01/202305/t20230522_1030745.html [2023-11-20].

唐荣华, 韩柱强, 钟瑞春, 等. 2020. 广西农作物种质资源·花生卷. 北京：科学出版社.

韦发才, 陈香玲, 梁侠, 等. 2010. 广西李种质资源及其生产现状. 落叶果树, 42(4)：24-26.

吴建明, 段维兴, 张保青, 等. 2020. 广西农作物种质资源·甘蔗卷. 北京：科学出版社.

邢相楠, 黄永才, 陈格, 等. 2020. 广西百香果产业发展现状、存在问题及对策建议. 南方农业学报,
    51(5)：1240-1246.

严华兵, 黄咏梅, 周灵芝, 等. 2020. 广西农作物种质资源·薯类作物卷. 北京：科学出版社.

张宗文, 林汝法. 2007. 荞麦种质资源描述规范和数据标准. 北京：中国农业出版社.

Li S, Xin Z B, Chou W C, et al. 2019. Five new species of the genus *Primulina* (Gesneriaceae) from
    Limestone Areas of Guangxi Zhuangzu Autonomous Region, China. PhytoKeys, 127: 77-91.

Qin Y, Yuan Q, Xu W B, et al. 2018. *Primulina yandongensis* (Gesneriaceae), a new species from
    southwestern Guangxi, China. Taiwania, 63(4): 305-310.

Xin Z B, Chou W C, Maciejewski S, et al. 2021. *Primulina papillosa* (Gesneriaceae), a new species from
    Limestone Areas of Guangxi, China. PhytoKeys, 177: 55-61.

索　引